普 通 化 学

主　编　曹　梅　韩秀萍
副主编　成会玲　王小红　马永平　王明玉
参　编　陈云龙　朱　莉　韩　磊　朱文靖
　　　　张嫄媛　郑学荣

华中科技大学出版社
中国·武汉

内 容 提 要

本书是普通高等学校“十四五”规划工科化学精品教材。根据高校理工科普通化学课程的教学要求，全书主要分三个部分，共10章。第1部分为化学理论，包括第1～5章，主要内容为物质的状态、化学热力学及动力学、化学平衡、电化学等。第2部分为物质结构，包括第6～7章，涉及原子结构、元素周期律、化学键、分子间作用力和晶体结构等。第3部分为描述化学，包括第8～10章，主要阐述了元素与化合物、生物大分子和高分子化合物。本书在保证科学性和知识结构完整性的基础上，进行了知识的拓展和延伸。本书将教书和育人有机结合，将理论和实践紧密结合，将书本知识和学科前沿相互联系，使广大理工科学生在掌握普通化学的基本理论、知识和技能的同时，培养正确的思维理念。

本书可作为综合性大学和高等理工科院校土木工程、海洋工程与技术、车辆工程、机械设计制造及自动化、生物医学工程、材料控制与成型、新能源科学与工程、临床医学、水利水电等专业学生的教材和参考用书。

图书在版编目(CIP)数据

普通化学 / 曹梅，韩秀萍主编. -- 武汉 ：华中科技大学出版社，2024. 7. -- ISBN 978-7-5680-7641-8

Ⅰ. O6

中国国家版本馆 CIP 数据核字第 20249KL518 号

普通化学 曹 梅 韩秀萍 主编

Putong Huaxue

策划编辑：王新华
责任编辑：李 佩
封面设计：原色设计
责任校对：李 弋
责任监印：周治超
出版发行：华中科技大学出版社(中国·武汉) 电话：(027)81321913
武汉市东湖新技术开发区华工科技园 邮编：430223
录 排：武汉市洪山区佳年华文印部
印 刷：武汉市洪林印务有限公司
开 本：787mm×1092mm 1/16
印 张：14
字 数：356千字
版 次：2024年7月第1版第1次印刷
定 价：38.00元

前　　言

化学是重要的基础科学之一，有人称化学为“中心科学”，是因为化学为部分学科的核心，如材料科学、纳米科技、生物化学等。随着社会的发展，学科交叉越来越明显，高等教育和教学改革需要不断调整和跟进，非化学专业也经常会遇到化学问题。

普通化学是高等学校为非化学专业学生开设的一门具有启迪性和开拓性的基础课程，是非化学类理工科各专业的必修课，也是学习后续专业课程必备的基础课程。

本课程的教学目的是使广大理工科学生在一定程度上具备近代化学基本理论、基本知识和基本技能，了解这些理论在工程实践中的应用，培养学生分析和解决一些与化学相关的实际问题的能力，为今后继续学习或工作打下一定的化学基础。本书系统地阐述了化学反应的基本原理和知识，用辩证唯物主义观点阐明了化学的规律。本书以数字资源的形式讲述了伟大化学家的重大贡献，引入学科发展前沿，以激发学生学习兴趣，培养学生的创新思维。本书贯彻理论联系实际的原则，增加了实验操作的内容，以帮助学生更好地掌握化学技能。

全书除绪论外共有 10 章，内容包括绪论，概述了化学的发展史；第 1 章，讲述物质的状态；第 2 章，讲述化学热力学、化学平衡以及化学动力学；第 3～5 章，讲述酸碱平衡、配位化合物与配位平衡、沉淀溶解平衡以及氧化还原平衡等内容；第 6～7 章，涉及原子结构和元素周期律、化学键、分子间作用力和晶体结构等内容；第 8 章，讲述金属元素化学、非金属元素化学及其化合物性质的变化规律；第 9～10 章，讲述重要的生物大分子和高分子化合物。本书旨在向广大理工科学生介绍化学反应基本原理、基本概念、基本反应等化学基础知识，介绍基本的化学理论及其在其他学科中的应用，并引导学生将化学的思维、方法和原理应用于物质结构、材料、能源、环境、生命、信息、通信等工程实践中，使学生具备解决日常生活中的化学问题的能力。

本书在内容上既保持了科学性和知识结构的完整性，又增加了伟大化学家的重大贡献等拓展内容，将教书和育人有机结合，充分发挥公共基础课程的育人功能，在教授学生学科知识、培养学生学科能力的同时，把社会主义核心价值观的基本要求、青年人的责任担当等价值理念有机融入教育教学中。

本书在内容编排上有三条主线。第一条是化学理论，从宏观热力学开始，引入化学热力学和动力学的基础内容，水溶液中的单相离子平衡，氧化还原反应在电化学中的应用等。第二条主线是化学结构，从微观的物质结构基础开始，引出元素周期律，再到分子成键，形成晶体，阐述了物质结构与性质的关系。第三条主线是描述化学，讨论了各族元素及其化合物的性质和应用，阐述了重要的生物大分子和高分子物质的性质和应用。这三个部分互相关联，全书内容体现了理工结合，理论与实际结合，在阐述物质性质时，从其应用出发，重基础、强应用，为专业服务。

由于工科类各专业对化学知识的要求不同，学生的掌握程度也有差异，因此在使用本书时，可以结合学生的实际情况以及专业的要求进行适当的增减。

本书由昆明理工大学和海南大学的老师共同编写完成，他们是曹梅、韩秀萍、成会玲、王小红、马永平、王明玉、陈云龙、朱莉、韩磊、朱文靖、张嫄媛、郑学荣。本书的实验视频由海南大学的冯建成、王小红、朱莉、张绍芬、刘江、朱文靖、林苑 7 位老师完成，在这里特向他们表示诚挚的感谢。本书的审核工作由昆明理工大学的杨万明老师、字富庭老师完成，在此一并表示衷心的感谢。本书在编写过程中参考了大量国内外有关书籍期刊，从中吸取和引用了部分内容，对此特别致以感谢。

由于时间紧迫，编者水平有限，书中不足之处在所难免，恳请广大读者批评指正，以便再版时修订和改进。

编　者

目　录

绪　论

世界是由物质组成的，物质是不依赖于人的意识而客观存在的能被直接或间接感知到的事物。物质形态千变万化，大到天体，小到基本粒子，具有层次性，我国著名科学家钱学森于1989年将这些层次分为渺观、微观、宏观、宇观和胀观，每个层次又可分成无数个亚层次。化学是一门在原子、分子和离子层次上研究物质的组成、结构、性质及其变化规律，变化过程中能量关系及应用的自然科学。

化学是一门既年轻又古老的科学，化学在某种意义上可以说是人类文明进步的标杆。从猿进化到人的标志之一是火的利用，燃烧是人类最早掌握的化学反应；烧制陶器标志着人类早期文明的诞生；金属冶炼技术的进步，推动了人类从奴隶社会进入封建社会的步伐，从青铜器时代发展到铁器时代，酿酒、制药、陶瓷、琉璃等工艺是古代实用化学的体现；我国古代四大发明均与化学关系密切。

葛洪

17世纪中叶以后，数学、物理学、天文学、哲学等学科的发展促进了化学的发展，并逐步建立了正确的研究方法。1661年，波义耳把严密的实验方法引入化学研究，使化学成为一门实验科学。他明确提出"化学的对象和任务就是寻找和认识物质的组成和性质"，波义耳被誉为"化学之父"。1777年，拉瓦锡提出燃烧的氧化学说，使过去在燃素说形式上倒立着的全部化学正立过来了(恩格斯)。拉瓦锡于1789年首次给元素下了准确定义，他被誉为"化学中的牛顿"。1811年，阿伏加德罗提出分子假说。1827年，道尔顿建立原子论，合理地解释定比组成定律和倍比定律，为化学新理论的诞生奠定基础。1869年，门捷列夫提出元素周期律，形成较完整的化学体系，这是化学史上一个重要的里程碑。1913年，玻尔把量子概念引入原子结构理论，建立了量子力学理论，提出了原子结构模型；1926年和1927年，薛定谔和海森堡进一步完善了量子理论。

20世纪是自然科学飞速发展的世纪，涌现了许多新技术，如信息技术、生物技术以及包括合成高分子、新材料、抗生素和新药物的化学合成技术。这一时期，化学理论、研究方法、实验技术及应用各方面都发生了深刻的变化。化学取得了一系列令人瞩目的巨大成就。

在21世纪的今天，科学技术高速发展，许多领域与化学密切相关，如光电子、信息通信、环境与能源以及国防军事等。

化学在工农业生产中发挥重要的作用，对人类社会的发展起着无可替代的作用。化学已成为高科技发展的强大支柱，要解决人类最关心的资源、环境、能源、人口、粮食等问题，离不开化学。因此，化学处于当今世界决定着科技发展方向的三大学科(材料学、生化与分子生物学、环境学)的中心。当今的科学界称化学为"一门满足社会需要的中心科学"。

化学研究的内容十分广泛，传统上把化学分为无机化学、有机化学、分析化学和物理化学四大分支学科，通常称为"四大化学"。化学与其他学科之间相互渗透，相互融合，化学学科内部各分支学科之间也相互交叉，又不断形成许多新的边缘学科和应用学科，如生物化学、环境化学、材料化学、食品化学、药物化学、工业化学、农业化学、量子化学、结构化学、高分子化学与物理、化学生物学等。

第1章　物质及其变化

物质是由微观粒子(如分子、原子、离子等)聚集而成的。在纷繁的自然界中,由于微观粒子之间的作用力有差别,所以物质的存在状态也有所不同。物质的存在状态称为物质的聚集状态。在常温、常压下,物质通常有气态、液态和固态三种状态。在一定条件下,这三种状态可以相互转变。

气态物质中微粒间的距离较大,微粒间的引力很小,因此气态物质没有固定的形状和体积,其形状和体积由存放它的容器决定。构成固态物质的微粒一般有规则地排列,且彼此间的引力较大,因而固态物质有固定的形状和一定的体积。液态物质则介于气态物质和固态物质之间,它有一定的体积,但没有固定的形状。气态物质和液态物质均具有流动性。

在物质的三种状态中,气体的运动行为相对简单,通过研究气体的运动行为而得到的规律、定律,经适当的修正后,可用于物质其他聚集状态运动行为的描述。

1.1　气　　体

气体的基本特征是具有扩散性和可压缩性。物质处于气态时,分子间相距甚远,分子间引力较弱,气体分子都在快速而无规则地运动。通常,气体的存在状态几乎与它们的化学组成无关,因此气体有许多共同性质,这为研究气体的存在状态带来了方便。气体的存在状态主要取决于四个因素,即气体的压力、体积、物质的量和温度。反映这四个物理量之间关系的方程称为理想气体状态方程。

1.1.1　理想气体状态方程

理想气体是一种假设的气体模型,该模型要求忽略气体分子本身大小,且分子之间没有相互作用力。自然界并不存在理想气体。实际使用的气体都是真实气体,只有在压力不太大和温度不太低(高温低压)的情况下,此时分子间的距离很大,分子本身体积与气体体积相比可以略而不计,分子间的作用力和分子本身的体积均可忽略时,实际气体的存在状态才接近于理想气体,用理想气体的定律进行计算,才不会引起显著的误差。

理想气体的 n、p、V 与 T 之间具有下列关系:

$$pV=nRT \tag{1.1}$$

R值的测定

式中,p 为气体压力(压强);V 为气体体积;T 为气体的热力学温度;n 为气体的物质的量;R 为摩尔气体常数,又称气体常数。实验证明其值与气体种类无关。

气体常数可由实验测定。已知 1 mol 理想气体在温度 $T=273.15$ K,压力 $p=101.325$ kPa 的条件下占有的体积 $V=0.022414\ \text{m}^3$。代入式(1.1)则有:

$$R=\frac{pV}{nT}=\frac{101.325\times10^{3}\times22.414\times10^{-3}}{1\times273.15}$$

$$=8.314\ (\mathrm{Pa \cdot m^3 \cdot mol^{-1} \cdot K^{-1}})$$
$$=8.314\ (\mathrm{J \cdot mol^{-1} \cdot K^{-1}})$$

式(1.1)称为理想气体状态方程。

在常温常压下，一般真实气体可用理想气体状态方程进行计算。但在低温或高压时，由于真实气体的分子体积确实存在，真实气体分子间也确实存在作用力，因此分子本身的大小与相互作用力不能忽略不计，真实气体与理想气体有较大的差别，因此需要将式(1.1)加以修正来解决真实气体的问题。限于篇幅，这里不做介绍。

1.1.2　分压定律和分体积定律

在日常生活和实际生产中，常接触到的是混合气体。如空气，为氮气、氧气、少量二氧化碳和数种稀有气体的混合气体，合成氨的原料气是氮气、氢气的混合气体。如果混合气体的各组分之间不发生化学反应，则在高温、低压下，可将其看作理想气体混合物。混合气体中各组分的含量常用其分压表示。理想气体状态方程也适用于混合气体。

1. 分压定律

约翰·道尔顿

在相同的温度下，某组分气体B单独占据混合气体总体积时对容器壁所产生的压力称为该气体的分压，用 p_B 表示。而混合气体中所有组分共同作用于容器壁单位面积上的压力，称为总压，用 $p_总$ 表示。1801年，英国科学家Dalton John(道尔顿)从大量实验中总结出组分气体的分压与混合气体的总压之间的关系，即著名的道尔顿分压定律。道尔顿分压定律有两种表示形式。

第一种表示形式：混合气体中各组分气体的分压之和等于混合气体的总压。其数学表达式如下：

$$p_{总} = p_1 + p_2 + \cdots + p_n = \sum p_B \tag{1.2}$$

设混合气体中，各组分气体均为理想气体，则：

$$p_B V = n_B RT$$
$$p_{总} V = nRT$$

得：

$$\frac{p_B}{p_{总}} = \frac{n_B}{n_{总}} = x_B \tag{1.3}$$

式中，x_B 为组分B的物质的量分数。

道尔顿分压定律的另一种表达形式：低压下混合气体中，某一组分的分压 p_B 等于其在混合物中的物质的量分数 x_B 与混合气体总压 $p_总$ 的乘积。

$$p_B = p_{总} x_B \tag{1.4}$$

道尔顿分压定律严格地讲，只适用于彼此不起化学反应的理想气体，对低压高温下彼此不反应或反应达平衡的气体混合物也适用。

2. 分体积定律

在一定温度和压力下，混合气体所占有的体积称为总体积，用 $V_总$ 表示。在同一温度下，混合气体中某气体组分B单独存在且具有与混合气体相同的压力时所占有的体积称为混合气体中该气体的分体积，用 V_B 表示。实验结果表明：各组分气体的分体积之和等于混合气体的总体积。这就是Amagat(阿马格)分体积定律，简称分体积定律。

$$V = V_1 + V_2 + \cdots + V_n = \sum V_B \tag{1.5}$$

类似于分压定律,分体积定律也存在另一种表达形式:混合气体中,某一组分的分体积等于混合气体总体积与其在混合气体中的物质的量分数的乘积。

$$V_B = V_{总}\, x_B \tag{1.6}$$

由式(1.4)和式(1.6)可以得出:

$$x_B = \frac{p_B}{p_{总}} = \frac{V_B}{V_{总}} \tag{1.7}$$

即混合气体中某组分气体的物质的量分数等于该气体的压力分数或体积分数。

例 1.1　25 ℃时,装有 0.3 MPa O_2 的体积为 1 dm^3 的容器与装有 0.06 MPa N_2 的 2 dm^3 的容器用旋塞连接。旋塞打开,待两气体混合后,计算:

(1) O_2、N_2 的物质的量;

(2) O_2、N_2 的分压;

(3) 混合气体的总压;

(4) O_2、N_2 的分体积。

解:(1) 混合前后气体的物质的量没有发生变化:

$$n_{O_2} = \frac{0.3 \times 10^6 \times 1.0 \times 10^{-3}}{8.314 \times (273.15 + 25)} = 0.12\ (\text{mol})$$

$$n_{N_2} = \frac{0.06 \times 10^6 \times 2.0 \times 10^{-3}}{8.314 \times (273.15 + 25)} = 0.048\ (\text{mol})$$

(2) O_2、N_2 的分压是它们各自单独占有 3 dm^3 时所产生的压力。当 O_2 由 1 dm^3 增加到 3 dm^3,N_2 由 2 dm^3 增加到 3 dm^3 时:

$$p_{O_2} = \frac{p_1 V_1}{V} = \frac{0.3 \times 1}{3} = 0.1\ (\text{MPa})$$

$$p_{N_2} = \frac{p_2 V_2}{V} = \frac{0.06 \times 2}{3} = 0.04\ (\text{MPa})$$

(3) 混合气体的总压:

$$p = p_{O_2} + p_{N_2} = 0.1 + 0.04 = 0.14\ (\text{MPa})$$

(4) O_2、N_2 的分体积:

$$V_{O_2} = V\frac{p_{O_2}}{p} = 3 \times \frac{0.1}{0.14} = 2.14\ (\text{dm}^3)$$

$$V_{N_2} = V\frac{p_{N_2}}{p} = 3 \times \frac{0.04}{0.14} = 0.86\ (\text{dm}^3)$$

1.2 液　　体

气体经过加压和降温可凝聚成液体,液体像气体一样,是流体。液体内部分子之间的距离比气体小得多,因此液体分子间的相互作用远强于气体分子间的相互作用,这种强的相互作用可以使液体保持一定的体积,但不足以使其保持固定的形状。液体分子的距离又不像固体结构那样靠近。因此液体表现的特性使它处于完全混乱的气体状态和有秩序的固体状态之间。所以液体像气体那样具有流动性,没有固定的形状,具有一定的扩散性,而扩散速率比气体小得多;液体又像固体那样有一定的体积,基本不能压缩或膨胀。

充分降温时,液体可变为固体;在常温时,液体经常蒸发变为气体;当温度升高到一定程度时,液体就会沸腾。

1.2.1　液体的蒸气压

在液体中分子运动的速率及分子具有的能量各不相同,速率有快有慢,大多处于中间状态。液体表面某些运动速率较大的分子所具有的能量足以克服分子间的引力而逸出液面,成为蒸气分子,这一过程称为蒸发。在一定温度下,蒸发将以恒定速率进行。液体置于敞口容器中会蒸发变成蒸气,直至液体全部蒸发完。但在密闭容器中,液体的蒸发是有限度的。若将液体置于密闭容器中,从液面逸出来的分子就会聚集在容器的蒸气层中;当蒸气分子运动到液面时,某些分子有可能进入液体,而成为液体的一部分,这种与液体蒸发现象相反的过程称为凝聚。当温度一定时,分子的运动最后必然达到一个动态平衡的状态,即单位时间内,从液体表面逸出来的分子数等于从同一液体表面进入液体内部的分子数,或蒸气凝聚的速率与液体蒸发的速率相等。蒸发和凝聚这一对矛盾达到相对统一 。当达到平衡时,蒸发和凝聚这两个过程仍在进行,只是两个过程进行的速率相等而已,因此平衡是动态的,绝不意味着物质运动的停止。

$$\text{液体} \underset{\text{凝聚}}{\overset{\text{蒸发}}{\rightleftharpoons}} \text{蒸气}$$

此时,在液体上部的蒸气量不再改变,蒸气便具有恒定的压力。在恒定温度下,与液体处于动态平衡的蒸气称为饱和蒸气,饱和蒸气的压力即该温度下的饱和蒸气压,简称蒸气压。蒸气压是液体物质的一种特性,它与液体的数量无关,与气相中是否存在其他成分气体无关,即使某体系不存在气相,液体仍具有蒸气压这一性质;它只与温度有关,一般随着温度升高,分子动能增大,逸出的分子数增多,所以蒸气压也随着增大。图 1.1 是几种物质的蒸气压与温度的关系示意图。

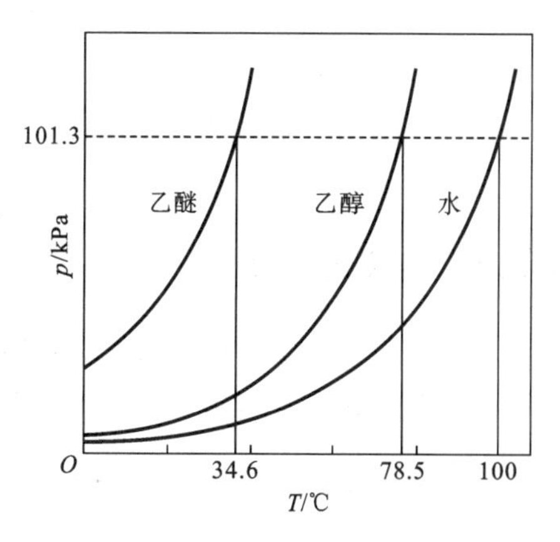

图 1.1　几种物质的蒸气压与温度的关系示意图

蒸气压常用来表征液态分子在一定温度下蒸发成气态分子的倾向大小。在某温度下,蒸气压大的物质易挥发,蒸气压小的物质难挥发。如 25 ℃时,水的蒸气压为 3.24 kPa,酒精的蒸气压为 5.95 kPa,则酒精比水容易挥发。皮肤擦上酒精后,由于酒精迅速蒸发带走热量而感到凉爽。液体的蒸气压随温度升高而增大。从图中可以看出乙醇和乙醚的蒸气压在相同温度下比水大得多,受温度的影响也较大,所以大型酒精储罐都装有呼吸网。在夏天温度升高时,酒精的蒸气压增大,当其蒸气压大于大气压时,系统便自动地将酒精蒸气排出去,以防止爆炸。

1.2.2　液体的沸点

在敞口容器中加热液体,开始时,蒸发只在液体表面进行。液体的蒸气压随温度的升高不断增大，当液体的蒸气压等于大气压时，液体内部冒出大量气泡，气泡上升至表面，随即破裂而逸出，即蒸发不仅在液体表面进行，也在液体内部发生，这种现象称为沸腾。此时，气泡内部的压力至少应等于液体表面的压力，即外界压力（对敞口容器即大气压），而气泡内部的压力为蒸气压。因此液体的蒸气压等于大气压是液体沸腾的条件，沸腾时的温度称为该液体的沸点。即液体的蒸气压等于大气压时的温度为液体的沸点。若此时大气压为 101.325 kPa，液体的沸点就称为正常沸点。例如，水的正常沸点为 100 ℃，乙醇的正常沸点为 78.4 ℃。在图 1.1 中，从一条平行于横坐标的压力为 101.325 kPa 的直线与三条蒸气压曲线的交点，就能找到三种物质的正常沸点。

显然，液体的沸点随大气压的变化而变化。这一特性可以应用于实际生产过程中。若降低大气压，液体的沸点就会降低。在海拔高的地方大气压低，水的沸点不到 100 ℃，食品难煮熟。用真空泵将大气压减至 3.2 kPa 时，水在 25 ℃就能沸腾。利用这一性质，对于一些在正常沸点下易分解的物质，可在减压下进行蒸馏，以达到分离或提纯沸点很高的物质以及那些在正常沸点下易分解或易被氧化的物质。

除大气压会影响液体的沸点外，液体的本性也与之有关。在相同的大气压下，难挥发液体的沸点高，易挥发液体的沸点低。

1.3　溶　　液

由两种或两种以上的液体混合形成的均一、稳定的混合物，称为溶液。溶液由溶质和溶剂构成。

1.3.1　溶液的浓度

溶液浓度的表示方法有很多，可分成两大类：一类是用溶质与溶剂或溶液的相对量表示；另一类是用一定体积溶液中所含溶质的量来表示。浓度有如下几种常见的表示方法。

(1) 质量分数 $a\left(a=\frac{m_{溶质}}{m_{溶液}}\right)$：对于极稀溶液或在痕量元素分析中，常用 ppm($10^{-6}$)或 ppb ($10^{-9}$)表示，例如，饮用水中的砷含量不得超过 0.05 ppm (即 0.05 mg/L H_2O)。

电子天平的使用

(2) 体积摩尔浓度（物质的量浓度）c：

$$物质的量浓度(c)=\frac{溶质的物质的量\ n}{溶液的体积\ V}$$

分析天平的使用

(3) 质量摩尔浓度 ω(n/1000 g 溶剂)：

$$质量摩尔浓度(\omega)=\frac{溶质物质的量\ n}{溶剂的质量\ m}$$

当水溶液很稀时，ρ=1 kg/L，所以 1 kg 溶剂近似看作 1 L 溶液，则 $c\approx w$。

(4) 物质的量分数(x_B)：

$$物质的量分数\ x_B=\frac{某组分物质的量\ n_B}{所有组分总物质的量\ n_{总}}=\frac{n_B}{n}$$

1.3.2　稀溶液的依数性

每种溶液有自身的特性，但所有溶液也都具有一些共同的性质，即溶液的通性。而有一些稀溶液所共有的性质仅与溶液浓度有关，而与溶质的本性无关，称为稀溶液的依数性。这些性质包括蒸气压下降、沸点上升、凝固点下降和渗透压。其核心是溶液蒸气压下降。由于非电解质稀溶液的性质相对电解质稀溶液而言要简单得多，在此我们首先讨论难挥发、非电解质稀溶液的依数性。

1. 蒸气压下降

如图1.2的实验。在密封环境中放入一杯难挥发、非电解质稀溶液和一杯纯水，均占杯子总容积的1/3，见图1.2(a)。过一段时间后，纯水杯中的1/3的水跑到右边溶液的杯中了，见图1.2(b)。这是为什么呢？从图1.2(a)可以看到，由于溶质难挥发，只有溶剂能蒸发，从而溶液上方的蒸气压仍然是溶剂的蒸气压。但溶液表面的溶剂分子数少于纯溶剂相同表面的溶剂分子数，导致溶液中溶剂形成的蒸气压小于纯溶剂的蒸气压，因此纯溶剂的表面单位时间进入其上方的溶剂分子数大于溶液的表面单位时间进入其上方的溶剂分子数，导致纯溶剂的气态溶剂分子不断转移到溶液中，直至达到平衡，最终成为一种溶液，在一种蒸气压下达到蒸发与凝聚平衡。图1.2的实验现象有力地说明了溶液的蒸气压必然小于纯溶剂的蒸气压。同一温度下，纯溶剂蒸气压与溶液蒸气压之差称为溶液的蒸气压下降。

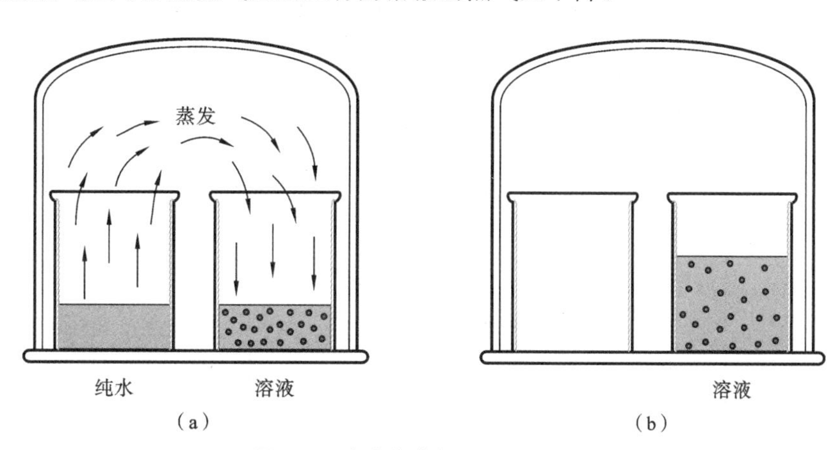

图1.2　溶液的蒸气压下降实验图

1880年，法国化学家Raoult(拉乌尔)研究了几十种溶液蒸气压下降与浓度的关系，提出了溶液的蒸气压下降与溶质的物质的量分数有关，用数学表达式表示为

$$\Delta p = p^*_{剂} - p = x_{质} \cdot p^*_{剂} \tag{1.8}$$

式中，$p^*_{剂}$为某温度下纯溶剂的蒸气压；p为同温度下溶液的蒸气压；$x_{质}$为溶质的物质的量分数。

式(1.8)称为拉乌尔定律。

拉乌尔

对于只有一种难挥发非电解质的稀溶液，存在$x_{质}+x_{剂}=1$，代入拉乌尔定律表达式中，则

$$\Delta p = p^*_{剂} - p, \quad \Delta p = (1 - x_{剂}) \cdot p^*_{剂}$$

$$p_{剂}^{*}-p=(1-x_{剂})\cdot p_{剂}^{*}$$

故

$$p=x_{剂}\cdot p_{剂}^{*} \tag{1.9}$$

式(1.9)是拉乌尔定律较常用的形式。即在一定温度下,某难挥发非电解质稀溶液的蒸气压等于纯溶剂的蒸气压乘溶剂的物质的量分数。

2. 沸点上升

因难挥发非电解质溶液的蒸气压低于纯溶剂的蒸气压,所以当温度升到正常沸点 T_b^* 时,该溶剂的蒸气压仍低于 101.325 kPa。只有当温度继续升高到 T_b 时,溶液的蒸气压才等于外界大气压(图 1.3),溶液才沸腾。T_b 和 T_b^* 之差表示为 ΔT_b,称为溶液沸点上升。显然,溶液沸点的高低取决于溶液蒸气压的大小,在拉乌尔定律适用的范围内,溶液蒸气压下降与质量摩尔浓度成正比,所以溶液沸点上升 ΔT_b 也与质量摩尔浓度成正比,即 $\Delta T_b \propto \Delta p$,引入比例系数 K。由于 $n_{剂} \gg n_{质}$,则 $n_{剂}+n_{质} \approx n_{剂}$,得

$$\Delta T_b=k\Delta p=k\cdot x_{质}\cdot p_{剂}^{*}=k\cdot p_{剂}^{*}\cdot \frac{n_{质}}{n_{剂}}$$

故

$$\Delta T_b=\frac{k\cdot p_{剂}^{*}\cdot n_{质}}{\frac{m_{剂}\times 1000}{M_{剂}}}\quad \frac{m}{1000/M_{剂}}=K_b\cdot \omega$$

故

$$\Delta T_b=K_b\cdot \omega \tag{1.10}$$

式中,$K_b=\frac{k\cdot p_{剂}^{*}\cdot M_{剂}}{1000}$,在恒温时 $p_{剂}^{*}$ 不变。因此 K_b 是常数,称为摩尔沸点上升常数。

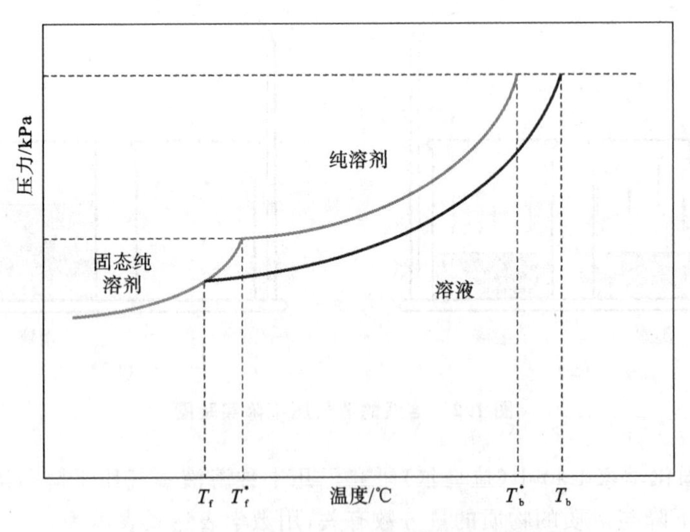

图 1.3　溶液沸点上升和凝固点下降示意图

3. 凝固点下降

从图 1.3 可以看到纯溶剂在 T_f^* 的蒸气压高于溶液的蒸气压,所以溶液在 T_f^* 时不凝固。只有当温度继续下降到 T_f 时,由于 $p_{固}$ 下降得更快一点,纯溶剂固体的蒸气压才等于溶液的蒸气压,所以 T_f 就是溶液的凝固点。$T_f^*-T_f=\Delta T_f$,即溶液凝固点下降。ΔT_f 也与溶液的质量摩尔浓度成正比,即

$$\Delta T_f=K_f\cdot \omega \tag{1.11}$$

比例常数 K_f 称为摩尔凝固点下降常数。

溶液凝固点下降和沸点上升都可以用来测定溶质的分子量，但凝固点下降法测定分子量比沸点上升法测定分子量更准确。这是因为 K_f 数值大于 K_b，所以实验误差相对小一些；且测定凝固点时，可以减少溶剂的挥发。在有机化学实验中常用测定沸点或熔点的方法来检验已知化合物的纯度。

4. 渗透压

渗透是溶剂透过半透膜进入溶液的现象。半透膜是只允许小溶剂分子透过而不允许大溶质分子透过的薄膜。半透膜分为天然半透膜（如动植物细胞膜、动物膀胱、肠衣等）和人工合成半透膜（如硝化纤维素膜、醋酸纤维素膜、聚砜纤维素膜等）。图1.4(a)装置中U形管底部放置了半透膜，半透膜两边盛有溶液（U形管右边）和溶剂（U形管左边），可以观察到溶液这一侧的液面逐渐升高，溶剂一侧的液面逐渐降低。这说明虽然两种液体都有水分子通过半透膜跑向另一侧，但单位时间内溶剂跑到溶液一侧的溶剂分子数多于溶液跑到溶剂一侧的溶剂分子数，所以最终溶剂分子是从溶剂扩散到溶液，这种现象称为渗透。由于溶剂分子的移动，产生了压力差。由于渗透作用导致溶剂分子的移动，使纯溶剂和溶液间产生的压力差，称为渗透压，表现为U形管两边产生液面差。如果在U形管的溶液一侧施加一个压力，可以阻止溶剂分子的净移动，如图1.5所示。如果施加的压力大于渗透压，则造成溶剂分子从溶液向溶剂方向移动，这种现象称为反渗透。反渗透的原理可应用于海水淡化、工业废水或污水处理和溶液的浓缩等方面。

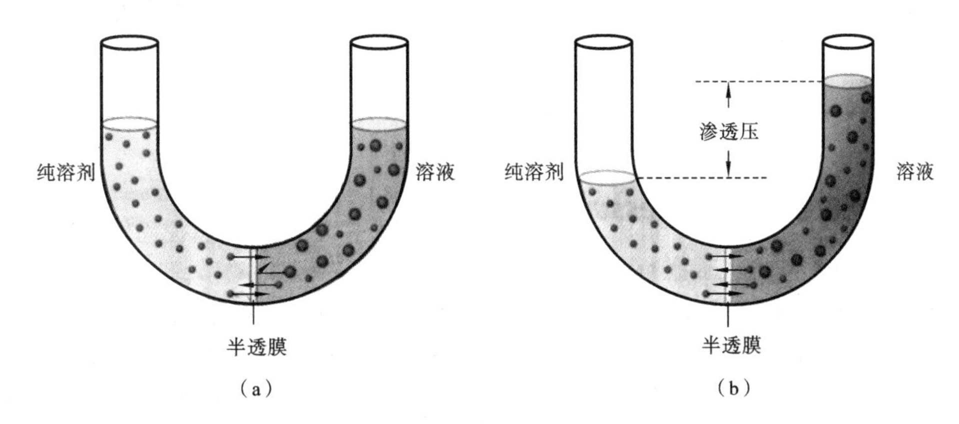

图1.4 渗透现象示意图

对于难挥发非电解质稀溶液的渗透压，有如下关系式：

$$\Pi = cRT = (n/V)RT \tag{1.12a}$$

或

$$\Pi V = nRT \tag{1.12b}$$

式中，Π 为渗透压；c 为溶液的浓度；n_B 为溶质的物质的量；V 为溶液的体积；T 为热力学温度。

式(1.12b)与理想气体状态方程相似，但气体的压力和溶液的渗透压产生的原因不同。气体由于它的分子运动碰撞容器壁而产生压力，但溶液的渗透压是溶剂分子渗透的结果。依据此关系式，采用渗透压法可以测定高聚物的分子量。

渗透压在生物学中具有重要意义。有机体的细胞膜大多具有半透膜的性质，渗透压是引起水在生物体中运动的重要推动力。渗透压的数值相当可观，以298.15 K时0.100 mol·L^{-1}溶液

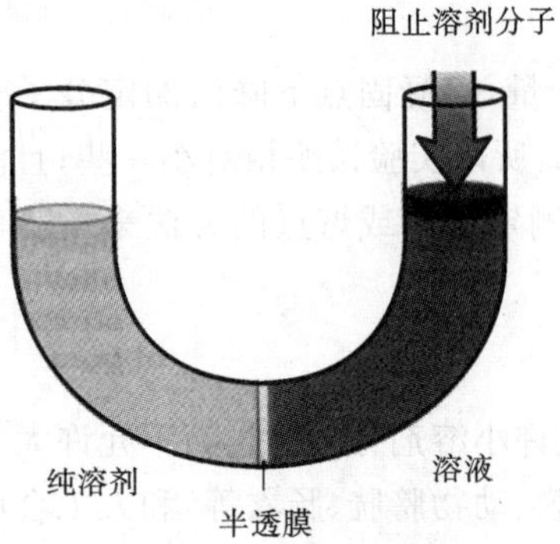

的渗透压为例，若可按式(1.12a)计算：

$$\Pi = cRT = 0.100 \times 10^3 \times 8.314 \times 298.15 = 248\ (\text{kPa})$$

一般植物细胞汁的渗透压约可达 2000 kPa，所以水分可以从植物的根部运送到数十米高的顶端。

人体血液的平均渗透压约为 780 kPa。由于人体需保持渗透压在正常范围内，因此，对人体注射或静脉输液时，应使用渗透压与人体内血液渗透压基本相等的溶液，在生物学和医学上这种溶液称为等渗溶液。例如，红细胞的渗透压与生理盐水(0.9% NaCl 的水溶液)渗透压相同。临床常用质量分数 5.0%(0.28 $\text{mol} \cdot \text{L}^{-1}$)的葡萄糖溶液或生理盐水，否则由于渗透作用，会产生严重后果。如果把血红细胞放入渗透压较大(与正常血液的相比)的大于 0.9%的 NaCl 溶液中，血红细胞中的水就会通过细胞膜渗透出来，甚至能引起血红细胞收缩并从悬浮状态中沉降下来；如果把这种细胞放入渗透压较小的小于 0.9% NaCl 的低渗溶液中，溶液中的水就会通过血红细胞细胞膜流入细胞中，而使细胞膨胀，甚至能使细胞膜破裂。

图 1.5　渗透压示意图

注意：

(1) 上述公式只适用非电解质稀溶液。在极稀的水溶液中，1 L 溶液近似看作 1 kg 溶剂，所以 $c = n/V \approx m, \Pi \approx mRT$。

(2) 只有在半透膜存在下，才能表现出渗透压。

尽管测定渗透压法的有关实验技术比沸点升高法、凝固点降低法复杂，但对分子量很大的化合物，渗透压法的测定数据更准确。

1.4　固　　体

固体可由分子、原子或离子组成。这些微粒之间存在着强大的引力，使固体表现出一定程度的坚实性(刚性)，能够抵抗加在它上面的外力。与气体、液体不一样，固体微粒以一定的规则排列着，不容易自由移动，只能在固定的位置上振动，温度越高，振动越激烈，所以固体的体积受温度、压力的影响非常小。多数固体物质受热时能熔化成液体，但有少数固体物质并不经过液体阶段即可直接变成气体，这种现象称为升华。例如大家熟知的碘容易升华；生活中放在箱子里的樟脑球，过一段时间后变少或者消失，箱子里却充满其特殊气味；在寒冷的冬天，冰和雪会因升华而消失。某些气体在一定条件下也能直接变成固体，这一过程称为凝华，晚秋降霜就是凝华过程。与液体一样，固体物质也有蒸气压，并随温度升高而增大。但绝大多数固体的蒸气压很小。利用固体的升华和凝华现象，可以提纯一些挥发性固体物质如碘、萘等。

有的固体其质点的排列是有规律的，这类固体称为晶体；有的固体其质点的排列毫无规律，称为非晶体，也称为无定形体。非晶体通常是在温度突然下降时凝固而成的，这时物质的质点来不及进行有规则的排列，或者来不及形成晶体，例如玻璃、石蜡等。自然界中的固体绝大多数是晶体，例如矿石、金属、合金以及许多无机化合物。晶体是由微粒(分子、原子、离子)在空间有规律地排列形成的。因此，晶体都有一定的几何外形和固定的熔点。只有极少数固体是非晶体。

对于晶体的分类及相应特征，将在第 7 章进行详细讲解。

本章总结

重要的基本概念：物质的聚集状态；理想气体状态方程；分压定律和分体积定律；液体的蒸气压，液体的沸点；溶液，溶液的浓度；稀溶液的依数性；蒸气压下降；沸点上升；凝固点下降；渗透压。

物质的存在状态称为物质的聚集状态。在常温常压下，物质通常有气态、液态、固态三种聚集状态，且三种状态可以相互转变。

气态物质没有固定的形状和体积，其形状和体积由存放它的容器决定。固态物质的微粒一般有规则地排列，且彼此间的引力较大，有固定的形状和体积。液态物质则介于气态物质与固态物质之间，它有一定的体积，但无固定的形状。气态物质和液态物质均具有流动性。

气体的基本特征是扩散性和可压缩性。

气体的存在状态主要取决于压力、体积、温度和物质的量。反映这四个物理量之间关系的方程称为理想气体状态方程。

1. 理想气体状态方程

$$pV=nRT$$

2. 分压定律

$$p_{总}=p_1+p_2+\cdots+p_n=\sum p_B$$

或

$$p_B=p_{总}\,x_B$$

3. 分体积定律

$$V=V_1+V_2+\cdots+V_n=\sum V_B$$

或

$$V_B=V_{总}\,x_B,\quad x_B=\frac{p_B}{p_{总}}=\frac{V_B}{V_{总}}$$

4. 液体的蒸气压

在恒定温度下，与液体处于动态平衡的蒸气称为饱和蒸气，饱和蒸气的压力即该温度下的饱和蒸气压，简称蒸气压。蒸气压只与温度有关，一般随着温度的升高，分子动能增大，逸出的分子数增多，所以蒸气压也随着增大。

5. 液体的沸点

液体的蒸气压等于外界大气压时的温度为液体的沸点。液体的沸点随外界大气压的变化而变化。在相同的外界大气压下，难挥发液体的沸点高，易挥发液体的沸点低。

6. 溶液及其浓度

由两种或两种以上的液体混合形成的均一、稳定的混合物，称为溶液。溶液由溶质和溶剂构成。溶液浓度一般有两类表示方法：一类是用溶质与溶剂或溶液的相对量表示；另一类是用一定体积溶液中所含溶质的量来表示。

7. 稀溶液的依数性

一些稀溶液所共有的性质仅与溶液浓度有关，而与溶质的本性无关，称为稀溶液的依数性。稀溶液的依数性包括蒸气压下降、沸点上升、凝固点下降和渗透压。

(1) 蒸气压下降：同一温度下，纯溶剂蒸气压与溶液蒸气压之差称为溶液的蒸气压下降。溶液的蒸气压下降与溶质的物质的量分数有关，用数学表达式表示为

$$\Delta p = p_{剂}^{*} - p = x_{质} \cdot p_{剂}^{*}$$

此为拉乌尔定律。

$$p = x_{剂} \cdot p_{剂}^{*}$$

(2) 沸点上升：溶液的沸点 T_b 和纯溶剂的沸点 T_b^* 之差表示为 ΔT_b，称为溶液沸点上升。溶液沸点上升 ΔT_b 与质量摩尔浓度成正比。

$$\Delta T_b = K_b \cdot \omega$$

K_b 是常数，称为摩尔沸点上升常数。

(3) 凝固点下降：纯溶剂的凝固点和溶液的凝固点的差值 $T_f^* - T_f = \Delta T_f$，即溶液凝固点下降。ΔT_f 也与溶液的质量摩尔浓度成正比，即

$$\Delta T_f = K_f \cdot \omega$$

比例常数 K_f 称为摩尔凝固点下降常数。

(4) 渗透压：由于渗透作用导致溶剂分子的移动，使纯溶剂和溶液间产生的压力差，称为渗透压。

对于难挥发非电解质稀溶液的渗透压，有如下关系式：

$$\Pi = cRT = (n/V)RT$$

或

$$\Pi V = nRT$$

习　　题

扫码做题

一、填空题

1. 0.402 g 萘($C_{10}H_8$)溶于 26.6 g 氯仿中所得溶液的沸点比纯氯仿高 0.455 ℃，则氯仿的沸点升高常数为________ $K \cdot kg \cdot mol^{-1}$。
2. 2.60 g 尿素($CO(NH_2)_2$)溶于 50.0 g 水中，则测溶液中标准压力下的沸点为________；凝固点为________(已知水的沸点升高常数和凝固点下降常数分别为 0.52 $K \cdot kg \cdot mol^{-1}$ 和 1.86 $K \cdot kg \cdot mol^{-1}$)。
3. 温度为 T(K)时，在容积为 V(L)的真空容器中充入 N_2(g)和 Ar(g)容器内压力为 a kPa，已知 N_2(g)的分压为 b kPa，则 Ar(g)的分压为________ kPa；N_2(g)和 Ar(g)的分体积分别为________和________；N_2(g)和 Ar(g)的物质的量分别为________和________。
4. 为了防止水箱中的水结冰，可以加入甘油以降低其凝固点，如需冰点降低至 −2 ℃，则在 100 g 水中应加甘油________ g。已知：水的 $K_f = 1.86\ K \cdot kg \cdot mol^{-1}$，甘油的分子量为 92。
5. 相同条件下，相同的物质的量浓度的氯化钠和尿素所产生的渗透压相比较的结果________大。

6. 渗透只可以发生在________与________之间或两种________的溶液之间。
7. 溶液产生渗透现象应具备的条件是________和________。
8. 在一定温度下,恰能阻止________通过半透膜进入溶液,所需施加于溶液的最小________,叫溶液的________。

二、问答题

1. 若渗透现象停止,是否意味着半透膜两端溶液的浓度相等?
2. 当混合气体为一定量时(气体间无反应),试回答下列问题:
   (1) 恒压下,温度变化时各组分的体积分数是否变化;
   (2) 恒温下,压力变化时各组分的分压是否变化;
   (3) 恒温下,体积变化时各组分的物质的量分数是否变化。
   [提示]　因气体的物质的量没有发生变化,可根据气体定律分析。
3. 按蒸气压大小对下列溶液进行排序:
   1.0 $mol \cdot kg^{-1}$ H_2SO_4,　1.0 $mol \cdot kg^{-1}$ NaCl,　0.1 $mol \cdot kg^{-1}$ NaCl,　0.1 $mol \cdot kg^{-1}$ HAc,　1.0 $mol \cdot kg^{-1}$ $C_6H_{12}O_6$,　0.1 $mol \cdot kg^{-1}$ $C_6H_{12}O_6$

三、计算题

1. 在 300 K、101.325 kPa 下,以排水集气法收集氢气 100 mL,该氢气的分压为多少?已知 300 K 时水的蒸气压为 3.565 kPa。
2. 氧气钢瓶的容积为 40.0 L,压力为 10.1 MPa,温度为 300 K。计算钢瓶中氧气的质量。
3. 人体血浆的凝固点为 272.50 K,求 310 K 时的渗透压。
4. 密闭钟罩有两杯溶液,甲杯中含 1.68 g 蔗糖($C_{12}H_{22}O_{11}$)和 20.00 g 水,乙杯中含 2.45 g 某非电解质和 20.00 g 水,在恒温下放置足够长的时间达到动态平衡,甲杯水溶液总质量变为 24.9 g,求该非电解质的分子量。

第 2 章　化学反应基本原理

2.1　热　化　学

2.1.1　基本概念

1. 系统与环境

物质是相互联系的，人们研究问题只能考虑其中的一部分。为了研究方便，人们常把研究的那部分物质或空间与其周围的物质和空间划分开来，把研究的那部分称为系统；系统之外与系统密切相关的部分称为环境。例如，研究杯中的水，水就是系统，而杯和杯以外的物质和空间称为环境。系统与环境之间可以有确定的界面，也可以是假想存在的界面；系统可随研究对象的改变而改变。

按照系统和环境之间有无物质和能量交换，可以将系统分为以下三类(图 2.1)：

敞开系统——系统与环境之间既有能量交换，又有物质交换；

封闭系统——系统与环境之间只有能量交换，没有物质交换；

孤立系统——系统与环境之间既没有能量交换，又没有物质交换。

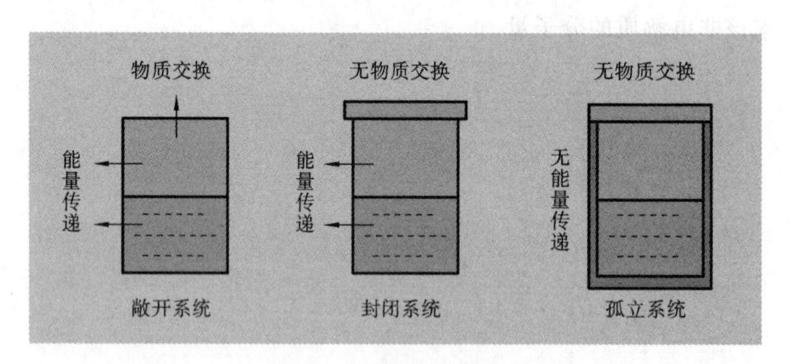

图 2.1　三种典型的系统

2. 状态和状态函数

任何系统都可以用一系列宏观可测的物理量，如物质的质量、物质的量、温度、体积、压力等来描述系统的状态。决定系统状态的这些物理量称为系统的性质。系统的状态是这些性质的综合表现。当体系的所有性质都有确定值时，即系统处于一定状态。反之，当系统的状态确定了，系统的性质也就有了确定的数值。热力学中把这些能够表征系统状态的物理量称为状态函数。

系统各状态函数之间是相互关联的。因此，通常只需确定系统的部分状态函数，其他状态函数也就确定了。例如,对于理想气体而言,只要确定了温度(T)、压力(p)、体积(V)、物质的量(n)四个状态函数中的任意三个,就可以通过理想气体状态方程($pV=nRT$)确定另外一个状态函数。状态函数具有以下特性:

(1) 状态函数的变化值取决于体系所处的始态和终态,而与变化的具体途径没有关系。即状态函数具有"状态一定值一定、状态变化值变化、异途同归变值等、周而复始变值零"的特征。

(2) 状态函数在数学上具有全微分的性质。

(3) 确定状态的状态函数有多个,但通常只需确定其中的几个状态函数值,其余的可以通过各状态函数间的制约关系加以确定。

3. 过程和途径

系统状态发生变化的经过称为过程。按过程发生时的条件,热力学中基本过程如下。

(1) 等温过程:体系温度保持不变,或 $\Delta T=0$;

(2) 等压过程:体系压力保持不变,或 $\Delta p=0$;

(3) 绝热过程:体系与环境没有热交换,即 $Q=0$;

(4) 环程过程:变化后又回到原来的状态;

(5) 等容过程:体系体积保持不变,即 $V_1=V_2$ 或 $\Delta V=0$。

要使系统由某一状态变化到另一状态(即完成某一过程),可以采用不同的方式,这种由同一始态到同一终态完成过程的具体步骤称为途径。体系由始态变到终态,经历一个过程,但完成这一过程可以采用不同的方式,即完成这一过程可采用不同的具体途径。例如:H_2O 由始态(l, 298.15 K)变化为终态 H_2O (g, 373.15 K),此过程可以通过不同的途径来完成,如图 2.2 所示。

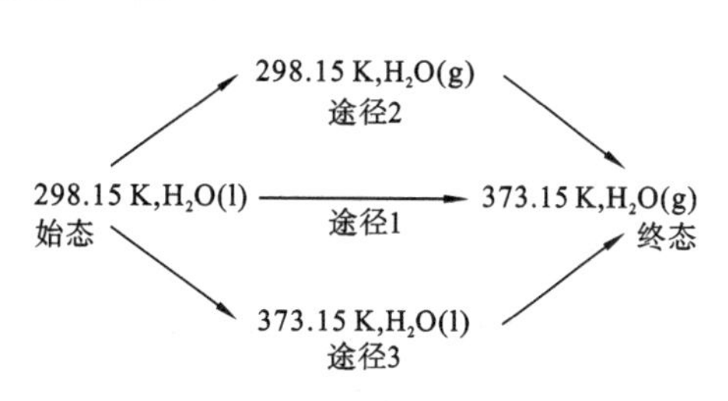

图 2.2　过程与途径示意图

4. 广度性质和强度性质

根据系统性质和系统内物质的数量关系可以把系统的性质分为广度(容量)性质和强度性质两类。

(1) 广度性质(容量性质):容量性质的数值与系统中物质的数量成正比,在一定条件下具有加和性。如:体积(V)、重量(G)、焓(H)、熵(S)、内能(U)等。

(2) 强度性质:强度性质的数值取决于系统自身的特性,与系统中物质的数量无关,不具有加和性。如:温度(T)、压力(p)、密度(ρ)等。

2.1.2　反应热与焓

1. 热和功

热和功是系统发生某过程时与环境之间传递或交换能量的两种不同方式。系统与环境之间由于温度差而传递的能量称为热(以 Q 表示)。热不是系统的性质,故热不是系统的状态函数。在热力学中用 Q 值的正负号来表明热传递的方向:系统吸热,$Q>0$;系统放热,$Q<0$。Q 的国际单位为 J。除热以外,系统与环境之间的其他形式传递的能量都称为功(以 W 表示)。

由于功也是能量的一种传递方式，并不是体系自身的性质，所以功也不是状态函数。在热力学中，系统对环境做功，$W<0$；环境对系统做功，$W>0$。功的国际单位为J。

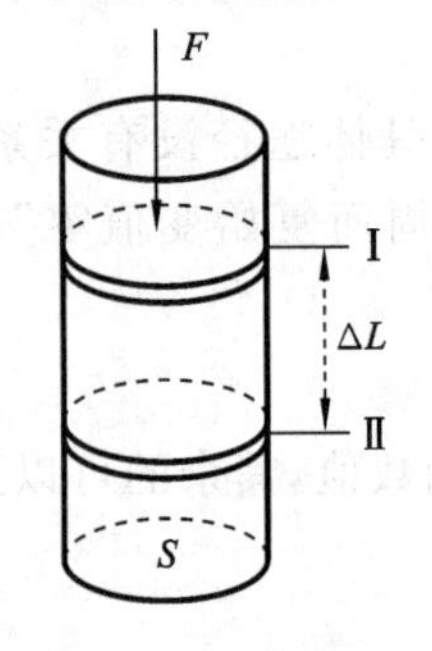

图2.3 系统做体积功示意图

功可以分为体积功和非体积功两大类。由于系统体积变化对抗外力作用而与环境交换的功称为体积功；除体积功之外的其他所有形式的功统称为非体积功，如电功等。本章主要涉及体积功，如许多化学反应是在敞开系统中进行的，反应时体系由于体积改变就会对抗外界压力做功，与环境进行能量交换。如图2.3所示，用活塞将气体密封在截面积为S的圆筒内，且忽略活塞自身的质量和其与桶壁间的摩擦力。在外力F的作用下活塞从1移动到2，位移为ΔL。

根据功的定义：

$$W=F\cdot\Delta L \tag{2.1}$$

$$F=p\cdot S \tag{2.2}$$

且系统的$V_1>V_2$，所以该过程的$\Delta V=V_2-V_1$为负值，即$\Delta V=-\Delta L\cdot S$。

$$\Delta L=\frac{-\Delta V}{S} \tag{2.3}$$

将式(2.2)和式(2.3)代入式(2.1)可得

$$W=p\cdot S\cdot\frac{-\Delta V}{S}=-p\cdot\Delta V \tag{2.4}$$

因此，等压过程中，系统膨胀或压缩所做的体积功：$W=-p\cdot\Delta V=-p\cdot(V_2-V_1)$。本章所研究的功均为体积功。

2. 热力学能

系统的能量由三部分构成，即系统整体运动的动能、系统在外场中的势能和系统内部的能量。系统内部一切能量的总和称为系统的热力学能，用符号U表示，它是系统内分子的平动能、转动能、振动能、分子之间势能、原子间键能、核内基本粒子间核能等内部能量的总和，即物质各种微观形式能量的总和。热力学能是体系内部的能量，即体系中所有微观粒子全部能量之和，故又称为内能。状态确定时，系统的能量应该具有确定的值，即对于任意一个给定的系统，在状态一定时，系统的内能具有确定的值，也就是说内能是状态函数。由于体系内部质点运动及其相互作用很复杂，且人们迄今还没有对所有的物质运动状态完全认识，因此目前无法得知一个体系内能的绝对值。但是，由于热力学能是状态函数，它的变化只与体系的始态、终态有关，而与过程无关，所以热力学能的变化可以通过系统与环境交换的能量来度量。

3. 热力学第一定律

系统与环境之间进行的能量交换或传递只有两种形式，一种以热的形式，另一种以做功的形式。当系统发生能量交换或传递过程中，系统的热力学能将发生变化。

热力学第一定律指出，如果某系统从状态1变化到状态2，在此过程中，系统与环境传递或交换的热量为Q，同时环境对体系做的功为W，则系统的热力学能改变量ΔU满足：

$$\Delta U=Q+W \tag{2.5}$$

这就是热力学第一定律的数学表达式，热力学第一定律的实质是能量转化与守恒定律，在任何过程中，能量既不能创造，也不能消灭，只能从一种形式转化为另一种形式。

例2.1 已知在压力1.013×10^5 Pa下，系统从环境中吸收1.60 kJ的热，同时系统的体积由 2.80 L 膨胀到 3.30 L。求系统内能的改变量。

解：由热力学第一定律可得：

$$\begin{aligned}\Delta U &= Q+W=Q+(-p\cdot\Delta V)\\ &=1.60\times10^{3}-[1.013\times10^{5}\times(3.30-2.80)]\\ &=1.60\times10^{3}-[1.013\times10^{5}\times(3.30-2.80)\times10^{-3}]\\ &=1549.35\ (\mathrm{J})\end{aligned}$$

2.1.3　反应热的实验测定

由于化学反应总是伴随能量的吸收或放出，这种能量的变化对化学反应十分重要。若在进行化学反应时，系统不做非体积功，当产物与反应物温度相同时，此时系统吸收或放出的热量称为化学反应的热效应，通常简称为反应热。之所以强调产物和反应物的温度相同，是为了避免将使产物温度升高或降低所引起的能量变化混入反应热中。只有这样反应热才真正是化学反应引起的热量变化。

热容（C_s）是指将一定量某物质温度升高 1 ℃（或 1 K）所需要的热量；比热容（c_s）代表每克物质的热容，是使 1 g 物质温度升高 1 ℃（或 1 K）所需要的热量，如水的比热容为 4.184 $\mathrm{J\cdot g^{-1}\cdot K^{-1}}$；热容除以物质的量为摩尔热容（$C_m$），$Q$，$\Delta T$，$C_s$，$c_s$ 和 m（质量）之间的关系如式(2.6)所示。

$$Q=-c_s\cdot m\cdot\Delta T=-C_s\cdot\Delta T \tag{2.6}$$

Q，ΔT，C_m 和 n（物质的量）之间的关系如式(2.7)所示。

$$Q=n\cdot C_m\cdot\Delta T \tag{2.7}$$

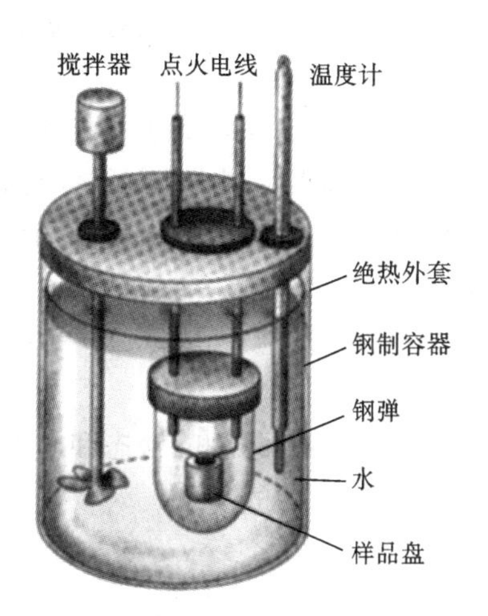

图 2.4　弹式热量计示意图

热容可以通过实验测定，有了热容的数据，就可以测定化学反应的热效应。测定化学反应热效应的装置称为热量计，如图 2.4 所示的弹式热量计。化学反应在一个完全封闭的厚壁钢质容器（称为“钢弹”）内进行，这种容器的外观像一个小炸弹，弹式热量计因此得名。化学反应热的测定原理：$Q_{吸}=Q_{放}$；$Q_{吸}=Q_{溶液吸收}+Q_{仪器吸收}$。

2.1.4　反应热的理论计算

1. 焓和焓变

如果反应是在体积恒定的条件下进行的，就称为恒容反应；恒容过程中所伴随的热量变化称为恒容反应热，以 Q_V 表示。如果反应是在压力恒定的条件下进行的，就称为恒压反应；恒压过程中所伴随的热量变化称为恒压反应热，以 Q_p 表示。

对于恒容的封闭系统，假设体系不做非体积功，由于恒容 $\Delta V=0$，则 $W=-p\cdot\Delta V=0$。

$$\Delta U=Q+W=Q_V \tag{2.8}$$

即恒容反应过程中，系统吸收的热量全部用来改变体系的内能。如果 Q_V 是负值，说明反应使体系的内能降低；如果 Q_V 是正值，说明反应使体系的内能升高。

大部分反应是在恒压条件下进行的（体系压力与环境压力相同，如在敞开容器中进行的反应)。对于恒压的封闭系统,假设体系不做非体积功。

$$\Delta U = Q_p + W$$

$$\Delta U = Q_p - p \cdot \Delta V$$

$$U_2 - U_1 = Q_p - pV_2 + pV_1$$

$$Q_p = (U_2 + pV_2) - (U_1 + pV_1)$$

令 $H = U + pV$,则

$$Q_p = H_2 - H_1$$

又

$$\Delta H = H_2 - H_1$$

可得

$$Q_p = \Delta H \tag{2.9}$$

在热力学中将"H"定义为焓,ΔH 称为焓变(有时也简称为焓)。

式(2.9)表示封闭系统在恒压条件下且不做非体积功时,系统吸收或放出的热量(恒压热效应)等于其焓变。其意义在于使反应的热效应在特定条件下只与反应的始态和终态有关,与变化的途径无关,从而使化学反应热效应的计算变得简单方便。因为化学反应通常是在恒压条件下进行的,故恒压热效应更具有实际意义。常用焓变 ΔH 表示反应的恒压热效应,单位为 J、kJ。

由于 U、p、V 都是系统的状态函数,所以 $U + pV$ 一定也具有状态函数的性质,故焓 H 也是状态函数。此外,由于内能的绝对值不能确定,故也不能得到焓的绝对值,只可以测得其变化值($\Delta H = Q_p$),因而焓可以认为是物质的热含量,即体系物质内部可以转变为热的能量。

在恒压反应中,由于 $\Delta U = Q_p - p \cdot \Delta V$,而 $\Delta H = Q_p$ 故

$$\Delta H = \Delta U + p \cdot \Delta V \tag{2.10}$$

对于只有凝聚相(液态和固态)的化学反应,系统的体积、压力几乎没有变化,$\Delta V \approx 0$,$W = -p \cdot \Delta V = 0$,故

$$\Delta U \approx \Delta H$$

对于有气体参加的反应,由 $pV = nRT$ 得 $p \cdot \Delta V = \Delta n \cdot RT$(其中 Δn 为反应前后气体的物质的量之差),则

$$\Delta H = \Delta U + \Delta n \cdot R \cdot T \tag{2.11}$$

从 $Q_V = \Delta U$、$Q_p = \Delta H$ 可以看出,虽然不知道系统的内能、焓,但在一定条件下可以从系统和环境间能量的传递来衡量系统的内能和焓的变化。

2. 反应进度

由于 $\Delta H = H_2 - H_1$,那么对于一个化学反应而言:

$$\Delta_r H = \sum H_{(产物)} - \sum H_{(反应物)} \tag{2.12}$$

$\Delta_r H$ 为该反应的焓变。而化学反应是一个过程,在过程中热量的变化值以及 ΔU 和 ΔH 的变化值都与化学反应进行的程度、反应物产物的聚集态、温度等都有一定的关系。因此需要用一个物理量来描述反应进行的程度,这个物理量就是反应进度。

(1) 化学反应计量方程式:在化学中,满足质量守恒定律的化学反应方程式称为化学反应计量方程式。对任意已配平的化学反应方程式

$$a\mathrm{A} + b\mathrm{B} \rightleftharpoons y\mathrm{Y} + z\mathrm{Z}$$

按热力学的规定，状态函数的变化值应是终态值减去始态值。将上述计量方程式始态物质向右移项，得

$$0=-aA+(-bB)+yY+zZ \tag{2.13}$$

或写成

$$0=\sum \nu_B B \tag{2.14}$$

式中，B为化学反应方程式中任一反应物或产物的化学式；ν_B 为该物质的化学计量数。规定反应物的化学计量数为负值，产物的计量数为正值。对于同一个化学反应，化学计量数与化学反应方程式的写法有关。

(2) 反应进度：化学反应进度是人们用来描述和表征化学反应进行程度的物理量，通常用符号 ξ 表示，单位为mol。通常人们总是通过观察某一反应体系是否真实地发生了由反应物向产物的转化来判断该反应是否发生了，当然也可以用同样的标准来描述一个反应进行的程度。但由于一般的化学反应中反应物与产物的化学计量数不同，随着反应的进行，各组分的变化量是不同的，这就给直接用反应物和产物的改变量来描述反应进行的程度带来了困难，也就是说化学反应进度和反应中各物质的计量数有关，因而人们采用任何一种反应物或产物在反应某一阶段中物质的量的改变与其化学计量数的商来定义反应进度，即

$$d\xi=\frac{dn_B}{\nu_B} \tag{2.15}$$

或

$$\xi=\frac{n_B(t)-n_B(0)}{\nu_B}=\frac{\Delta n}{\nu_B} \tag{2.16}$$

式中，$n_B(0)$、$n_B(t)$ 分别表示0时刻和 t 时刻物质B的物质的量，由于B的物质的量的单位为mol，所以 ξ 的单位为mol。

如反应 $N_2(g)+3H_2(g)=\!=\!=2NH_3(g)$，当反应进行到反应进度为 ξ 时，假定消耗1.0 mol的氮气(即 $\Delta n(N_2)=-1.0$ mol)，则按照反应方程式可知，消耗的氢气的物质的量为3.0 mol，生成了2.0 mol的氨气。则反应进度

$$\xi=\frac{\Delta n_{H_2}}{\nu_{H_2}}=\frac{\Delta n_{N_2}}{\nu_{N_2}}=\frac{\Delta n_{NH_3}}{\nu_{NH_3}}=1.0\ \text{mol}$$

即反应进行的程度为1.0 mol。

若反应式为 $2N_2(g)+6H_2(g)=\!=\!=4NH_3(g)$，当反应进行到反应进度 ξ 时，假定也消耗1.0 mol的氮气(即 $\Delta n(N_2)=-1.0$ mol)，则按照反应方程式可知，消耗的氢气为3.0 mol，生成的氨气为2.0 mol。此时计算得到的反应进度 $\xi=0.5$ mol。可见，对于同一化学反应，如果化学反应方程式的写法不同(即 ν_B 不同)，则参与反应的同一物质在转化的物质的量相同时，对于不同方程式的化学反应，ξ 是不同的。因此，在计算或指定 ξ 时，必须指明对应的反应方程式。

3. 标准态

热力学函数都是状态函数，不同的系统或同一系统的不同状态，都有不同的数值，而它们的绝对值又无法确定，为了比较它们的相对值，需要规定一个状态作为比较的标准，热力学规定了一个共同的参考状态——标准态，以使同一物质在不同的化学反应中具有同一数值，这些被选作标准的状态称为热力学标准态，简称标准态。标准态的选用原则上是任意的，只要合理并为大家接受即可，但必须考虑实用性。国际纯粹与应用化学联合会(IUPAC)物理化学部热力学委员会指定在温度为 T，标准压力 $p^{\ominus}=100.00$ kPa下某物质的状态称为该物质的标

准态。

(1) 对于纯理想气体而言，其标准态就是该气体的压力为 $p^{\ominus}$ 时的状态，对于理想混合气体而言，标准态就是每种组分气体的分压都等于压力 $p^{\ominus}$ 时的状态。

(2) 对于纯液体、固体而言，当该物质处于 $p^{\ominus}$ 时就为标准态。

(3) 对于单一理想溶液而言，处于 $p^{\ominus}$、$c^{\ominus}$($1\ \mathrm{mol\cdot L^{-1}}$)时为标准态，对于理想混合溶液而言，处于 $p^{\ominus}$，并且每一种组分的浓度都为 $c^{\ominus}$ 即为标准态。在标准态中并没有规定温度的标准，所以如果温度改变就会有多个标准态，IUPAC 推荐使用 298.15 K(25 ℃) 作为参考温度。

4. 热化学方程式

若某一化学反应当反应进度为 ξ 时的焓变为 $\Delta_r H$，则该反应的摩尔反应焓变 $\Delta_r H_m$ 为

$$\Delta_r H_m=\frac{\Delta_r H}{\xi} \tag{2.17}$$

$\Delta_r H_m$ 为按照所给的反应式完全反应，即反应进度为 1 mol 时的焓变。若该反应在标准态下进行，则该反应的摩尔反应焓变 $\Delta_r H_m$ 则为标准摩尔反应焓变，其符号为 $\Delta_r H_m^{\ominus}$。$\Delta_r H_m^{\ominus}$ 中，“Δ”代表“变化”，“r(reaction)”代表反应，“m”代表“1 mol 反应”，“⊖”代表“标准态”。

表示化学反应及其热效应关系的化学反应方程式称为热化学方程式。

碳燃烧的热化学方程式可以写为

$$C(s)+O_2(g)=\!=\!=CO_2(g)\quad \Delta_r H_m^{\ominus}=-393.5\ \mathrm{kJ\cdot mol^{-1}}$$

表明在 298.15 K，100.00 kPa 下，当 1 mol 的 C (s)和 1 mol 的 O_2(g)反应生成 1 mol CO_2(g) 时，放出的热量为 393.5 kJ。

因为化学反应的热效应不仅与反应进行时的条件有关，而且与反应物和产物的状态、数量有关，因此在书写热化学方程式时应注意以下几点。

(1) 化学反应的热效应与反应的条件有关，不同反应条件下的热效应有所不同，所以应注明反应的温度(T)和压力(p)，不注明则表示是 298.15 K、100 kPa。

(2) 化学反应的热效应与物质的状态有关，同一化学反应，反应物的状态不同，反应热效应有明显的差别。因此，在书写热化学方程式时必须注明反应物和产物的聚集状态，气体、液体和固体分别用 g、l 和 s 表示。如果参与反应的物质是溶液，则需注明浓度，用 aq 表示水溶液，如 NH_4Cl(aq)表示氯化铵的水溶液。

(3) 正确书写反应的化学计量方程式。

(4) 同一反应以不同计量数书写时其反应热效应数据不同。例如：

$$N_2(g)+O_2(g)=\!=\!=2NO(g)\quad \Delta_r H_m^{\ominus}=180\ \mathrm{kJ/mol}$$

$$2N_2(g)+2O_2(g)=\!=\!=4NO(g)\quad \Delta_r H_m^{\ominus}=360\ \mathrm{kJ/mol}$$

5. 反应热的理论计算

盖斯

(1) 盖斯定律：化学反应的热效应一般可以通过实验测定，但有些复杂反应是难以控制的，其反应的热效应只能通过间接的办法求得。如在恒温、恒压条件下 C 和 O_2 反应生成 CO 的热效应。1840 年俄国化学家 Hess G. H.（盖斯）在总结了大量的热数据的基础上提出“任何在恒温、恒压条件下进行的化学反应所吸收或放出的热量，仅取决于反应的始态和终态，与反应是一步或者分数步完成无关”。即一个化学反应不管是一步完成的，还是多步完成的，其热效应总是相同的，这就是盖斯定律(Hess's law)。

盖斯定律的提出略早于热力学第一定律，但它实际上是热力学第一定律的必然结论，同时也是“内能和焓是状态函数”这一结论的进一步体现。因为在恒温、恒压，且不做非体积功的条件下，$Q_p=\Delta H$，而焓又是状态函数，故焓变只取决于始态和终态。

盖斯定律表明，热化学方程式可以像普通的代数方程那样进行加减运算，从而可以用已经精确测定的反应热效应通过代数组合来计算难于测量或不能测量的反应的热效应。

例如，碳燃烧生成CO是很难控制的，因此反应

$$C_{(石墨)}+\frac{1}{2}O_2(g)\!=\!\!=\!CO(g)\quad \Delta_r H^{\ominus}_{m,2} \tag{2.18}$$

该反应式中的$\Delta_r H^{\ominus}_{m,2}$，很难直接由实验得到。根据盖斯定律，可以设计如图2.5所示的过程（石墨直接氧化为$CO_2(g)$与石墨先氧化为CO(g)再进一步氧化为$CO_2(g)$的热效应相等）。

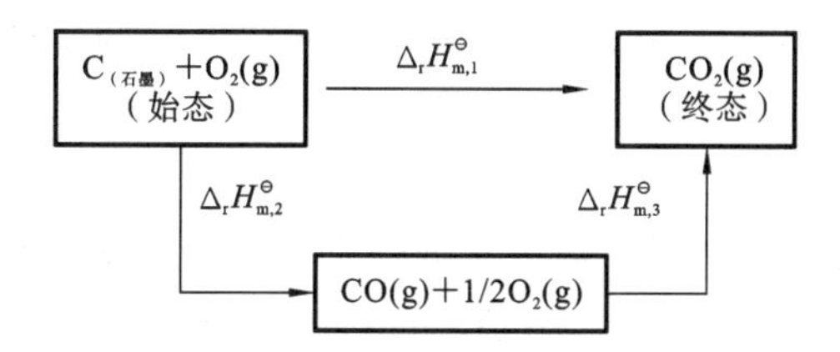

图2.5 计算生成CO的标准摩尔反应热示意图

可由下列两个反应计算出$\Delta_r H^{\ominus}_{m,2}$。

$$C_{(石墨)}+O_2(g)\!=\!\!=\!CO_2(g)\quad \Delta_r H^{\ominus}_{m,1}=-393.5\ kJ\cdot mol^{-1} \tag{2.19}$$

$$CO+\frac{1}{2}O_2\!=\!\!=\!CO_2(g)\quad \Delta_r H^{\ominus}_{m,3}=-283.5\ kJ\cdot mol^{-1} \tag{2.20}$$

由盖斯定律可得：

$$\Delta_r H^{\ominus}_{m,2}=\Delta_r H^{\ominus}_{m,1}-\Delta_r H^{\ominus}_{m,3}$$

$$\begin{aligned}\Delta_r H^{\ominus}_{m,2}&=-393.5-(-283.5)\\&=-110\ (kJ\cdot mol^{-1})\end{aligned}$$

(2) 利用热化学方程式计算：热化学方程式是盖斯定律应用的有力工具，依然以上面为例加以说明。

$$C_{(石墨)}+O_2(g)\!=\!\!=\!CO_2(g)\quad \Delta_r H^{\ominus}_{m,1} \tag{2.21}$$

$$-\quad CO+\frac{1}{2}O_2(g)\!=\!\!=\!CO_2(g)\quad \Delta_r H^{\ominus}_{m,3} \tag{2.22}$$

$$C_{(石墨)}+\frac{1}{2}O_2(g)\!=\!\!=\!CO(g)\quad \Delta_r H^{\ominus}_{m,2} \tag{2.23}$$

实际上第一个方程可以由第二个方程减去第三个方程消去相同物质并经移项得到。因此对待热化学方程式可以像对待代数方程式一样。从上面计算结果可知：

$$\Delta_r H^{\ominus}_{m,2}=\Delta_r H^{\ominus}_{m,1}-\Delta_r H^{\ominus}_{m,3}$$

可以看出如果一个化学反应可以由其他化学反应相加减而得，则这个化学反应的热效应也可由这些反应的热效应相加减而得到。但必须注意物质的聚集状态和化学计量数必须一致，式中有些项才可以相消或合并。

(3) 利用标准摩尔生成焓计算：由单质生成化合物的反应称为该化合物的生成反应。例如：

$$C_{(石墨)}+O_2(g)=\!=\!=CO_2(g)$$

是 CO_2 的生成反应。在温度为 T、参与反应的各物质均处于标准态下，由稳定相单质生成单位物质的量(1 mol)的纯物质时的标准摩尔反应焓，称为该物质的标准摩尔生成焓，以符号 $\Delta_f H_m^{\ominus}$表示。$\Delta_f H_m^{\ominus}$的单位为 $J \cdot mol^{-1}$ 或 $kJ \cdot mol^{-1}$。298.15 K 下各种化合物的 $\Delta_f H_m^{\ominus}$(298.15 K) 的数据可从各种化学、化工手册中查到。本书附录 3 中有部分摘录的数据。

对于标准摩尔生成焓需要注意以下几点。

① 根据标准摩尔生成焓的定义，在任何温度下，稳定单质的标准摩尔生成焓为零。

例如，碳在 298.15 K 下有石墨、金刚石与无定形三种相态，其中以石墨最为稳定，其标准摩尔生成焓为零。

② 标准摩尔生成焓的符号 $\Delta_f H_m^{\ominus}$中，“f(formation)”代表“生成”，“m”代表“1 mol 反应”，“$\ominus$”代表“标准态”。

③ $\Delta_f H_m^{\ominus}$是一个相对的焓值。

④ 书写某物质的生成反应计量式时要求该物质的计量系数为 1。

⑤ 通过比较同类型化合物的 $\Delta_f H_m^{\ominus}$数值，可以推断这些化合物的稳定性。一般来说，生成时放热越少，化合物越不稳定，越容易分解。

利用标准摩尔生成焓可以计算标准摩尔反应焓。对于任意反应：

$$aA(l)+cC(aq)=gG(s)+dD(g)$$

其标准摩尔反应焓的值可由下式计算得到：

$$\begin{aligned}\Delta_r H_m^{\ominus} &= \sum \nu_B \Delta_f H_m^{\ominus}(B) \\ &= [g\Delta_f H_m^{\ominus}(G)+d\Delta_f H_m^{\ominus}(D)]-[a\Delta_f H_m^{\ominus}(A)+c\Delta_f H_m^{\ominus}(C)]\end{aligned} \tag{2.24}$$

式(2.24)表明，一定温度下反应的标准摩尔反应焓等于同温度下参加反应的各物质的标准摩尔生成焓与其化学计量数乘积的总和。此算法为计算反应焓的最基本算法。

例 2.2 求反应 $C_{(石墨)}+\frac{1}{2}O_2(g)=\!=\!=CO(g)$的热效应。

解：查表得到反应所涉及的物质的标准摩尔生成焓如下：

$$C_{(石墨)}+\frac{1}{2}O_2(g)=\!=\!=CO(g)$$

$\Delta_f H_m^{\ominus}/(kJ \cdot mol^{-1})$　　0　　0　　-110

$$\begin{aligned}\Delta_r H_m^{\ominus} &= \sum \nu_B \Delta_f H_m^{\ominus}(B) \\ &= \Delta_f H_m^{\ominus}(CO,g)+(-1)\Delta_f H_m^{\ominus}(C,石墨)+\left(-\frac{1}{2}\right)\Delta_f H_m^{\ominus}(O_2,g) \\ &= -110+\left[0-\frac{1}{2}\times 0\right] \\ &= -110\ (kJ \cdot mol^{-1})\end{aligned}$$

(4) 利用标准摩尔燃烧焓计算：化学热力学规定，在标准态下，1 mol 物质完全燃烧生成指定的稳定产物时的标准摩尔反应焓，称为该物质的标准摩尔燃烧焓，用符号 $\Delta_c H_m^{\ominus}$表示，单位为 $kJ \cdot mol^{-1}$。对于标准摩尔燃烧焓，需要注意以下几点。

① 根据标准摩尔燃烧焓的定义，$\Delta_c H_m^\ominus(H_2O,l)=0$，$\Delta_c H_m^\ominus(CO_2,g)=0$。

② 标准摩尔生成焓的符号 $\Delta_c H_m^\ominus$ 中，“c (combustion)”代表“燃烧”，“m”代表“1 mol 反应”，“$\ominus$”代表“标准态”。

③ 书写某物质的燃烧反应计量式时要求该物质的计量系数为−1，而且要求完全燃烧。

同样利用盖斯定律可得用标准摩尔燃烧焓计算标准摩尔反应焓的计算公式，对于任意反应：

$$aA(l)+cC(aq) = gG(s)+dD(g)$$

其标准摩尔反应焓可由下式计算得到：

$$\begin{aligned}\Delta_r H_m^\ominus &= \sum \nu_B \Delta_c H_m^\ominus(B)\\ &= [a\Delta_c H_m^\ominus(A)+c\Delta_c H_m^\ominus(C)]-[g\Delta_c H_m^\ominus(G)+d\Delta_c H_m^\ominus(D)]\end{aligned} \tag{2.25}$$

2.2　化学反应的方向和吉布斯函数

2.2.1　影响化学反应方向的因素

影响化学反应方向的因素有如下几点。

1. 自发过程

在给定条件下不需要环境对系统做功而能朝着一定方向自动进行的反应或过程称为自发反应(或自发过程)。自然界有许多自发过程。例如：水往低处流；热从高温物体向低温物体传递；电流向低电位点流动；钢铁在潮湿的空气中生锈；金属锌与盐酸的反应。这些过程或反应都体现了从一个状态到另外一个状态的自发变化的方向。

自发反应(或自发过程)具有一定的方向性，其逆过程为非自发反应(或非自发过程)，要使非自发反应或过程得以进行，则必须借助一定方式的外部作用，例如欲使水从低处输送到高处，可借助水泵做机械功来实现。

自发反应和非自发反应都是相对而言的。反应能否自发进行，与给定的条件有关。例如碳酸钙的分解反应，在常温下为非自发反应，而在温度高于 1123 K 时便可以自发进行。

自发反应不受时间的约束，与反应的速率无关。但是这种自发性只代表一种可能性，并不具有现实性。如在某一条件下物质 A 和 B 具有反应的自发性，能够生成物质 C，但实际上真正将 A 和 B 放在一起时有可能并不发生反应，这可能是化学反应速率太慢所致。

2. 焓变和化学反应的自发性

对于简单的自发过程，可以用系统的状态函数作为自发过程的方向与限度的判据。例如：用高度差(Δh)可以判断水流的方向与限度；温度差(ΔT)可以判断传热过程的方向与限度；用压力差(Δp)可以判断气体流动的方向与限度等。但对于复杂的物理化学过程而言，采用什么状态函数来作为自发过程的方向与限度的判据？焓变能否作为反应自发进行的判据？对于这个问题，长期以来，人们发现很多自发进行的反应都伴随着能量的放出，即系统有倾向于能量最低的趋势。因此，试图以焓变(或热效应)作为自发过程的判据。1867 年 Bethelot M.(贝特洛)等人认为在恒温、恒压下，$\Delta_r H_m<0$ 的过程自发进行，$\Delta_r H_m>0$ 的过程非自发进行，因为系统放出热量,其内部的能量必然降低,称为“最低能量原理”。

实际上,在恒温、恒压和不做非体积功的条件下,大多数放热反应都趋向于自发进行,但并不是全部,例如 $NH_4Cl(s)$易溶于水形成 $NH_4^+(aq)$和 $Cl^-(aq)$,但其溶解过程是吸热过程。

$$NH_4Cl(s) \longrightarrow NH_4^+(aq) + Cl^-(aq) \quad \Delta_r H_m = 14.7\ kJ \cdot mol^{-1}$$

所以,把焓变作为反应自发性的判据是不准确、不全面的。除了焓变以外,还有其他影响许多化学和物理过程自发进行的因素。那么决定反应自发进行的其他因素又是什么?从上面的例子不难看出这类反应虽然吸热,NH_4Cl 晶体中 NH_4^+ 和 Cl^- 的排列是整齐有序的。NH_4Cl 晶体进入水中后,形成水合离子并在水中扩散。在 NH_4Cl 溶液中,无论是 $NH_4^+(aq)$、$Cl^-(aq)$还是水分子,它们的分布情况比 NH_4Cl 溶解前要混乱得多。这种由有序向无序的变化是自发进行的,如图 2.6 所示,将整齐、有序排列的黑球和白球装在密闭容器里,摇一摇,这些黑白球就会变得混乱无序了。但如果再摇,则无论摇多少次,都不可能恢复到原来整齐有序的状态。自然界的许多自发过程都使系统倾向于取得最大的混乱度。

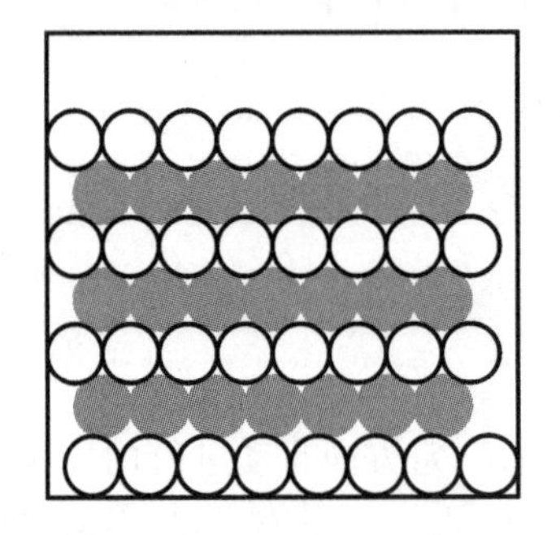
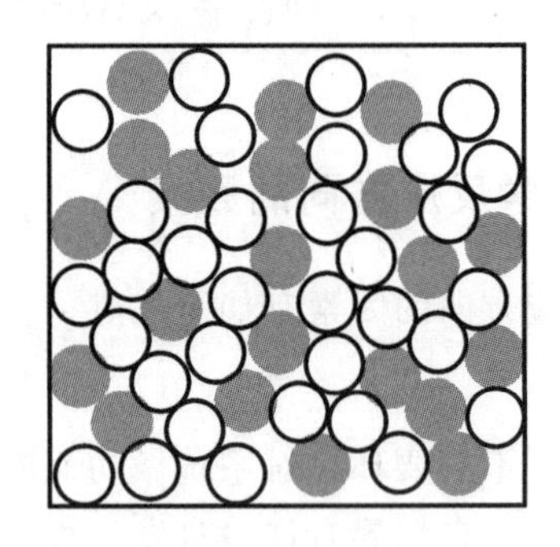

图 2.6　有序变为无序

3. 熵变和化学反应的自发性

(1) 混乱度和熵:由于体系的混乱度与自发反应的方向有关,为了找出更准确实用的反应方向判据,引入一个新的概念——熵。熵可以用来度量系统内微观粒子的混乱度。1872 年玻尔兹曼从分子运动论的角度给出了熵的微观本质,认为“在大量微粒(分子、原子、离子等)所构成的体系中,熵就代表了这些微粒之间无规则排列的程度,或者说熵代表了体系的混乱度”。热力统计学中的玻尔兹曼定理告诉我们:

$$S = k \cdot \ln\Omega \tag{2.26}$$

式中,Ω 为与一定宏观状态对应的微观状态总数(或称混乱度);k 为玻尔兹曼常数。此公式将系统的宏观性质——熵与微观粒子的混乱度联系了起来。熵是系统内的物质微观粒子的混乱度(或无序度)的量度,以符号 S 表示,单位为 $J \cdot mol^{-1} \cdot K^{-1}$。一定条件下处于一定状态的系统具有确定的熵,故熵是系统的状态函数,系统内物质微观粒子的混乱度越大,系统的熵越大;体系的状态改变,熵也随之改变,且 $\Delta S > 0$ 时,说明体系的混乱度增大,$\Delta S < 0$,说明体系的混乱度减小。

那么,熵和自发过程具有什么样的关系?能否采用熵(或熵变)作为化学反应自发性的判据?热力学第二定律告诉我们:在孤立系统中发生的自发反应必然伴随着熵的增加,或孤立系统的熵总是趋向于极大值,称为熵增加原理。熵增加原理是自发过程的热力学准则,可用式(2.27)表示:

$$\Delta S > 0\text{，自发过程；}\quad \Delta S = 0\text{，平衡态} \tag{2.27}$$

式(2.27)表明：孤立系统中只能发生熵增加的过程，不可能发生熵减小的过程；如果熵不变，则系统处于平衡态。这就是孤立系统的熵判据。

(2) 绝对熵和标准熵：与焓不同，物质本身的熵是可以确定的，即物质的绝对熵。虽然可以通过实验测定指定系统从状态 1 变化到状态 2 时系统熵的变化，通过状态函数的性质计算 $\Delta S = S_2 - S_1$，但是仍然无法知道对于指定体系处于指定状态时熵的绝对值。因而只能规定一些参考点作为零点来求其相对值。人们根据一系列低温实验事实和推测，总结出热力学第三定律：在绝对零度(0 K)时，任何纯净的完美晶体的熵为零。0 K 时，完美晶体中的粒子的排列方式只有一种，$\Omega = 1$，根据式(2.26)可知：

$$S(0\ \text{K，完美晶体}) = k \cdot \ln 1 = 0 \tag{2.28}$$

以此为基准，便可以利用热力学的方法求得纯物质的完美晶体从绝对零度加热到某一温度 T 过程的熵变 $\Delta S(T)$：

$$\Delta S(T) = S_T - S_0 \tag{2.29}$$

S_T 称为该物质的规定熵(也叫绝对熵)。在标准态下，1 mol 纯物质的规定熵称为该物质的标准摩尔熵，用 $S_m^\ominus$ 表示，单位为 $\text{J} \cdot \text{mol}^{-1} \cdot \text{K}^{-1}$。通常，一般手册中给出了一些常见物质的标准摩尔熵。

熵随物质的聚集状态、温度、分子结构不同而有所不同。根据熵的物理意义，比较物质的标准摩尔熵，可以得出如下结论：

① 物质的聚集状态不同其熵不同，同种物质在相同温度下的熵 $S_m^\ominus(\text{g}) > S_m^\ominus(\text{l}) > S_m^\ominus(\text{s})$；

② 压力对气态物质的熵影响较大，压力越大，熵越小；

③ 多原子分子的 $S_m^\ominus$ 比单原子分子的大；

④ 分子结构相似，分子量相近的物质熵相近；

⑤ 分子结构相似，分子量不同的物质(如同系物)，熵随着分子量的增加而增大；

⑥ 对于同一物质而言，温度越高，熵越大。这是因为动能随温度的升高而增大，导致微粒运动的自由度增大。

(3) 化学反应的熵变：熵和焓一样，也是状态函数，故反应的熵变 $\Delta_r S_m^\ominus$ 与反应的焓变 $\Delta_r H_m^\ominus$ 计算方法相似，只取决于反应的始终态，而与变化途径没有关系。利用参与反应各物质的 $S_m^\ominus$，采用盖斯定律便可计算化学反应的标准摩尔反应熵变 $\Delta_r S_m^\ominus$。对于任意反应：

$$a\text{A(l)} + c\text{C(aq)} =\!=\!= g\text{G(s)} + d\text{D(g)}$$

其标准摩尔反应熵变可由下式计算得到：

$$\begin{aligned}\Delta_r S_m^\ominus &= \sum \nu_B S_m^\ominus(\text{B}) \\ &= [gS_m^\ominus(\text{G}) + dS_m^\ominus(\text{D})] - [aS_m^\ominus(\text{A}) + cS_m^\ominus(\text{C})]\end{aligned} \tag{2.30}$$

例 2.3　试计算 298.15 K 时，石灰石($CaCO_3$)热分解反应的 $\Delta_r H_m^\ominus$ 和 $\Delta_r S_m^\ominus$。

解：写出方程式并查表得：

	$CaCO_3(\text{s}) =\!=\!=$	$CaO(\text{s}) +$	$CO_2(\text{g})$
$\Delta_f H_m^\ominus/(\text{kJ} \cdot \text{mol}^{-1})$	−1207	−635	−393.5
$S_m^\ominus/(\text{J} \cdot \text{mol}^{-1} \cdot \text{K}^{-1})$	93	38	214

$$\Delta_r H_m^\ominus = \sum \nu_B \Delta_f H_m^\ominus(\text{B}) = [\Delta_f H_m^\ominus(CaO) + \Delta_f H_m^\ominus(CO_2)] - [\Delta_f H_m^\ominus(CaCO_3)]$$

$$=[(-635)+(-393.5)]-(-1207)$$
$$=178.5\ (kJ \cdot mol^{-1})$$
$$\Delta_r S_m^{\ominus}=\sum \nu_B S_m^{\ominus}(B)=[S_m^{\ominus}(CaO)+S_m^{\ominus}(CO_2)]-[S_m^{\ominus}(CaCO_3)]$$
$$=(38+214)-93$$
$$=159\ (J \cdot mol^{-1} \cdot K^{-1})$$

2.2.2 化学反应自发性的判断

1. 吉布斯函数

从例 2.3 的计算结果来看，反应的 $\Delta_r H_m^{\ominus}$(298.15 K)为正值，是吸热反应，不利于反应自发进行；但反应的 $\Delta_r S_m^{\ominus}$(298.15 K)为正值，表明反应过程中系统的混乱度增大，熵增大，这又有利于反应自发进行。因此，该反应的自发性究竟如何？还需进一步探讨。对于这一点，从前面的学习可得到：放热($\Delta H<0$)、熵增($\Delta S>0$)有利于反应自发进行，因而可以预言：$\Delta H<0$、$\Delta S>0$ 的反应为自发反应，$\Delta H>0$、$\Delta S<0$ 的反应为非自发反应。而当两种驱动力产生矛盾时，就要看哪种驱动力占主要地位了。

吉布斯

为了解决反应自发性的判据问题，1878 年美国著名物理化学家吉布斯(J. W. Gibbs)将焓和熵关联起来，提出了一个新的状态函数——吉布斯函数(或称为吉布斯自由能)，用 G 表示，并定义 G 为

$$G=H-T \cdot S \tag{2.31}$$

由于 G 由系统的状态函数 H 和 T、S 所决定，也是状态函数，具有能量的单位。与焓一样，人们无法得到体系的吉布斯函数，而只能测得或计算得到吉布斯函数的改变值 ΔG，它表示反应或过程的吉布斯函数的变化，简称吉布斯函数变(或称为吉布斯自由能变)。

$$\Delta G=G_2-G_1=\Delta H-T \cdot \Delta S \tag{2.32}$$

对于在恒温下进行的化学反应：

$$\Delta_r G_m^{\ominus}=\Delta_r H_m^{\ominus}-T \cdot \Delta_r S_m^{\ominus} \tag{2.33}$$

该关系式称吉布斯-亥赫姆霍兹方程式，它说明化学反应的热效应只有一部分能量用于做有用功($\Delta_r G_m^{\ominus}$)，而另一部分能量用于维持体系的温度和增加体系的熵值($\Delta_r S_m^{\ominus}$)，即恒温恒压条件下的反应热效应不能全部用来做有用功。

从能量和做功的意义来说，反应的 ΔG 是反映在定温定压条件下进行时可用来做非体积功(如电功)的那部分能量。从式(2.32)可以看出，ΔG 包含了 ΔH、ΔS，即同时考虑了推动化学反应的两个因素，所以用 ΔG 作为化学反应方向的判据就更为全面、可靠。

热力学研究指出，在恒温、恒压下，自发反应的方向总是趋于吉布斯函数变减小的方向。

(1) $\Delta_r G_m<0$，反应能正向自发进行；

(2) $\Delta_r G_m=0$，反应处于平衡态；

(3) $\Delta_r G_m>0$，反应正向非自发进行，逆向自发进行。

这就是在恒温恒压下，反应自发进行的吉布斯函数变判据，也是热力学第二定律的另一种

表达方式，是化学反应自发进行的最终判据。

从式(2.33)可以看出 $\Delta_r H_m$、$\Delta_r S_m$ 和温度对吉布斯函数变有显著的影响。定压下反应的自发性存在以下几种情况，如表2.1所示。

表2.1 $\Delta_r H_m$、$\Delta_r S_m$ 和 T 对反应自发性的影响

化学反应	$\Delta_r H_m$	$\Delta_r S_m$	$\Delta_r G_m=\Delta_r H_m-T\cdot\Delta_r S_m$	自发性
$2Na(s)+2H_2O(l)=2NaOH(aq)+H_2(g)$	−	+	−	自发
$CO(g)=C(s)+\frac{1}{2}O_2(g)$	+	−	+	非自发
$CaCO_3(s)=CaO(s)+CO_2(g)$	+	+	低温+；高温−	低温非自发，高温自发
$N_2(g)+3H_2(g)=2NH_3(g)$	−	−	高温+；低温−	高温非自发，低温自发

(1) 当 $\Delta_r H_m<0$、$\Delta_r S_m>0$ 时，则 $\Delta_r G_m<0$，那么该反应在任何温度下都可以正向自发进行，如 $2Na(s)+2H_2O(l)=2NaOH(aq)+H_2(g)$。

(2) 当 $\Delta_r H_m>0$、$\Delta_r S_m<0$ 时，则 $\Delta_r G_m>0$，那么该反应在任何温度下都不可能正向自发进行，如 $CO(g)=C(s)+\frac{1}{2}O_2(g)$。

(3) 当 $\Delta_r H_m>0$、$\Delta_r S_m>0$ 时，则该反应只有在高温下才可正向自发进行，如 $CaCO_3(s)=CaO(s)+CO_2(g)$。

(4) 当 $\Delta_r H_m<0$、$\Delta_r S_m<0$ 时，则该反应只有在低温下才可正向自发进行，如 $N_2(g)+3H_2(g)=2NH_3(g)$。

在上述四种情况下，$\Delta_r H_m$ 和 $\Delta_r S_m$ 作用方向一致的只有①和②，而在③和④两种情况下，$\Delta_r H_m$ 和 $\Delta_r S_m$ 作用方向相反，对于降低吉布斯函数的贡献为低温时 $\Delta_r H_m$ 占主要地位，高温下 $\Delta_r S_m$ 占主导地位。$\Delta_r G_m$ 的正负值随温度的变化而发生转变，当 $\Delta_r G_m$ 由正值变负值或由负值变正值时总是经过平衡态($\Delta G=0$)，反应方向发生逆转的温度称为转变温度($T_{转}$)，则：

$$\Delta_r G_m^{\ominus}=\Delta_r H_m^{\ominus}-T\cdot\Delta_r S_m^{\ominus}$$

$$T_{转}=\frac{\Delta_r H_m^{\ominus}}{\Delta_r S_m^{\ominus}} \tag{2.34}$$

2. 标准摩尔反应吉布斯函数变的计算

1) 利用标准摩尔生成吉布斯函数变计算

在给定温度和标准态下，由指定的单质生成1 mol纯物质时反应的吉布斯函数变，称为该物质的标准摩尔生成吉布斯函数变，用符号 $\Delta_f G_m^{\ominus}$ 表示，单位为 $kJ\cdot mol^{-1}$。热力学规定，298.15 K时任何指定的单质的 $\Delta_f G_m^{\ominus}$ 为零；水合氢离子(H_3O^+)的 $\Delta_f G_m^{\ominus}$ 为零。常见物质在298.15 K时的 $\Delta_f G_m^{\ominus}$ 的数据见附录3。

由于吉布斯函数是状态函数，因而盖斯定律同样适用，即对于在298.15 K时的任意反应：

$$aA+cC=gG+dD$$

其标准摩尔吉布斯函数变 $\Delta_r G_m^{\ominus}$(298.15 K)等于同温度下参加反应的各物质的标准摩尔生成吉布斯函数变与其化学计量数乘积的总和，即：

$$\Delta_r G_m^\ominus = \sum \nu_B \Delta_f G_m^\ominus (B)$$
$$= [g\Delta_f G_m^\ominus(G) + d\Delta_f G_m^\ominus(D)] - [a\Delta_f G_m^\ominus(A) + c\Delta_f G_m^\ominus(C)] \quad (2.35)$$

注意：由于在本书中只能查到 298.15 K 时的 $\Delta_f G_m^\ominus$ 值，故利用式(2.35)只能计算298.15 K 时的 $\Delta_r G_m^\ominus$ 值。

2）利用 $\Delta_r H_m^\ominus$ (298.15 K)和 $\Delta_r S_m^\ominus$ (298.15 K) 的数据计算

由于 $\Delta_r H_m^\ominus$ (298.15 K)和 $\Delta_r S_m^\ominus$ (298.15 K)随温度的变化不大，可以近似认为其与温度无关，即

$$\Delta_r H_m^\ominus(T) \approx \Delta_r H_m^\ominus\ (298.15\ \text{K}), \quad \Delta_r S_m^\ominus(T) \approx \Delta_r S_m^\ominus\ (298.15\ \text{K})$$

可以利用 298.15 K 时的 $\Delta_r H_m^\ominus$ 和 $\Delta_r S_m^\ominus$ 代替其他温度下的 $\Delta_r H_m^\ominus(T)$ 和 $\Delta_r S_m^\ominus(T)$，计算任意温度下的 $\Delta_r G_m^\ominus(T)$，则有

$$\Delta_r G_m^\ominus(T) \approx \Delta_r H_m^\ominus(298.15\ \text{K}) - T \cdot \Delta_r S_m^\ominus(298.15\ \text{K}) \quad (2.36)$$

例 2.4 试计算 $CaCO_3$ 热分解的 $\Delta_r G_m^\ominus$(298.15 K)和 $\Delta_r G_m^\ominus$(1273.15 K)，并分析该反应的自发性。

解：(1) $\Delta_r G_m^\ominus$(298.15 K)的计算。

方法一：利用 $\Delta_f G_m^\ominus$ 的数据计算：

$$CaCO_3(s) = CaO(s) + CO_2(g)$$

	$CaCO_3(s)$	$CaO(s)$	$CO_2(g)$
$\Delta_f G_m^\ominus/(\text{kJ} \cdot \text{mol}^{-1})$	−1129	−603	−393.5

$$\Delta_r G_m^\ominus = \sum \nu_B \Delta_f G_m^\ominus (B) = [\Delta_f G_m^\ominus(CaO) + \Delta_f G_m^\ominus(CO_2)] - [\Delta_f G_m^\ominus(CaCO_3)]$$
$$= [(-603) + (-393.5)] - (-1129)$$
$$= 132.5\ (\text{kJ} \cdot \text{mol}^{-1})$$

方法二：利用 $\Delta_r H_m^\ominus$ (298.15 K)和 $\Delta_r S_m^\ominus$ (298.15 K)的数据计算：

$$CaCO_3(s) = CaO(s) + CO_2(g)$$

	$CaCO_3(s)$	$CaO(s)$	$CO_2(g)$
$\Delta_f H_m^\ominus/(\text{kJ} \cdot \text{mol}^{-1})$	−1207	−635	−393.5
$S_m^\ominus/(\text{J} \cdot \text{mol}^{-1} \cdot \text{K}^{-1})$	93	38	214

$$\Delta_r H_m^\ominus = \sum \nu_B \Delta_f H_m^\ominus (B) = [\Delta_f H_m^\ominus(CaO) + \Delta_f H_m^\ominus(CO_2)] - [\Delta_f H_m^\ominus(CaCO_3)]$$
$$= [(-635) + (-393.5)] - (-1207)$$
$$= 178.5\ (\text{kJ} \cdot \text{mol}^{-1})$$

$$\Delta_r S_m^\ominus = \sum \nu_B S_m^\ominus (B) = [S_m^\ominus(CaO) + S_m^\ominus(CO_2)] - [S_m^\ominus(CaCO_3)]$$
$$= (38 + 214) - 93$$
$$= 159\ (\text{J} \cdot \text{mol}^{-1} \cdot \text{K}^{-1})$$

$$\Delta_r G_m^\ominus\ (298.15\ \text{K}) = \Delta_r H_m^\ominus\ (298.15\ \text{K}) - T \cdot \Delta_r S_m^\ominus(298.15\ \text{K})$$
$$= 178.5 - 298.15 \times 159 \times 10^{-3}$$
$$= 131.09\ (\text{kJ} \cdot \text{mol}^{-1})$$

(2) $\Delta_r G_m^\ominus$(1273.15 K)的计算：

$$\Delta_r G_m^\ominus\ (1273.15\ \text{K}) = \Delta_r H_m^\ominus\ (298.15\ \text{K}) - T \cdot \Delta_r S_m^\ominus(298.15\ \text{K})$$
$$= 178.5 - 1273.15 \times 159 \times 10^{-3}$$
$$= -23.93\ (\text{kJ} \cdot \text{mol}^{-1})$$

(3) 反应自发性的分析：利用 $\Delta_r G_m^\ominus$ 判断。

298.15 K 时，$\Delta_r G_m^\ominus = 131.09\ kJ \cdot mol^{-1} > 0$，标准态下反应不能自发进行；

1273.15 K 时，$\Delta_r G_m^\ominus = -23.93\ kJ \cdot mol^{-1} < 0$，标准态下反应能自发进行。

3) $\Delta_r G_m$ 与 $\Delta_r G_m^\ominus$ 的关系

判断反应进行的方向用 $\Delta_r G_m$，而非 $\Delta_r G_m^\ominus$，而前面讲述的方法均属如何计算 $\Delta_r G_m^\ominus$。$\Delta_r G_m$ 是任意条件下反应的吉布斯函数变，它将随系统中反应物和产物的分压（对于气体）或浓度（对于溶液）的改变而改变。$\Delta_r G_m^\ominus$ 是标准态下的吉布斯函数变，它不随系统中各组分的分压和浓度的改变而改变。由于实际系统中不可能任何物质都处于标准态，因而判断在非标准态下进行的反应方向必须用到 $\Delta_r G_m$，那么 $\Delta_r G_m$ 和 $\Delta_r G_m^\ominus$ 有什么关系？

热力学研究证明，在恒温恒压、任意状态下化学反应的 $\Delta_r G_m$ 和标准态下的 $\Delta_r G_m^\ominus$ 存在如下关系：

$$\Delta_r G_m(T) = \Delta_r G_m^\ominus(T) + RT\ln Q \tag{2.37}$$

式(2.37)称为热力学等温方程式。式中：R 为摩尔气体常数，Q 称为反应商。Q 表示一个系统在一个给定的具体状态与系统处于标准态之间的关系（比值）。

对于任意反应

$$a\mathrm{A(g)} + e\mathrm{E(aq)} + c\mathrm{C(s)} = x\mathrm{X(g)} + y\mathrm{Y(aq)} + z\mathrm{Z(l)}$$

$$Q = \frac{(p_\mathrm{X}/p^\ominus)^x (c_\mathrm{Y}/c^\ominus)^y}{(p_\mathrm{A}/p^\ominus)^a (c_\mathrm{E}/c^\ominus)^e} \tag{2.38}$$

在 Q 的表达式中，气态物质用相对分压 $\frac{p}{p^\ominus}$ 表示，溶液中的物质用相对浓度 $\frac{c}{c^\ominus}$ 表示。固态和纯液态物质不在反应商中出现。对于反应物或产物的分压（或浓度）均已知的系统，可以用热力学等温方程式来计算给定温度下的 $\Delta_r G_m$，从而预测反应的自发性。

$\Delta_r G_m$ 和 $\Delta_r G_m^\ominus$ 的应用甚广，除了用来判断反应的自发性和估算反应能自发进行的温度条件外，还有一些其他应用，如计算标准平衡常数 $K^\ominus$，计算原电池的最大电功和电动势，将在后面章节中介绍。

2.2.3　化学反应的限度和化学平衡

1. 反应限度和标准平衡常数

1) 反应限度

如前所述，对于恒温恒压下不做非体积功的化学反应，当 $\Delta_r G_m < 0$ 时，反应沿着确定的方向自发进行；随着反应的不断进行，$\Delta_r G_m$ 越来越大；当 $\Delta_r G_m = 0$ 时，反应达到了极限，即化学平衡。所以，$\Delta_r G_m = 0$ 或化学平衡就是给定条件下反应能够达到的极限，$\Delta_r G_m = 0$ 是化学平衡的热力学标志或称反应限度的判据。

平衡系统的性质不随时间而变化。达到化学平衡时，系统中每种物质的分压或浓度都保持不变。但是，化学平衡是一种宏观上的动态平衡，是由微观上持续进行着的正、逆反应的效果相互抵消所致。

2) 可逆反应

化学平衡的建立是以可逆反应为前提的。所谓可逆反应是指在同一条件下能向正、反两个方向进行的反应。几乎所有的反应都是可逆的（少数除外），只是可逆的程度不同而已。通常把按化学反应方程式从左到右进行的反应称为正反应，把从右到左进行的反应称为逆反应。为了表示化学反应的可逆性，通常在方程式中用符号“$\rightleftharpoons$”表示反应是可逆的。

3）化学平衡

可逆反应进行的最大限度是达到化学平衡，从热力学的角度看，在恒温恒压且非体积功为零的条件下，当反应物的吉布斯函数的总和高于产物的吉布斯函数总和（即 $\Delta_r G_m<0$）时，反应能自发进行。随着反应的进行，反应物的吉布斯函数的总和逐渐下降，而产物的吉布斯函数的总和逐渐上升，当两者相等（即 $\Delta_r G_m=0$）时，反应达到了平衡态。从动力学的角度来看，反应开始时，反应物浓度较大，产物浓度较小，所以正反应速率大于逆反应速率。随着反应的进行，反应物的浓度减小，产物的浓度不断增大，所以正反应速率不断减小、逆反应速率不断增大，当正、逆反应速率相等时，系统中各物质的浓度不再发生变化。此时称该系统达到了热力学平衡态，简称化学平衡。只要系统的温度和压力保持不变，同时没有物质加入系统或从系统中移出，这种平衡将持续下去。

化学平衡具有如下特征。

（1）化学反应达到平衡时，正反应速率和逆反应速率相等，这是达到平衡态的实质。

（2）化学平衡是动态平衡，从宏观上看反应似乎处于停止状态，但从微观角度看，正、逆反应依然在进行，只不过正、逆反应速率相等而已。此时，无论怎样延长时间，各组分的浓度也不会发生变化。如图 2.7 所示，可见化学平衡是可逆反应的最终状态，即化学反应进行的最大限度。

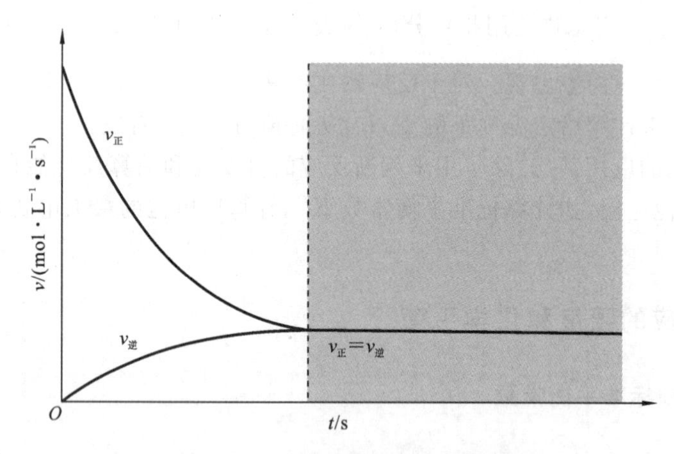

图 2.7　正、逆反应速率变化示意图

（3）化学平衡是相对的、有条件的，条件一旦改变，平衡则受到破坏。

（4）达到平衡后，各反应物和产物的量不再改变，以反应 $H_2+I_2 \rightleftharpoons 2HI$ 反应为例，如图 2.8 所示。

4）标准平衡常数

$$-RT\ln K^{\ominus}=\Delta_r G_m^{\ominus}$$

$$K^{\ominus}=\exp\left(-\frac{\Delta_r G_m^{\ominus}}{RT}\right) \tag{2.39}$$

这是一个通式，对于气相、液相和固相或多相反应均适用。

根据热力学等温方程式，针对理想气体反应系统（在一般情况下，本书涉及的气体均按理

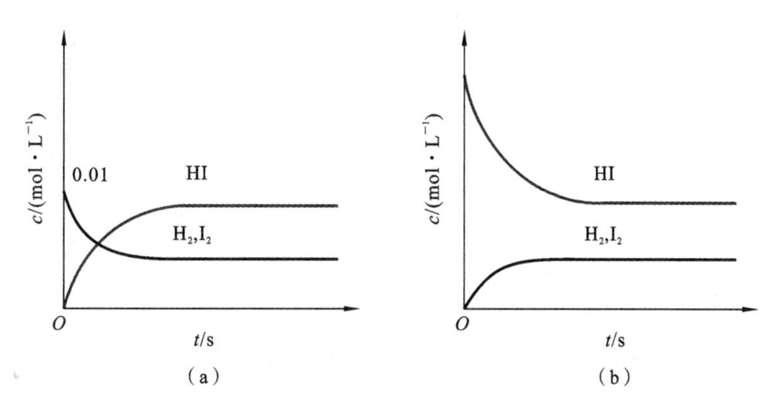

图2.8 反应体系内各组分的量(浓度)变化示意图

想气体处理)：

$$\Delta_r G_m = \Delta_r G_m^{\ominus} + RT\ln Q$$
$$= -RT\ln K^{\ominus} + RT\ln \Pi(p_B/p^{\ominus})^{\nu_B} \qquad (2.40)$$

当化学反应达到平衡时，$\Delta_r G_m = 0$，得到标准平衡常数的具体表达式：

$$K^{\ominus} = \Pi(p_B^{eq}/p^{\ominus})^{\nu_B} \qquad (2.41)$$

这说明标准平衡常数在数值上等于反应达到平衡时的产物与反应物的$(p_B^{eq}/p^{\ominus})^{\nu_B}$连乘之比，$p_B^{eq}$表示B组分的平衡分压，上角标eq表示"平衡"。$p^{\ominus}$为标准压力100 kPa。假如是溶液，则用$(c_B^{eq}/c^{\ominus})^{\nu_B}$连乘之比来表示。

对于任意反应：

$$aA(g) + eE(aq) + cC(s) \rightleftharpoons xX(g) + yY(aq) + zZ(l)$$

由等温方程可得

$$K^{\ominus} = \frac{(p_X^{eq}/p^{\ominus})^x (c_Y^{eq}/c^{\ominus})^y}{(p_A^{eq}/p^{\ominus})^a (c_E^{eq}/c^{\ominus})^e} \qquad (2.42)$$

式(2.42)就是该反应的标准平衡常数表达式。

标准平衡常数是反应的特征常数，用以定量地表达化学反应的平衡态，仅取决于反应的本性。它不随物质的初始浓度(或分压)而改变，但随温度的变化而有所改变，即标准平衡常数是温度的函数。标准平衡常数的大小是反应进行限度的标志，一个反应的$K^{\ominus}$越大，平衡系统中的产物越多，剩余的反应物越少，反应物的转化率也越大，也就是反应正向进行的趋势越强，反应逆向进行的趋势越弱，反之亦然。

书写标准平衡常数表达式时应注意以下几点。

(1) $K^{\ominus}$的量纲为1，其数值取决于反应的本性、温度及标准态的选择，与压力或组成无关。$K^{\ominus}$越大，说明该反应进行得越彻底，反应物的转化率越高。

(2) 标准平衡常数$K^{\ominus}$可根据化学计量方程式直接写出，以产物相对浓度(或相对分压)相应幂次的乘积作为分子，以反应物相对浓度(或相对分压)相应幂次的乘积作为分母，其中的幂分别为化学计量方程式中该物质的计量系数，各物质的浓度或分压都是平衡态时的浓度或分压。

(3) 标准平衡常数表达式中，气态物质以相对分压$(p/p^{\ominus})$表示，溶液中的溶质以相对浓度$(c/c^{\ominus})$表示，对纯固体或纯液体可不在标准平衡常数表达式中出现。例如：

$$CaCO_3(s) \longrightarrow CaO(s) + CO_2(g)$$

其标准平衡常数表达式为

$$K^{\ominus} = \frac{p_{CO_2}}{p^{\ominus}}$$

(4) 标准平衡常数表达式必须与化学计量方程式相对应。同一化学反应以不同计量方程式表达时，标准平衡常数表达式、数值均不相同。如合成氨的反应若写成：

$$N_2(g) + 3H_2(g) \longrightarrow 2NH_3(g)$$

则

$$K_1^{\ominus} = \frac{(p_{NH_3}^{eq}/p^{\ominus})^2}{(p_{N_2}^{eq}/p^{\ominus})(p_{H_2}^{eq}/p^{\ominus})^3}$$

若写成$\frac{1}{2}N_2(g) + \frac{3}{2}H_2(g) \longrightarrow NH_3(g)$，则

$$K_2^{\ominus} = \frac{(p_{NH_3}^{eq}/p^{\ominus})}{(p_{N_2}^{eq}/p^{\ominus})^{\frac{1}{2}}(p_{H_2}^{eq}/p^{\ominus})^{\frac{3}{2}}}$$

且有

$$K_1^{\ominus} = (K_2^{\ominus})^2$$

5) 多重平衡规则

从以上标准平衡常数表达式的写法可以推出一个有用的运算规则——多重平衡规则：如果某个反应可以表示为两个(或更多个)反应之和(差)，则总反应的标准平衡常数等于各反应标准平衡常数相乘(除)的结果。即如果

$$反应③ = 反应① + 反应②$$

则

$$K_3^{\ominus} = K_1^{\ominus} \cdot K_2^{\ominus}$$

如果

$$反应③ = 2 \times 反应① - 3 \times 反应②$$

则

$$K_3^{\ominus} = \frac{(K_1^{\ominus})^2}{(K_2^{\ominus})^3}$$

利用多重平衡规则，可以通过已知反应的标准平衡常数求出未知反应的标准平衡常数。

6) 标准平衡常数与化学反应的方向

对于任意反应：

$$aA(g) + eE(aq) + cC(s) \rightleftharpoons xX(g) + yY(aq) + zZ(l)$$

$$Q = \frac{(p_X/p^{\ominus})^x (c_Y/c^{\ominus})^y}{(p_A/p^{\ominus})^a (c_E/c^{\ominus})^e} \tag{2.43}$$

Q 称为反应商。其实反应商的表达式在形式上和标准平衡常数很相似，同样表示系统各组分分压(或浓度)之间的关系。但不同的是反应商表达式中的 p 和 c 既可以是平衡态下的数值，也可以是非平衡态(任意状态)下的数值，也就是说只有当体系处于平衡态时才有 $Q = K^{\ominus}$。

若

$$K^{\ominus} \neq Q = \frac{(p_X/p^{\ominus})^x (c_Y/c^{\ominus})^y}{(p_A/p^{\ominus})^a (c_E/c^{\ominus})^e}$$

说明这个体系未达到平衡态，此时可能有两种情况：

(1) $Q < K^{\ominus}$，$v_{正} > v_{逆}$，反应正向进行。随着正反应的不断进行，反应物浓度不断减小(即标准平衡常数表达式的分母不断减小)、产物浓度不断增大(标准平衡常数表达式的分子不断增大)，直到正反应速率等于逆反应速率，产物浓度系数次方的乘积与反应物浓度系数次方的乘积之比值等于标准平衡常数为止，这时正反应进行到最大限度，达到平衡态。

(2) $Q>K^{\ominus}$，$v_{正}<v_{逆}$，反应逆向进行，随着逆反应的进行，产物浓度不断减小(标准平衡常数表达式的分子减小)、反应物浓度不断增大(标准平衡常数表达式的分母增大)，直到正、逆反应速率相等，上述比值等于标准平衡常数为止，这时逆反应也进行到最大限度，达到平衡态。

由热力学等温方程式：

$$\Delta_r G_m = \Delta_r G_m^{\ominus} + RT\ln Q$$

可知当 $\Delta_r G_m = 0$ 时，反应处于平衡态，此时有

$$\Delta_r G_m^{\ominus} = -RT\ln K^{\ominus} \tag{2.44}$$

式(2.44)为化学反应的标准平衡常数与化学反应的标准摩尔吉布斯函数变之间的关系。将式(2.44)代入热力学等温方程式，得

$$\Delta_r G_m = -RT\ln K^{\ominus} + RT\ln Q \tag{2.45}$$

$$\Delta_r G_m = RT\ln \frac{Q}{K^{\ominus}} \tag{2.46}$$

式(2.45)是热力学等温方程式的另一种表达方式，该式表明了反应商及标准平衡常数的相对大小与反应方向的关系。将 Q 和 $K^{\ominus}$ 进行比较，可以得出化学反应进行方向的反应商判据。

(1) $Q<K^{\ominus}$，$\Delta_r G_m<0$，反应正向自发进行；

(2) $Q=K^{\ominus}$，$\Delta_r G_m=0$，反应处于平衡态；

(3) $Q>K^{\ominus}$，$\Delta_r G_m>0$，反应逆向自发进行。

2. 化学平衡的有关计算

(1) 根据多重平衡规则，利用已知的标准平衡常数，求未知的标准平衡常数。

例 2.5　已知下列反应在 1123 K 时的标准平衡常数：

① $C(s)+CO_2(g) \rightleftharpoons 2CO(g)$　　$K_1^{\ominus}=1.3\times10^{14}$

② $CO(s)+Cl_2(g) \rightleftharpoons COCl_2(g)$　　$K_2^{\ominus}=6.0\times10^{-3}$

计算反应：$2COCl_2(g) \rightleftharpoons C(s)+CO_2(g)+Cl_2(g)$在 1123 K 时的标准平衡常数。

解：由多重平衡规则计算标准平衡常数，由式②×(－2)－式①可得

$$2COCl_2(g) \rightleftharpoons C(s)+CO_2(g)+Cl_2(g)$$

根据多重平衡规则：

$$K^{\ominus}=\frac{1}{K_1^{\ominus}\cdot(K_2^{\ominus})^2}=\frac{1}{1.3\times10^{14}\times(6.0\times10^{-3})^2}=2.1\times10^{-10}$$

(2) 已知平衡时体系中各物质的量(m、n、c、p 等)，求标准平衡常数 $K^{\ominus}$。

例 2.6　将 1.20 mol SO_2 和 2.00 mol O_2 的混合气体，在 800 K 和 101.325 kPa 的总压力下，通过催化剂生成 SO_3，在等温等压下达到平衡后，测得混合气体中 SO_3 为 1.10 mol。试利用上述实验数据求该温度下反应 $2SO_2(g)+O_2(g) \rightleftharpoons 2SO_3(g)$的 $K^{\ominus}$、$\Delta_r G_m^{\ominus}$及 SO_2 的转化率。

解：	$2SO_2(g)$	$+O_2(g)$	$\rightleftharpoons 2SO_3(g)$
n_0/mol	1.20	2.00	0
Δn/mol	−1.10	$\frac{-1.10}{2}$	+1.10
n_{eq}/mol	0.10	1.45	1.10

$n_{eq总}=0.10+1.45+1.10=2.65$ (mol)

x_{eq}/mol $\qquad \frac{0.10}{2.65} \qquad \frac{1.45}{2.65} \qquad \frac{1.10}{2.65}$

平衡时各气体的分压为

$$p(SO_2)=p\cdot x(SO_2)=101.325\times\frac{0.10}{2.65}=3.82\ (kPa)$$

$$p(O_2)=p_{总}\cdot x(O_2)=101.325\times\frac{1.45}{2.65}=55.4\ (kPa)$$

$$p(SO_3)=p_{总}\cdot x(SO_3)=101.325\times\frac{1.10}{2.65}=42.1\ (kPa)$$

$$K^{\ominus}=\frac{(p_{SO_3}^{eq}/p^{\ominus})^2}{(p_{O_2}^{eq}/p^{\ominus})(p_{SO_2}^{eq}/p^{\ominus})^2}=\frac{(42.1/100)^2}{(55.4/100)\times(3.82/100)^2}=219$$

$$\Delta_r G_m^{\ominus}=-RT\ln K^{\ominus}=-8.314\times800\times\ln219=-3.58\times10^4\ (J\cdot mol^{-1})$$

$$\alpha=\frac{\Delta n(SO_2)}{n_0(SO_2)}\times100\%=\frac{1.10}{1.20}\times100\%=91.7\%$$

(3) 根据某一时刻反应体系中各物质的量(m、n、c、p 等),判断反应是否处于平衡态。

例 2.7 已知反应 $3H_2(g)+SO_2(g) \rightleftharpoons H_2S(g)+2H_2O(g)$在 1300 K 时的标准平衡常数:$K^{\ominus}=1.8\times10^4$。如果反应体系中 H_2、SO_2 的分压均为 40 kPa,H_2S、$H_2O(g)$的分压均为 400 kPa,判断此条件下反应自发进行的方向。

解:

$$Q=\frac{(p_{H_2S}/p^{\ominus})(p_{H_2O}/p^{\ominus})^2}{(p_{SO_2}/p^{\ominus})(p_{H_2}/p^{\ominus})^3}=\frac{(400/100)\times(400/100)^2}{(40/100)\times(40/100)^3}=2500$$

因为 $\qquad Q<K^{\ominus}$

所以反应正向自发进行。

(4) 已知 $K^{\ominus}$和反应物初始浓度(或分压),求平衡转化率 α 和平衡浓度。

例 2.8 含有 0.100 $mol\cdot L^{-1}$ Ag^+、0.100 $mol\cdot L^{-1}$ Fe^{2+}和 0.010 $mol\cdot L^{-1}$ Fe^{3+}的溶液中发生如下反应:$Fe^{2+}(aq)+Ag^+(aq)=Fe^{3+}(aq)+Ag(s)$。25 ℃时,$K^{\ominus}=5.0$。

(1) 平衡时,Ag^+、Fe^{2+}、Fe^{3+}的浓度各为多少?

(2) Ag^+的转化率为多少?

解:(1) 设 Ag^+的转化浓度为 x $mol\cdot L^{-1}$

	$Fe^{2+}(aq)$ +	$Ag^+(aq)$ =	$Fe^{3+}(aq)+Ag(s)$
$c_0/(mol\cdot L^{-1})$	0.100	0.100	0.010
$\Delta c/(mol\cdot L^{-1})$	$-x$	$-x$	x
$c_{eq}/(mol\cdot L^{-1})$	$0.100-x$	$0.100-x$	$0.010+x$

$$K^{\ominus}=\frac{c(Fe^{3+})/c^{\ominus}}{[c(Fe^{2+})/c^{\ominus}][c(Ag^+)/c^{\ominus}]}$$

$$5.0=\frac{0.010+x}{(0.100-x)^2}$$

$$x=0.021$$

$$c(Fe^{2+})=c(Ag^+)=0.100-0.021=0.079\ (mol\cdot L^{-1})$$

$$c(Fe^{3+})=0.010+0.021=0.031\ (mol\cdot L^{-1})$$

（2）Ag^+的转化率：

$$\alpha(Ag^+)=\frac{x}{0.100}=\frac{0.021}{0.100}\times100\%=21\%$$

3. 化学平衡的移动

一切平衡都只是相对的和暂时的。化学平衡只有在一定的条件下才能保持；条件发生改变，系统的平衡就会被破坏，气体混合物中各物质的分压或溶液中各溶质的浓度会发生变化，直到与新的条件相适应，系统又达到新的平衡。这种因条件的改变使化学反应从原来的平衡态转变到新的平衡态的过程称为化学平衡的移动。影响化学平衡的外界因素有浓度、压力、温度。

1）浓度对化学平衡的影响

由判断化学反应进行方向的反应商判据可知，对于一个在一定温度下已达到平衡的反应系统，$Q=K^{\ominus}$，在其他条件不变的情况下，改变系统内物质的浓度，将会导致$Q\neq K^{\ominus}$，最终导致平衡发生移动，其移动方向由Q和$K^{\ominus}$的相对大小来决定。

由于在恒温恒压条件下：

$$\Delta_r G_m=RT\ln\frac{Q}{K^{\ominus}}$$

根据此式，只需比较指定态的反应商Q与标准平衡常数$K^{\ominus}$的相对大小，就可以判断反应进行（即平衡移动）的方向，可分下列三种情况：

（1）$Q<K^{\ominus}$，$\Delta_r G_m<0$，平衡正向移动；

（2）$Q=K^{\ominus}$，$\Delta_r G_m=0$，平衡态；

（3）$Q>K^{\ominus}$，$\Delta_r G_m>0$，平衡逆向移动。

因而若增加反应物的浓度或减少产物的浓度，则$Q<K^{\ominus}$，平衡向正反应方向移动，直到$Q=K^{\ominus}$，系统重新建立起新的平衡。反之，若减少反应物的浓度或增加产物的浓度，则$Q>K^{\ominus}$，平衡向逆反应方向移动，直至重新建立新的平衡。

应用上述原理，在考虑平衡问题时应注意：① 实际反应时，为了尽可能充分利用某一原料或使某些价格昂贵的原料反应完全，往往过量使用另一种廉价易得的原料，以使化学平衡正向移动，提高前者的转化率；② 对于容易从反应体系中分离的产物应及时分离，使得平衡不断地向产物方向移动，直至反应进行得比较完全。

2）压力对化学平衡的影响

对于只有液体、固体参与的反应，压力对平衡影响很小，可以不予考虑，但对于有气体参加的反应影响较大。压力对平衡的影响和浓度对平衡的影响相似，是通过改变反应商Q，使得其与标准平衡常数$K^{\ominus}$的相对大小关系发生变化而引起平衡的移动。压力改变有不同的方法，根据改变压力的方法的不同，分别讨论压力对化学平衡的影响。

（1）改变部分物种的分压：如果在恒温、恒容条件下改变某一种或多种反应物的分压（即部分物种的分压），其对平衡的影响与浓度对平衡的影响完全一致。即保持温度、体积不变，增大反应物的分压或减小产物的分压，使Q减小，导致$Q<K^{\ominus}$，平衡正向移动。若减小反应物的分压或增大产物的分压，使Q增大，导致$Q>K^{\ominus}$，平衡逆向移动。

（2）改变系统的总压力：改变系统的总压力，对不同类型的反应有不同的影响，如对可逆反应：

$$aA(g)+eE(aq)+cC(s) \rightleftharpoons xX(g)+yY(aq)+zZ(l)$$

在密闭容器中反应达到平衡时，维持温度恒定，将体系的总压力增加到原来的 x 倍，则

$$Q=\frac{(p_X/p^\ominus)^x(c_Y/c^\ominus)^y}{(p_A/p^\ominus)^a(c_E/c^\ominus)^e}=x^{\Sigma\nu_B}K^\ominus \tag{2.47}$$

当 $x>1$ 时（相当于增大压力），如果 $\sum\nu_B>0$，即反应为气体分子数增加的反应时，则 $Q>K^\ominus$，平衡逆向移动；如果 $\sum\nu_B<0$，即反应为气体分子数减小的反应时，$Q<K^\ominus$，平衡正向移动。

当 $x<1$ 时（相当于减小压力），如果 $\sum\nu_B>0$，即反应为气体分子数增加的反应时，$Q<K^\ominus$，平衡正向移动；如果 $\sum\nu_B<0$，即反应为气体分子数减小的反应时，$Q>K^\ominus$，平衡逆向移动。

当 $\sum\nu_B=0$，无论 $x>1$ 还是 $x<1$，即反应为气体分子数相等的反应时，$Q=K^\ominus$，改变压力平衡不会发生移动。

综上所述，压力对平衡移动的影响主要在于各反应物和产物的分压是否发生变化，同时要考虑反应前后气体分子数是否改变，但基本的判据依然是 $Q\neq K^\ominus$。

(3) 惰性气体组分对平衡移动的影响。

惰性气体组分是指不参与反应的其他气体物质（如稀有气体）。惰性气体组分加入平衡体系后将对平衡产生不同的影响。

在恒温、恒容条件下，向已达平衡的体系加入惰性气体组分，此时系统的总压力等于原体系的压力与惰性气体组分压力之和，所以体系中各组分的分压保持不变，这种情况下无论反应是分子数增加的反应还是分子数减小的反应，平衡都不移动。在恒温、恒压条件下，向已达平衡的体系加入惰性气体组分，加入惰性气体前 $p_{总}=\sum p_i$，加入惰性气体后 $p_{总}=\sum p_i^*+p_{惰}$。由于要维持恒压，所以 $\sum p_i^*<\sum p_i$，相当于各气体的相对分压减小，此时平衡移动的情况与前述压力减小引起平衡的移动方向一致。

(4) 温度对平衡移动的影响。

标准平衡常数是温度的函数，因而，温度的改变对平衡的影响主要是通过改变标准平衡常数 $K^\ominus$，使 $K^\ominus\neq Q$，而使平衡移动的（这和前面讲述的浓度、压力对平衡的影响不同，它们是通过改变 Q，使 $Q\neq K^\ominus$ 而引起平衡移动）。

由 $\Delta_r G_m^\ominus=-RT\ln K^\ominus$ 和 $\Delta_r G_m^\ominus=\Delta_r H_m^\ominus-T\cdot\Delta_r S_m^\ominus$ 可得

$$\ln K^\ominus=-\frac{\Delta_r H_m^\ominus}{RT}+\frac{\Delta_r S_m^\ominus}{R} \tag{2.48}$$

当温度变化时，$\Delta_r H_m^\ominus$ 和 $\Delta_r S_m^\ominus$ 变化很小：

$$\ln K_1^\ominus=-\frac{\Delta_r H_m^\ominus}{RT_1}+\frac{\Delta_r S_m^\ominus}{R} \tag{2.49}$$

$$\ln K_2^\ominus=-\frac{\Delta_r H_m^\ominus}{RT_2}+\frac{\Delta_r S_m^\ominus}{R} \tag{2.50}$$

$$\ln\frac{K_2^\ominus}{K_1^\ominus}=\frac{\Delta_r H_m^\ominus}{R}\left(\frac{1}{T_1}-\frac{1}{T_2}\right) \tag{2.51}$$

式(2.51)称为范特霍夫方程，它表达了标准平衡常数随温度的变化关系。

此外，式(2.48)表明了若以 $\ln K^{\ominus}$ 对 $\frac{1}{T}$ 作图，则可得一直线，该直线的斜率为 $-\frac{\Delta_r H_m^{\ominus}}{R}$，截距为 $\frac{\Delta_r S_m^{\ominus}}{R}$，利用不同温度下的标准平衡常数作图可以得到 $\Delta_r H_m^{\ominus}$。

对于放热反应，$\Delta_r H_m^{\ominus}<0$，那么温度升高，即 $T_2>T_1$ 时，就有 $K_2^{\ominus}<K_1^{\ominus}$；降低温度，即 $T_2<T_1$ 时，就有 $K_2^{\ominus}>K_1^{\ominus}$。也就是说，标准平衡常数随温度的升高而减小，随温度的降低而增大，那么随着温度的升高，该化学反应必然逆向进行(吸热反应方向)；随着温度的降低，该化学反应必然正向进行(放热反应方向)，直到在新的温度建立起新的平衡为止。对于吸热反应，$\Delta_r H_m^{\ominus}>0$，温度升高，即 $T_2>T_1$ 时，就有 $K_2^{\ominus}>K_1^{\ominus}$；降低温度，即 $T_2<T_1$ 时，就有 $K_2^{\ominus}<K_1^{\ominus}$。也就是说，标准平衡常数随温度的升高而增大，随温度的降低而减小，那么随着温度的升高，该化学反应必然正向进行(吸热反应方向)；随着温度的降低，该化学反应必然逆向进行(放热反应方向)，直到在新的温度建立起新的平衡为止。

可见，对于可逆反应，在其他条件不变的情况下，升高温度，平衡向吸热反应方向移动，降低温度，平衡向放热反应方向移动。

2.3　化学反应速率

对于一个化学反应，在判断反应方向后，并不能表示该反应一定能用于生产实际，因为化学反应速率的快慢将直接决定该反应的应用。前面通过热力学讨论了化学反应的可能性问题，但由于热力学并没有涉及化学反应速率的概念，也不涉及变化的具体过程，因而无法回答关于化学反应速率的问题。本节通过化学动力学着重讨论反应的现实性问题。

化学动力学以化学反应速率和反应机理为研究对象，主要阐明化学反应进行的条件对化学反应速率的影响，探讨反应机理、物质结构与反应能量之间的关系。化学动力学与化学热力学之间存在着十分密切的关系。化学动力学的研究以化学热力学为前提，对于一个热力学上不可能发生的反应，就没有研究其化学反应速率的必要。通过化学动力学的研究，可以给人们提供选择加快所希望反应的化学反应速率、降低或抑制不希望的副反应发生的条件。此外，通过反应机理的研究可以揭示反应物的结构与反应能力的关系，了解物质变化的内部原因，以便更好地控制和调节化学反应速率。由于反应机理能够反映出物质结构上的某些特性，所以可以加深人们对于物质形态的认识。

2.3.1　化学反应速率和速率方程

1. 化学反应速率的定义

(1) 按浓度的变化定义：单位时间内反应物或产物浓度的改变，称为化学反应速率。化学反应速率的数学表达式为

$$\bar{v}=-\frac{\Delta c_B}{\Delta t} \tag{2.52}$$

化学反应速率的单位：$mol \cdot L^{-1} \cdot s^{-1}$、$mol \cdot L^{-1} \cdot min^{-1}$ 或 $mol \cdot L^{-1} \cdot h^{-1}$ 等。

按此定义，同一反应的化学反应速率，以系统中不同物质表示时，可能有不同的数值。在给定条件下，合成氨反应如下：

$$N_2 + 3H_2 \rightleftharpoons 2NH_3$$

	N_2	H_2	NH_3
起始浓度/($mol \cdot L^{-1}$)	2.0	3.0	0
2 s末浓度/($mol \cdot L^{-1}$)	1.8	2.4	0.4

则有

$$\bar{v}(N_2) = -\frac{\Delta c_{N_2}}{\Delta t} = -\frac{1.8-2.0}{2-0} = 0.1\ (mol \cdot L^{-1} \cdot s^{-1})$$

$$\bar{v}(H_2) = -\frac{\Delta c_{H_2}}{\Delta t} = -\frac{2.4-3.0}{2-0} = 0.3\ (mol \cdot L^{-1} \cdot s^{-1})$$

$$\bar{v}(NH_3) = \frac{\Delta c_{NH_3}}{\Delta t} = \frac{0.4-0}{2-0} = 0.2\ (mol \cdot L^{-1} \cdot s^{-1})$$

(2) 用反应进度定义：单位时间、单位体积内发生的反应进度，称为化学反应速率。化学反应速率的数学表达式为

$$v = \frac{1}{V} \cdot \frac{d\xi}{dt}$$

在恒容反应条件下，上式可写成：

$$v = \frac{1}{\nu_B} \cdot \frac{dc_B}{dt} \tag{2.53}$$

按照反应进度定义的化学反应速率，同一反应的化学反应速率，不论以系统中何种物质表示，数值均相同。如前面合成氨反应的例子：

$$N_2 + 3H_2 \rightleftharpoons 2NH_3$$

	N_2	H_2	NH_3
起始浓度/($mol \cdot L^{-1}$)	2.0	3.0	0
2 s末浓度/($mol \cdot L^{-1}$)	1.8	2.4	0.4

则有

$$v = \frac{1}{\nu_B} \cdot \frac{\Delta c_B}{\Delta t} = \frac{1}{\nu(N_2)} \cdot \frac{\Delta c(N_2)}{\Delta t} = \frac{1}{-1} \times \frac{1.8-2.0}{2-0} = 0.1\ (mol \cdot L^{-1} \cdot s^{-1})$$

$$v = \frac{1}{\nu(H_2)} \cdot \frac{\Delta c(H_2)}{\Delta t} = \frac{1}{-3} \times \frac{2.4-3.0}{2-0} = 0.1\ (mol \cdot L^{-1} \cdot s^{-1})$$

$$v = \frac{1}{\nu(NH_3)} \cdot \frac{\Delta c(NH_3)}{\Delta t} = \frac{1}{2} \times \frac{0.4-0}{2-0} = 0.1\ (mol \cdot L^{-1} \cdot s^{-1})$$

这样定义的化学反应速率的量值与反应中物质的选择无关，即选择任何一种反应物或产物来表示化学反应速率，都可得到相同的数值。但应当注意，化学反应速率与反应进度一样，必须对应化学反应方程式。因为化学计量数 ν_B 与化学反应方程式的写法有关。

2. 速率方程和反应级数

化学反应可分为基元反应（又称元反应）和非基元反应（复合反应）。基元反应即一步完成的反应，是组成复合反应的基本单元。复合反应由两个或两个以上基元反应构成。反应机理（或反应历程）指明某复合反应由哪些基元反应组成。

对于基元反应，化学反应速率与各反应物浓度的幂乘积（以化学反应方程式中相应物质的化学计量数的绝对值为指数）成正比，这个定量关系称为质量作用定律，是基元反应的速率方程，又称动力学方程。即对于基元反应：

$$aA + bB = gG + dD$$

$$v=kc_A^a \cdot c_B^b \qquad (2.54)$$

速率方程中的比例系数 k 称为该反应的化学反应速率常数，在同一温度、催化剂存在等条件下，k 是不随反应物浓度而改变的定值。化学反应速率常数 k 的物理意义是各反应物浓度均为单位浓度时的化学反应速率。显然，k 的单位因 $a+b$ 的值不同而异。速率方程中各反应物浓度项指数之和($n=a+b$)称为反应级数，其中某反应物浓度的指数 a 或 b 称为该反应对于反应物 A 或 B 的分级数，即对 A 为 a 级反应，对 B 为 b 级反应。

质量作用定律只适用于基元反应，反应级数可直接从反应方程式得到；对于复合反应，反应级数由实验测定，常见的有一级和二级反应，也有零级和三级反应，甚至分数级反应。分数级反应肯定是由多个基元反应组成的复合反应。质量作用定律不适用于复合反应，但有些非基元反应的速率方程形式上也满足质量作用定律，如 $H_2(g)+I_2(g)=\!=\!=2HI(g)$ 是由三个基元反应组成的复合反应，实验证明其速率方程为 $v=kc_{H_2} \cdot c_{I_2}$。不遵从质量作用定律的一定为非基元反应。对于下列反应：

$$2NO+2H_2 \longrightarrow N_2+2H_2O$$

根据实验结果得出速率方程：

$$v=kc_{NO}^2 \cdot c_{H_2}$$

则可肯定此反应为非基元反应，其反应机理由以下两个基元反应组成：

$$2NO+H_2 \longrightarrow N_2+H_2O_2 \quad (慢)$$

$$H_2+H_2O_2 \longrightarrow 2H_2O \quad (快)$$

在这两个步骤中，第二步进行得很快。但是，要使第二步发生，必须先有 H_2O_2 生成。第一步生成 H_2O_2 的过程进行得较缓慢，成为控制整个反应的化学反应速率的步骤，所以总反应的化学反应速率取决于生成 H_2O_2 的速率，从而可得出与上述实验结果相一致的速率方程。此反应为三级反应(不是四级反应!)。

对于任意的非基元反应：

$$aA+bB \longrightarrow cC+dD$$

$$v=kc_A^x \cdot c_B^y \qquad (2.55)$$

式(2.55)称为速率方程，用于描述的是化学反应速率与反应物浓度之间的定量关系。式中 v 表示瞬时化学反应速率；c_A、c_B 分别为反应物 A、B 的浓度，单位为 $mol \cdot L^{-1}$；x、y 分别为 c_A、c_B 的指数，称为反应物 A、B 的级数。通常 x 不一定等于 a、y 不一定等于 b，$x+y$ 称为反应的总级数。k 称为化学反应速率常数，它表示反应物浓度都为 $1\ mol \cdot L^{-1}$ 时的化学反应速率。k 的单位由反应级数来确定，通式为 $mol^{1-n} \cdot L^{n-1} \cdot s^{-1}$。对于某一给定的化学反应，$k$ 与反应物浓度无关，其值受反应类型、温度、溶剂、催化剂等的影响。换言之，速率方程把影响化学反应速率的因素分为两部分，一部分是浓度对化学反应速率的影响，另一部分是浓度以外的其他因素对化学反应速率的影响。化学反应速率常数 k 反映了除浓度以外的其他因素对化学反应速率的影响。对不同的反应，k 不同，即使同一反应，当温度、溶剂、催化剂等改变时，k 也将发生变化。

3. 一级反应

以一级反应为例讨论速率方程的具体特征。若化学反应速率与反应物浓度的一次方成正比，即为一级反应。一级反应的速率方程如下：

$$v=-\frac{dc}{dt}=kc \tag{2.56}$$

对上式积分得

$$-\int_{c_0}^{c}\frac{dc}{c}=\int_{0}^{t}k\,dt \tag{2.57}$$

$$\ln\frac{c_0}{c}=kt \tag{2.58}$$

即：

$$\ln c=\ln c_0-kt \tag{2.59}$$

反应物消耗一半($c=c_0/2$)所需的时间，称为半衰期，用符号 $t_{\frac{1}{2}}$ 表示。从式(2.59)可得一级反应的半衰期：

$$t_{\frac{1}{2}}=\frac{\ln 2}{k}=\frac{0.0693}{k} \tag{2.60}$$

根据以上各式可概括出一级反应的三个特征(其中任何一条均可作为判断一级反应的依据)。

(1) $\ln c$ 对 t 作图得一直线(斜率为 $-k$)。

(2) 半衰期 $t_{\frac{1}{2}}$ 与反应物的起始浓度无关。

(3) 化学反应速率常数 k 的单位为 s^{-1}。

利用某些元素同位素的放射性衰变可以估量文物的大致年代。

2.3.2 温度对化学反应速率的影响

从速率方程 $v=kc_A^x\cdot c_B^y$ 可以看出，化学反应速率除了与浓度有关外，还与化学反应速率常数 k 有关。当反应物的浓度为一定值时，改变反应温度，化学反应速率随之改变。以氢气和氧气化合生成水的反应为例，在室温下氢气和氧气反应极慢，几年都观察不出有反应发生；但如果温度升高到 600 ℃，它们立即反应，甚至发生爆炸。实验表明，对于大多数反应，温度升高，化学反应速率增大，即化学反应速率常数 k 随温度升高而增大，而且呈指数变化。

1. 范特霍夫规则

温度对化学反应速率具有显著的影响，一般情况下化学反应速率随反应温度的升高而增大，但不同的化学反应速率随温度的增大程度不同。1884 年荷兰物理化学家 van't Hoff J. H.(范特霍夫)根据大量的化学反应相关研究提出了一个经验规则，即温度升高 10 K，化学反应速率增加 2～4 倍。它是一个近似的经验规则，在不需要精确数据或缺少完整数据时，不失为一种粗略估计温度对化学反应速率影响的方法。

2. 阿伦尼乌斯公式

阿伦尼乌斯

1889 年 S. A. Arrhenius(阿伦尼乌斯)分析了大量的化学反应速率相关实验数据，提出了 k 和 T 的定量关系式，即阿伦尼乌斯公式：

$$k=Ae^{-E_a/RT} \tag{2.61}$$

或

$$\ln k=-\frac{E_a}{RT}+\ln A \tag{2.62}$$

式中：E_a 称为活化能，单位为 $kJ \cdot mol^{-1}$；A 称为指前因子，与化学反应速率常数 k 有相同的量纲；R 为摩尔气体常数（$8.314\ J \cdot mol^{-1} \cdot K^{-1}$）；$E_a$ 和 A 都是与反应系统物质本性有关的经验常数，当温度变化不大时被视为与温度无关。

v 和 E_a 的测定

如果 E_a 与 A 被视为常数，以实验测得的 $\ln k$ 对 $1/T$ 作图可得一直线，从斜率可得活化能，通常又称表观活化能。这是由 k 求活化能 E_a 的重要方法。

不同温度下同一反应有着不同的化学反应速率常数，如果已知反应在温度 T_1 时化学反应速率常数为 k_1，在温度 T_2 时化学反应速率常数为 k_2，则由阿伦尼乌斯公式的对数式可以看出，如果知道不同温度下的化学反应速率常数就可以用作图的方法求得 E_a：

$$\ln k_2 = -\frac{E_a}{RT_2} + \ln A$$

$$\ln k_1 = -\frac{E_a}{RT_1} + \ln A$$

两式相减，得

$$\ln \frac{k_2}{k_1} = -\frac{E_a}{R}\left(\frac{1}{T_2} - \frac{1}{T_1}\right) = \frac{E_a}{R} \cdot \frac{T_2 - T_1}{T_1 \cdot T_2} \tag{2.63}$$

式(2.61)、式(2.62)、式(2.63)是阿伦尼乌斯公式的不同形式，表明活化能的大小反映了化学反应速率随温度变化的程度。活化能较大的反应，温度对化学反应速率的影响较显著，升高温度能显著加快化学反应速率。可以注意到：动力学中阿伦尼乌斯公式所表达的 k 与 T 的关系同热力学中范特霍夫方程表达的 $K^{\ominus}$ 与 T 的关系有着相似的形式。

例 2.9　在 301.15 K 时，鲜牛奶约 4 h 变酸，但在 278.15 K 的冰箱中，鲜牛奶可保持 48 h 才变酸。设在该条件下牛奶变酸的化学反应速率与变酸时间成反比，试估算在该条件下牛奶变酸反应的活化能。若室温从 288.15 K 升高到 298.15 K，则牛奶变酸的化学反应速率将发生怎样的变化？

解：(1) 反应活化能的估算。

由于变酸化学反应速率与变酸时间成反比，则：

$$v_2/v_1 = t_1/t_2 = 48\ h/4\ h = 12$$

$$\ln \frac{v_2}{v_1} = \frac{E_a(T_2 - T_1)}{RT_1T_2} = \frac{E_a \times (301.15 - 278.15)}{8.314 \times 278.15 \times 301.15} = \ln 12$$

解得

$$E_a = 75\ (kJ \cdot mol^{-1})$$

(2) 化学反应速率随温度升高的变化：

$$\ln \frac{v(298.15\ K)}{v(288.15\ K)} = \frac{E_a(T_2 - T_1)}{RT_1T_2} = \frac{75000 \times (298.15 - 288.15)}{8.314 \times 288.15 \times 298.15} = 1.05$$

所以

$$v(298.15\ K)/v(288.15\ K) = 2.9$$

即化学反应速率增大到原来的 2.9 倍。

应当指出，并不是所有的反应都符合阿伦尼乌斯公式。例如，对于爆炸反应，当温度升高到某一值时，化学反应速率会突然增加；酶催化反应有个最佳反应温度，温度太高或太低都不利于生物酶的活性。

2.3.3 化学反应速率理论和反应机理

化学反应速率千差万别，除了受外界因素影响外，还取决于物质本身的性质，是微观粒子相互作用的结果。人们为了阐述微观现象的本质，提出了各种揭示化学反应内在联系的模型，其中最重要、应用最广泛的是有效碰撞理论和过渡态理论。

1. 有效碰撞理论

反应物分子如何形成产物分子？在化学反应过程中，反应物分子形成产物分子是化学键破旧立新的过程，即反应物分子的化学键首先要减弱以至于断裂，然后形成新的化学键。在此过程中必然伴随着能量的变化，因而首先必须给反应物足够的能量使旧的化学键减弱以至于断裂。路易斯在接受阿伦尼乌斯活化分子和活化能的概念基础上于 1918 年根据气体分子运动学说提出有效碰撞理论。该理论的基本要点如下。

（1）反应的必要条件：原子、分子或离子只有相互碰撞才能发生反应。反应物分子间只有相互碰撞才可以使旧的化学键断裂、新的化学键形成，如果反应物分子间相互不接触就不会发生反应。但根据气体分子运动论，常温时，若气体的浓度为 $1\ mol \cdot L^{-1}$，其系统中分子的碰撞频率 $Z=10^{30}\ cm^{-3} \cdot s^{-1}$，则任何气相反应在瞬间（约 10^{-9} s）可以完成，但事实并非如此，在无数次碰撞中，大多数碰撞并没有导致反应的发生，只有少数分子的碰撞是有效的，也就是说还有其他因素影响着化学反应速率，碰撞只是发生反应的必要条件但非充分条件。

（2）反应的充分条件：反应物分子间的碰撞必须为有效碰撞。对于大多数反应而言，只有少数分子或少数能量较高的分子之间的碰撞才可以发生反应。这种可以发生反应的碰撞称为有效碰撞。有效碰撞有两个必要条件。首先，分子必须有足够的能量以克服分子相互接近时电子云之间和原子核之间的排斥力，因而，分子发生有效碰撞时必须具备一个最低的能量，这种必须具备的最低能量称为临界能，凡具有的能量等于或大于临界能的、能够发生有效碰撞的分子称为活化分子，活化分子占分子总数的百分数称为活化分子百分数。活化分子百分数越大，有效碰撞次数越多，化学反应速率越快。能量低于临界能的分子称为非活化分子或普通分子，活化分子具有的平均能量与反应物分子的平均能量之差称为反应的活化能（这好比我们要到达山峰的对面，就必须具有足够的能量翻越这座山峰）。可见反应的活化能是决定化学反应速率的主要因素。

其次，仅具有足够能量的碰撞尚不充分，碰撞还必须具有一定的方向性。分子都具有一定的构型，所以分子间的碰撞方向还会因结构的不同而有所不同。

有效碰撞理论可以解释温度、浓度对化学反应速率的影响。首先，浓度增大，发生碰撞的分子数增加，导致化学反应速率增大；其次，温度升高，分子运动速率加快，分子碰撞概率增大，也可以导致化学反应速率加快。该理论描述了一幅虽然粗糙但十分明确的反应图像，在化学反应速率理论的发展中起了很大作用。它直观、明了，易为初学者所接受，成功地解释了一部分实验事实。但该模型过于简单，把分子简单地看作没有内部结构的刚性球体，要么碰撞发生反应，要么发生弹性碰撞，而且“活化分子”本身的物理图像模糊，也不能说明反应的过程及其过程中能量的变化。

2. 过渡态理论

过渡态理论又称活化络合物理论或绝对化学反应速率理论。它考虑了分子内部的结构和运动状态，认为从反应物到产物的反应过程，必须经过一种过渡态，即反应物分子活化形成活化络合物的中间状态。其要点如下。

(1) 由反应物分子变为产物分子的化学反应并不完全是简单的几何碰撞，而是旧键的断裂与新键的生成的连续过程。

(2) 当具有足够能量的分子以适当的空间取向靠近时，高能量的分子借助能量的传递，使反应物分子的化学键减弱、断裂，在此过程中，反应物分子首先要形成一个高能量的、不稳定的过渡态(活化络合物)，如：

$$\underset{\text{反应物}}{A+B-C} \longrightarrow \underset{\text{活化络合物（过渡态）}}{[A\cdots B\cdots C]^*} \longrightarrow \underset{\text{产物}}{A-B+C}$$

过渡态是一种不稳定状态。在反应过程中，反应物分子的动能暂时转化为活化络合物的势能，这种很不稳定的活化络合物既可以分解为产物，也可以分解为反应物。

(3) 过渡态理论认为，化学反应速率与下列三个因素有关。① 活化络合物的浓度：活化络合物的浓度越大，化学反应速率越大。② 活化络合物分解为产物的概率：活化络合物分解为产物的概率越大，化学反应速率越大。③ 活化络合物分解为产物的速率：活化络合物分解为产物的速率越大，化学反应速率越大。

利用过渡态理论可以对任意反应过程进行分析，例如对于反应

$$\underset{\text{反应物}}{A+B-C} \longrightarrow \underset{\text{活化络合物}}{[A\cdots B\cdots C]^*} \longrightarrow \underset{\text{产物}}{A-B+C}$$

当 A 原子沿 BC 的键轴方向接近时，B—C 中的化学键逐渐松弛，作用力逐渐被削弱，原子 A 与 B 之间的作用力加强，逐渐形成一种新的化学键，这时形成了[A…B…C]构型的活化络合物。这种活化络合物位能很高，很不稳定，它可能重新变回原来的反应物(A，BC)，也可能分解成产物(AB，C)。化学反应速率取决于活化络合物的浓度、活化络合物分解的百分率、活化络合物分解的速率。反应过程中体系的位能变化如图 2.9 所示。

图 2.9 中横坐标为反应过程，纵坐标为反应体系的位能，E_{a1} 为反应物与活化络合物间的位能差，称为正反应的活化能，E_{a2} 为产物与活化络合物间的位能差，称为逆反应的活化能。正反应活化能 E_{a1} 与逆反应活化能 E_{a2} 的差为反应过程的热效应 ΔH。从图2.9可以看出，对于一个可逆反应，正反应放热，逆反应必定吸热。可逆反应中吸热反应的活化能必定大于放热反应的活化能。另外，从图 2.9 中还可以看到化学反应进行时，必须越过一个能峰或者说必须克服一个能垒，才能发生反应。

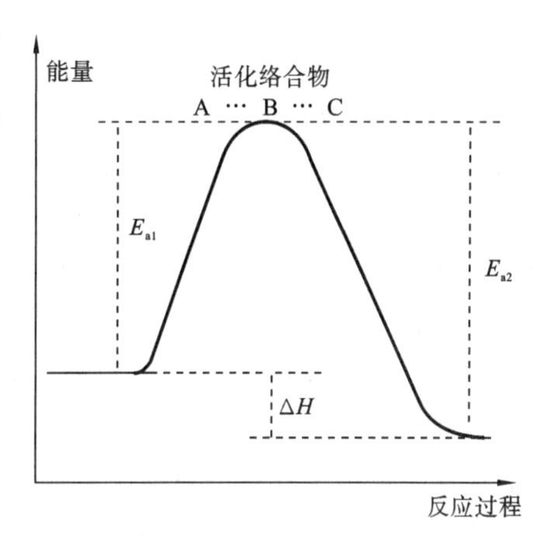

图 2.9　反应过程的能量图

过渡态理论吸收了有效碰撞理论中合理的部分，赋予了活化能一个明确的模型，将反应中所涉及物质的微观结构与化学反应速率理论结合起来，是有效碰撞理论的合理补充。同时它从分子内部结构及内部运动的角度讨论化学反应速率。但由于许多反应的活化络合物的结构无法通过实验加以确定，加上计算方法过于复杂，这一理论的应用受到限制。

3. 加快化学反应速率的方法

从活化分子和活化能的观点来看，增加单位体积内活化分子总数可加快化学反应速率。

活化分子总数＝活化分子百分数×分子总数

(1) 增大反应物浓度(或压力)：一定温度下活化分子百分数一定，增大反应物浓度(或压力)即增大单位体积内的分子总数，从而增大活化分子总数，化学反应速率会加快。用这种方法来加快化学反应速率的效率通常并不高，而且是有限度的。

(2) 升高反应体系温度：分子总数不变，升高温度能使更多分子因获得能量而成为活化分子，活化分子百分数增加，从而增大单位体积内活化分子总数，从而加快化学反应速率。升高温度虽能使化学反应速率迅速加快，但人们往往不希望反应在高温下进行，因为这不仅需要高温设备，耗费热、电这类能量，而且反应的产物在高温下可能不稳定或者会发生一些副反应。

(3) 催化剂的影响：常温下，一般反应物分子的能量并不大，活化分子百分数通常较小。如果设法降低反应的活化能，即降低反应的能垒，虽然温度、分子总数不变，但也能使更多分子成为活化分子，活化分子百分数可显著增加，从而增大单位体积内活化分子总数。通常可选用催化剂以改变反应的历程，降低活化能，使化学反应速率加快。

2.3.4 催化剂与催化作用

如上所述，增大反应物浓度和升高反应温度都可使化学反应速率加快，但是增大反应物浓度会导致成本提高；升高反应温度不仅要增加能耗，而且会产生副反应，导致主产物的得率降低，产品难以分离提纯。所以在有些情况下，这两种手段的应用受到限制。采用催化剂可以有效增大化学反应速率。

催化剂(又称触酶)是指那些少量就能显著改变化学反应速率，而在反应前后本身数量、组成和化学性质基本不变的物质。其中能加快化学反应速率的催化剂称为正催化剂，能减慢化学反应速率的催化剂称为负催化剂。催化剂加快或减慢化学反应速率的作用称为催化作用。

为什么加入催化剂能显著加快化学反应速率？这主要是因为催化剂能与反应物生成不稳定的中间络合物，改变了原来的反应历程，为反应提供了一条能垒较低的反应途径，从而降低了反应的活化能。例如，H_2O_2在 Br_2 的催化作用下发生分解反应，加入催化剂后改变了反应的历程，降低了活化能，使更多分子成为活化分子，活化分子百分数可显著增加，故化学反应速率加快(图 2.10)。

催化剂的主要特性有以下几点。

(1) 能改变化学反应途径，降低反应的活化能，使化学反应速率显著增大。催化剂参与反应后能在生成最终产物的过程中解脱出来，恢复原态，反应前后催化剂的组成、化学性质和数量均保持不变，但物理性质如颗粒度、密度、光泽等可能改变。

(2) 只能加速反应达到平衡而不能使平衡移动，即同等程度地加速正反应和逆反应，而不能改变标准平衡常数。

(3) 有特殊的选择性。一种催化剂只加速一种或少数几种特定类型的反应。这在生产实践中极有价值，它能使人们在指定时间内消耗同样数量的原料时可得到更多的所需产品。例如，工业上以水煤气为原料，使用不同的催化剂可得到不同的产物。

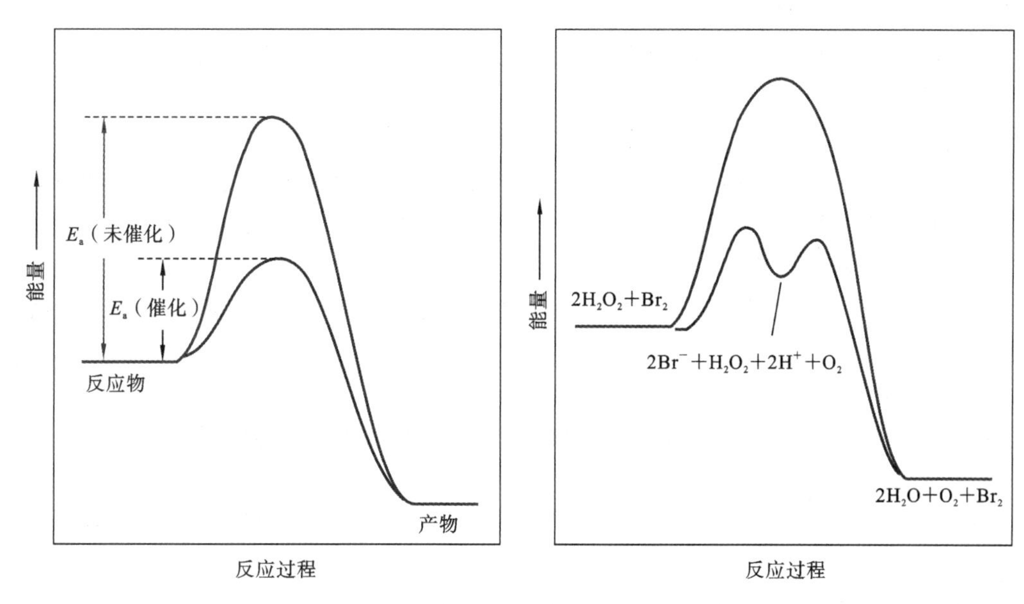

图 2.10　Br_2 催化 H_2O_2 分解反应历程示意图

(4) 稳定性较差，寿命不长。催化剂很容易中毒，如 CO、CO_2、H_2O、O_2 等会导致铁触媒中毒。As、P、S 的化合物常导致催化剂中毒。催化剂中毒又可以分为暂时中毒和永久中毒，为了延长催化剂的寿命，常加入助催化剂。

本章总结

1. 基本概念

(1) 系统与环境
- 环境
- 系统：敞开系统；封闭系统；孤立系统

(2) 状态与状态函数
- 状态函数的特点
- 状态函数性质的分类
  - 容量性质：加合性
  - 强度性质：不具有加合性

(3) 过程与途径

(4) 热和功

系统与环境间的能量传递形式（过程函数）表现为热和功。

热：由温差引起的能量交换形式。功：除热以外的能量交换形式。

(5) 热力学标准态
- 标准压力：$p^{\ominus}=100\ \text{kPa}$
- 标准浓度：$c^{\ominus}=1\ \text{mol}\cdot\text{L}^{-1}$

标准态未规定温度，即可任选一个温度进行计算，通常选定温度为 298.15 K。

(6) 标准摩尔生成焓（$\Delta_f H_m^{\ominus}$）

在标准态下由稳定单质生成单位物质的量的纯物质时反应的焓变。

推论：稳定单质的标准摩尔生成焓为零。

(7) 标准摩尔燃烧焓($\Delta_c H_m^\ominus$)

在标准态下,1 mol 物质完全燃烧生成指定的稳定产物时的标准摩尔反应焓变。

(8) 标准摩尔反应焓($\Delta_r H_m^\ominus$)

(9) 盖斯定律

总反应的热效应只与反应的始态和终态(包括温度、反应物和产物的量及聚集状态等)有关,而与变化的途径无关。

(10) 自发反应(或过程)

在给定条件下不需要环境对系统做功而能自动进行的反应或过程为自发反应(或过程)。

(11) 熵(S)

用来度量系统内微观粒子的混乱度,熵为状态函数。

热力学规定:在绝对零度时,任何纯净的完美晶体的熵为零。(热力学第三定律)

(12) 标准熵 $S_m^\ominus$

单位物质的量(1 mol)的纯物质在标准条件下的规定熵称为该物质的标准摩尔熵,简称标准熵。

(13)吉布斯函数(G)

$G=H-TS$。吉布斯函数变(ΔG):$\Delta G=\Delta H-T\Delta S$。

(14) 反应商

对于任意反应:$a\mathrm{A(g)}+e\mathrm{E(aq)}+c\mathrm{C(s)} \rightleftharpoons x\mathrm{X(g)}+y\mathrm{Y(aq)}+z\mathrm{Z(l)}$

$$Q=\frac{(p_\mathrm{X}/p^\ominus)^x(c_\mathrm{Y}/c^\ominus)^y}{(p_\mathrm{A}/p^\ominus)^a(c_\mathrm{E}/c^\ominus)^e}$$

(15) 标准摩尔生成吉布斯函数变($\Delta_f G_m^\ominus$)

在标准条件下由指定的单质生成 1 mol 纯物质时反应的吉布斯函数变,称为该物质的标准摩尔生成吉布斯函数变。

(16) 化学平衡体系特征

① “等”指正反应速率和逆反应速率相等,这是达到平衡态的实质;② “动”指化学平衡是动态平衡,反应并未停止;③ “定”指达到平衡后,各反应物和产物的量不再变化;④ “变”指化学平衡是有条件的、暂时的平衡,条件一旦改变,平衡受到破坏。

(17) 反应限度

自发反应具有明显的方向性,总是单向地趋向平衡态。对于恒温恒压下不做非体积功的化学反应,达到化学平衡态的判据是 $\Delta_r G_m=0$。

(18) 标准平衡常数($K^\ominus$)

对于任意反应:

$$a\mathrm{A(g)}+e\mathrm{E(aq)}+c\mathrm{C(s)} \rightleftharpoons x\mathrm{X(g)}+y\mathrm{Y(aq)}+z\mathrm{Z(l)}$$

$$K^\ominus=\frac{(p_\mathrm{X}^{eq}/p^\ominus)^x(c_\mathrm{Y}^{eq}/c^\ominus)^y}{(p_\mathrm{A}^{eq}/p^\ominus)^a(c_\mathrm{E}^{eq}/c^\ominus)^e}$$

对于 $K^\ominus$,应注意以下几点:

① $K^\ominus$越大,表明反应进行得越彻底。

② $K^\ominus$只是温度的函数。

③ $K^\ominus$具体的表达式可直接根据化学计量方程式写出。各物质的浓度(分压)都为平衡时

的量；固体、液态纯物质及稀溶液中的溶剂，不出现在表达式中。

④ $K^{\ominus}$的表达式也与化学计量方程式的书写有关。因此，在应用 $K^{\ominus}$时，必须注意与其相对应的化学计量方程式的书写方式。

(19) 转化率(α)$=\dfrac{\text{已转化了的量}}{\text{起始的量}}\times 100\%$

(20) 化学反应速率的定义

按浓度的变化定义：$\bar{v}=-\dfrac{\Delta c_B}{\Delta t}$。用反应进度定义：$v=\dfrac{1}{\nu_B}\cdot\dfrac{dc_B}{dt}$。

2. 化学反应热效应和化学反应原理

(1) 热力学第一定律

$\Delta U=Q+W$(封闭系统)；注意：Q、W 的正负号及 U 的定义和性质。

(2) 热效应

在不做非体积功的条件下：

热效应：
- 等容热效应 $\Delta U=Q_V$
- 等压热效应 $\Delta H=Q_p$
  - 焓(H)的定义($H=U+pV$)
  - 焓(H)的性质

(3) 常见热效应：
- 标准摩尔生成焓($\Delta_f H_m^{\ominus}$)
- 标准摩尔燃烧焓($\Delta_c H_m^{\ominus}$)

(4) 反应热的计算

① 由热量计直接测定；

② 由盖斯定律间接计算；

③ 由标准摩尔生成焓求反应热：

$$\Delta_r H_m^{\ominus}=\sum \nu_B \Delta_f H_m^{\ominus}(B)$$

④ 由标准摩尔燃烧焓求反应热：

$$\Delta_r H_m^{\ominus}=-\sum \nu_B \Delta_c H_m^{\ominus}(B)$$

(5) 标准熵变 $\Delta_r S_m^{\ominus}$的计算方法

$$\Delta_r S_m^{\ominus}=\sum \nu_B S_m^{\ominus}(B)$$

(6) 吉布斯函数判据

在恒温恒压不做非体积功的条件下，

- $\Delta G<0$　自发过程，反应正向进行
- $\Delta G=0$　平衡态
- $\Delta G>0$　非自发过程，反应逆向进行

(7) $\Delta_r G_m$ 与 $\Delta_r G_m^{\ominus}$的关系——热力学等温方程式

$$\Delta_r G_m=\Delta_r G_m^{\ominus}+RT\ln Q$$

(8) 298.15 K 时 $\Delta_r G_m^{\ominus}$的计算

① 利用物质的 $\Delta_f G_m^{\ominus}$：$\Delta_r G_m^{\ominus}=\sum \nu_B \Delta_f G_m^{\ominus}(B)$

② 利用 $\Delta_r H_m^{\ominus}$和 $\Delta_r S_m^{\ominus}$计算：$\Delta_r G_m^{\ominus}=\Delta_r H_m^{\ominus}-T\Delta_r S_m^{\ominus}$

(9) 其他温度时反应的 $\Delta_r G_m^\ominus$的计算

$$\Delta_r H_m^\ominus(T)\approx\Delta_r H_m^\ominus(298.15\ \mathrm{K}),\quad \Delta_r S_m^\ominus(T)\approx\Delta_r S_m^\ominus(298.15\ \mathrm{K})$$

可以利用 298.15 K 时的 $\Delta_r H_m^\ominus$和 $\Delta_r S_m^\ominus$代替其他温度下的 $\Delta_r H_m^\ominus(T)$和 $\Delta_r S_m^\ominus(T)$,计算任意温度下的 $\Delta_r G_m^\ominus(T)$,则得

$$\Delta_r G_m^\ominus(T)\approx\Delta_r H_m^\ominus(298.15\ \mathrm{K})-T\cdot\Delta_r S_m^\ominus(298.15\ \mathrm{K})$$

(10) 反应的 $\Delta_r G_m^\ominus$和 $\Delta_r G_m$ 的应用

① 用来估计、判断反应的自发性:反应自发进行的条件是 $\Delta_r G_m<0$,在接近标准条件时,可用 $\Delta_r G_m^\ominus<0$ 进行判断。

② 估算反应能自发进行的温度条件:$T_{转}\geqslant\dfrac{\Delta_r H_m^\ominus}{\Delta_r S_m^\ominus}$

(11) 标准平衡常数 $K^\ominus$与反应商 Q 的关系

对于任意反应:

$$a\mathrm{A(g)}+e\mathrm{E(aq)}+c\mathrm{C(s)}\rightleftharpoons x\mathrm{X(g)}+y\mathrm{Y(aq)}+z\mathrm{Z(l)}$$

$$K^\ominus=\frac{(p_X^{eq}/p^\ominus)^x(c_Y^{eq}/c^\ominus)^y}{(p_A^{eq}/p^\ominus)^a(c_E^{eq}/c^\ominus)^e}$$

$$Q=\frac{(p_X/p^\ominus)^x(c_Y/c^\ominus)^y}{(p_A/p^\ominus)^a(c_E/c^\ominus)^e}$$

相同之处:两个表达式形式相同。不同之处:标准平衡常数 $K^\ominus$的表达式中各项采用平衡时的数据;反应商的表达式中,各项采用给定状态时的数据。

(12) 多重平衡规则

如果某个反应可以表示为两个或更多个反应的总和,则总反应的标准平衡常数等于各反应的标准平衡常数的乘积。

反应③=反应①+反应②　则　$K_3^\ominus=K_1^\ominus\cdot K_2^\ominus$

反应③=2×反应①-3×反应②　则　$K_3^\ominus=(K_1^\ominus)^2/(K_2^\ominus)^3$

记忆口诀:加减变乘除,系数作指数。

(13) 化学平衡的有关计算

① 已知平衡时体系中各物质的量(m、n、c、p 等),求标准平衡常数。

② 根据某一时刻反应体系中各物质的量(m、n、c、p 等),判断反应是否处于平衡态。

③ 已知 $K^\ominus$和反应物初始浓度(或分压),求平衡转化率 α 和平衡浓度。

④ 根据多重平衡规则,利用已知的标准平衡常数,求未知的标准平衡常数。

(14) 根据 Q 和 $K^\ominus$的关系判定化学反应进行的方向和化学平衡移动方向

由热力学等温方程式:

$$\Delta_r G_m=\Delta_r G_m^\ominus+RT\ln Q$$

可知当 $\Delta_r G_m=0$ 时,反应处于平衡态,此时有

$$\Delta_r G_m^\ominus=-RT\ln K^\ominus$$

可推出:

$$\Delta_r G_m=-RT\ln K^\ominus+RT\ln Q$$

$$\Delta_r G_m=RT\ln\frac{Q}{K^\ominus}$$

该式表明了反应商与标准平衡常数的相对大小以及与反应进行的方向的关系。将 Q 和

$K^\ominus$ 进行比较，可以得出化学反应进行方向的反应商判据。

① $Q>K^\ominus$，$\Delta_r G_m>0$，反应逆向自发进行；

② $Q=K^\ominus$，$\Delta_r G_m=0$，反应处于平衡态；

③ $Q<K^\ominus$，$\Delta_r G_m<0$，反应正向自发进行。

如果将平衡移动的方向理解为在新的条件下再一次判断化学反应自发进行的方向，则有：

① $Q<K^\ominus$，$\Delta_r G_m<0$，平衡正向移动；

② $Q=K^\ominus$，$\Delta_r G_m=0$，平衡态；

③ $Q>K^\ominus$，$\Delta_r G_m>0$，平衡逆向移动。

（15）温度对标准平衡常数（$K^\ominus$）的影响——范特霍夫方程：

$$\ln K^\ominus=-\frac{\Delta_r H_m^\ominus}{RT}+\frac{\Delta_r S_m^\ominus}{R}\quad 或\quad \ln\frac{K_2^\ominus}{K_1^\ominus}=\frac{\Delta_r H_m^\ominus}{R}\left(\frac{1}{T_1}-\frac{1}{T_2}\right)$$

（16）速率方程和反应级数

对于任意反应：　$aA+bB \rightleftharpoons cC+dD$

反应物浓度与化学反应速率的关系——速率方程：

$$v=kc_A^x\cdot c_B^y$$

式中，k 为化学反应速率常数，不随浓度变化，受温度、催化剂影响；x、y 为 A、B 的反应级数；$x+y$ 为反应的总级数。式中 x、y 不一定分别等于反应方程式中的反应物 A、B 的化学计量数 a、b，需由实验决定。

（17）一级反应的 3 个特征

① $\ln c$ 对 t 作图得一直线（斜率为 $-k$）。

② 半衰期 $t_{\frac{1}{2}}$ 与反应物的起始浓度无关。

③ 化学反应速率常数的单位为 s^{-1}。

（18）阿伦尼乌斯公式

$$k=Ae^{-E_a/RT}\quad 或\quad \ln k=-\frac{E_a}{RT}+\ln A$$

$$\ln\frac{k_2}{k_1}=-\frac{E_a}{R}\left(\frac{1}{T_2}-\frac{1}{T_1}\right)=\frac{E_a}{R}\cdot\frac{T_2-T_1}{T_1\cdot T_2}$$

式中，E_a 称为活化能，单位为 $kJ\cdot mol^{-1}$；A 称为指前因子，与化学反应速率常数 k 有相同的量纲；R 为摩尔气体常数（$8.314\ J\cdot mol^{-1}\cdot K^{-1}$）；$E_a$ 和 A 都是与反应系统物质本性有关的经验常数，当温度变化不大时被视为与温度无关。

习　题

扫码做题

一、填空题

1. 绝对零度时任何纯净的完整晶态物质的熵为________，熵的单位为________。

2. 下述 3 个反应：(1) $S(s)+O_2(g) \longrightarrow SO_2(g)$，(2) $H_2(g)+O_2(g) \longrightarrow H_2O_2(l)$，(3) $C(s)+H_2O(g) \longrightarrow CO(g)+H_2(g)$，按 $\Delta_r S_m$ 增加的顺序为________。

3. 反应 $C(s)+H_2O(g) \rightleftharpoons CO(g)+H_2(g)$，$\Delta H>0$。当升高温度时，该反应的标准平衡常数将________（填“变大”还是“变小”），系统中 CO(g) 的含量有可能________（填“增加”还是

“减少”);增大系统压力会使平衡________移动;保持温度和体积不变,加入 $N_2(g)$,平衡将________移动。

4. $3N_2+H_2 \rightleftharpoons 2NH_3$,$\Delta_r H_m \leqslant 0$,气体混合物处于平衡态时,$N_2$ 生成 NH_3 的转化率将会发生什么变化?

   (1) 压缩混合气体________;(2) 升温________;(3) 引入 H_2 ________;(4) 恒压下引入惰性气体________;(5) 恒容下引入惰性气体________。

5. $PCl_5(g)$分解反应,在 473 K 达平衡时有 48.5%分解,在 573 K 达平衡时有 97%分解,则此反应的 $\Delta_r H_m$ ________ 0(填>、<或 =)。

6. 在化学反应中,可加入催化剂以加快化学反应速率,主要是因为________反应的活化能,使化学反应速率常数 k ________。

7. 反应 $2A(g)+B(g) = C(g)$ 的速率方程为 $v=kc_A^2c_B$,该反应为________级反应,当 B 的浓度增加为原来的 2 倍时,化学反应速率将增大为原来的________倍;当反应容器的体积增大到原来的 3 倍时,化学反应速率将变化为原来的________。

二、问答题

1. 定性判断下列反应发生后,熵值是增加还是减小,并说明理由。

   (1) $I_2(s) \longrightarrow I_2(g)$;

   (2) $H_2O(l) \longrightarrow H_2(g)+\frac{1}{2}O_2(g)$;

   (3) $2CO(g)+O_2(g) \longrightarrow 2CO_2(g)$。

2. 热力学函数 H、S 与 G 之间,$\Delta_r H_m$、$\Delta_r S_m$ 与 $\Delta_r G_m^\ominus$之间,$\Delta_r G_m$ 与 $\Delta_r G_m^\ominus$之间有什么关系?请用公式表达。

3. 写出下列反应的标准平衡常数表达式:

   (1) $C(s)+H_2O(g) \rightleftharpoons CO(g)+H_2(g)$

   (2) $2MnO_4^-(aq)+5H_2O_2(aq)+6H^+(aq) \rightleftharpoons 2Mn^{2+}(aq)+5O_2(g)+8H_2O(l)$

4. 什么是反应商?对于一个反应,标准平衡常数与反应商的关系是什么?如何利用两者的关系来判断反应进行的方向?

5. 什么是多重平衡规则?试从 $\Delta_r G_m^\ominus$和 $K^\ominus$ 的关系推演多重平衡规则。

6. 已知下列反应为基元反应,试写出它们的速率方程式,并指出反应级数:

   (1) $SO_2Cl_2 \longrightarrow SO_2+Cl_2$;

   (2) $2NO_2 \longrightarrow 2NO+O_2$;

   (3) $NO_2+CO \longrightarrow NO+CO_2$。

7. 什么是活化分子?从活化分子的角度解释浓度、温度和催化剂对化学反应速率的影响。

三、计算题

1. 某汽缸中有气体 1.20 L,在 97.3 kPa 下气体从环境中吸收了 800 J 的热量后,在恒压下体积膨胀到 1.50 L,试计算系统的内能变化 ΔU。

2. 根据 $\Delta_f H_m^\ominus$的值,计算下列反应的 $\Delta_r H_m^\ominus$(298.15 K)和 $\Delta_r U_m^\ominus$(298.15 K):

   (1) $4NH_3(g)+3O_2(g) = 2N_2(g)+6H_2O(g)$;

   (2) $CH_4(g)+H_2O(g) = CO(g)+3H_2(g)$。

3. 已知反应 $CaCO_3(s) = CaO(s)+CO_2(g)$ 的 $\Delta_r H_m^\ominus = 178\ kJ \cdot mol^{-1}$,标准煤的热值为

29.3 kJ · g^{-1}。估算煅烧 1000 kg 石灰石(以纯 $CaCO_3$ 计)，理论上需要消耗多少标准煤。

4. 对于水煤气反应 $C(s)+H_2O(g) \rightleftharpoons CO(g)+H_2(g)$，问：

(1) 此反应在 298.15 K、标准态下能否正向进行？

(2) 若升高温度，反应能否正向进行？为什么？

(3) 100 kPa 压力下，在什么温度时此体系为平衡体系？

5. 以白云石为原料，用 Si 作还原剂来冶炼 Mg，在 1450 K 下发生的主反应为

$CaO(s)+2MgO(s)+Si(s) = CaSiO_3(s)+2Mg(g)$　$\Delta_r G_m^{\ominus}=-126\ kJ \cdot mol^{-1}$

问：反应器内蒸气压升高到多少时，反应将不能自发进行？

6. 已知下列反应在 1300 K 时的标准平衡常数：

(1) $H_2(g)+\frac{1}{2}S_2(g) \rightleftharpoons H_2S(g)$，$K_1^{\ominus}=0.80$；

(2) $3H_2(g)+SO_2(g) \rightleftharpoons H_2S(g)+2H_2O(g)$，$K_2^{\ominus}=1.8\times10^4$。

计算反应 $4H_2(g)+2SO_2(g) \rightleftharpoons S_2(g)+4H_2O(g)$ 在 1300 K 时的标准平衡常数 $K^{\ominus}$。

7. 已知下列反应在 1300 K 时的标准平衡常数：

$$3H_2(g)+SO_2(g) \rightleftharpoons H_2S(g)+2H_2O(g)\quad K^{\ominus}=1.8\times10^4$$

(1) 计算该反应在 1300 K 时的标准摩尔吉布斯函数变。

(2) 如果反应体系中各气体的分压均为 200 kPa，判断反应自发进行的方向。

8. 在一定温度下 Ag_2O 受热分解，反应式为 $Ag_2O(s) = 2Ag(s)+\frac{1}{2}O_2(g)$，假设反应的 $\Delta_r H_m^{\ominus}$ 和 $\Delta_r S_m^{\ominus}$ 不随温度的变化而改变，计算：

(1) Ag_2O 的最低分解温度；

(2) 在该温度下的标准平衡常数 $K^{\ominus}$；

(3) 该温度下平衡时 O_2 的分压。

9. 反应 $C_2H_5I+OH^- = C_2H_5OH+I^-$ 在 289 K 时的 $k_1=5.03\times10^{-2}\ L \cdot mol^{-1} \cdot s^{-1}$，而在 333 K 时的 $k_2=6.71\ L \cdot mol^{-1} \cdot s^{-1}$，该反应的活化能是多少？在 305 K 时的化学反应速率常数 k_3 是多少？

10. 可逆反应：　$A(g)+B(s) \rightleftharpoons 2C(g)$　$\Delta H<0$

达平衡时，如果改变操作条件，试将其他各项发生的变化填入表中。

操作条件	$v_{正}$	$v_{逆}$	$k_{正}$	$k_{逆}$	标准平衡常数	平衡移动方向
增加 A(g)的分压						
压缩体积						
降低温度						
使用正催化剂						

第3章　水溶液中的单相离子平衡

人们对酸碱的认识经历了由表及里，由现象到本质的过程。最初人们把有酸味，使得石蕊变红的一类物质称为酸；把有涩味，使石蕊变蓝的一类物质称为碱。人们曾经意识到许多酸中含有氧元素，随着无氧酸的发现，进一步又认识到酸中含有氢元素。19世纪末瑞典化学家S. A. Arrhenius(阿伦尼乌斯)提出了电离学说，重新定义了酸和碱，使人们对于酸碱的认识上升到了理性阶段。

3.1　酸碱的定义

3.1.1　酸碱电离理论

1887年，瑞典化学家S. A. Arrhenius(阿伦尼乌斯)在解离学说的基础上，提出了酸碱的概念。酸碱电离理论认为：在水溶液中解离出来的阳离子全部是H^+的化合物称为酸；在水溶液中解离出来的阴离子全部是OH^-的化合物称为碱。换言之，能解离出H^+是酸的特性，例如HCl、HAc、H_2SO_4等；而能解离出OH^-是碱的特性，例如NaOH、KOH、$Ca(OH)_2$等。Arrhenius认为电解质在水溶液中可以解离，但并不是所有的电解质都是完全解离的，水溶液中存在解离平衡。酸碱反应的实质就是H^+与OH^-反应生成H_2O，酸碱反应大致可写成离子方程式：

$$H^+ + OH^- \xlongequal{} H_2O$$

酸碱电离理论能够简单阐述酸碱的定义，但也具有一定的局限性。它将酸碱局限在了水溶液中，并将碱限制成了氢氧化物。例如一水合氨($NH_3 \cdot H_2O$)是人们所熟知的碱，但它不是氢氧化物；Na_2CO_3的水溶液也呈碱性，但Na_2CO_3也不含OH^-，更不能解释气态的氨也是一种碱(在气相中它能与HCl气体发生中和反应生成NH_4Cl)。由此可知，Arrhenius的酸碱电离理论并不完全适用，由此诞生出了酸碱质子理论。

3.1.2　酸碱质子理论

1923年，丹麦化学家J. N. Brønsted(布朗斯特)和英国化学家T. M. Lowry(劳里)提出了酸碱质子理论。Brønsted-Lowry酸碱质子理论认为：凡是能够给出质子的物质都是酸；凡是能够接受质子的物质都是碱。酸是质子的给予体，碱是质子的接受体。例如HCl、HAc、H_2SO_4都能给出质子，故它们都是酸；而Ac^-、HCO_3^-都能接受质子，故为碱，而且它们接受质子以后得到的HAc和H_2CO_3也是酸。因此，酸和碱可以是分子或离子，酸可以转变为碱，碱可以转变为酸。

该理论中的酸和碱可用质子联系起来，即酸和碱有如下关系：

$$酸 \rightleftharpoons 质子 + 碱$$

$$HAc \rightleftharpoons H^+ + Ac^-$$

$$H_2CO_3 \rightleftharpoons H^+ + HCO_3^-$$

$$HCOOH \rightleftharpoons H^+ + HCOO^-$$

上面的方程式中因一个质子得失而相互转变的一对酸碱，称为共轭酸碱对。酸给出一个质子以后转变为其对应的共轭碱，碱接受一个质子以后转变为该种碱对应的共轭酸。如 HAc 和 Ac^-，H_2CO_3 和 HCO_3^-，H_2SO_4 和 HSO_4^-，H_3O^+ 和 H_2O，H_2S 和 HS^- 等均为共轭酸碱对。但应特别注意，共轭酸碱对之间只差一个质子。根据酸碱质子理论，酸和碱是相对的，某些物质在不同的共轭酸碱对中可能是酸，也可能是碱，它既能够给出质子也能够接受质子，这类物质称为两性物质，如 HCO_3^-、HS^- 和 H_2O 等。

$$HCO_3^- \rightleftharpoons H^+ + CO_3^{2-} \quad HCO_3^- \text{ 是酸}$$

$$HCO_3^- + H^+ \rightleftharpoons H_2CO_3 \quad HCO_3^- \text{ 是碱}$$

$$HS^- \rightleftharpoons H^+ + S^{2-} \quad HS^- \text{ 是酸}$$

$$HS^- + H^+ \rightleftharpoons H_2S \quad HS^- \text{ 是碱}$$

此外，共轭酸碱系统是不能独立存在的，溶液中某一种酸给出质子后，必定有相应的碱接受质子。

根据酸碱质子理论，酸碱反应的实质是质子在两个共轭酸碱对之间的转移。

$$HCl + NH_3 \rightleftharpoons NH_4^+ + Cl^-$$

酸(1)　碱(2)　　　酸(2)　碱(1)

酸碱质子理论弥补了酸碱电离理论的缺点，使酸碱的范围扩大到含质子的非水体系。

3.1.3　酸碱电子理论

1923 年，美国化学家 G. N. Lewis(吉尔伯特·牛顿·路易斯)提出了酸碱电子理论，该理论是通过发生反应时电子对的转移来定义酸碱的。即凡能接受电子对的分子、原子团、离子等称为酸，凡能给出电子对的物质称为碱。大多数情况下，原子最外层 8 个电子为稳定结构，假如一个化合物的中心原子缺少一对电子，那么它就可以接受一对孤对电子，因而为酸，如 BF_3。如果中心原子多了一对电子，那么由于 8 电子稳定结构，它会趋于失去一对电子，因而为碱，如 NH_3。酸碱电子理论下的酸碱反应称为酸碱加合反应，酸碱反应是酸从碱得到一对电子，形成配位键得到酸碱加合物的过程，其反应的本质为电子对的转移。反应方程式如下：

吉尔伯特·牛顿·路易斯

$$A + B: \rightleftharpoons A:B$$

如：　$BF_3 + F^- \rightleftharpoons [BF_4]^-$，　$NH_3 + H^+ \rightleftharpoons NH_4^+$

酸碱电子理论摆脱了从质子角度定义酸碱的局限，而从电子对的角度出发，将酸碱的概念变得更加广泛，所以酸碱电子理论又称为广义酸碱理论。

3.2　酸碱解离平衡的计算

3.2.1　一元弱酸、弱碱的解离平衡

1. 解离度

弱电解质在溶液中解离程度的大小可以用解离度 α 表示，即对于弱电解质溶液来说，已经

解离的弱电解质的浓度与溶液中弱电解质的起始浓度之比即为解离度 α，常用百分数表示。

$$\alpha=\frac{\text{已解离的弱电解质的浓度}}{\text{溶液中弱电解质的起始浓度}}\times 100\%$$

以 HAc 为例，解离度 α 表示平衡时已经解离的 HAc 的浓度与 HAc 的起始浓度之比。

$$\alpha=\frac{[H^+]}{c}$$

解离度 α 越大，弱电解质越容易解离。α 与电解质溶液的起始浓度有关，当溶液浓度发生变化时，α 随之改变。在水溶液中，温度、浓度相同的条件下，解离度越大的酸(或碱)，酸性(或碱性)就越强。

2. 解离平衡常数

在弱电解质的水溶液中，弱电解质部分解离，溶液中同时存在着未解离分子与解离出的离子。在一定温度下，当弱电解质分子及解离出的离子在水溶液中达到动态平衡时，称为该弱电解质的解离平衡，此时，解离产生的各种离子的浓度的乘积与未解离的分子的浓度之比是一个常数，称为解离平衡常数。弱酸的解离平衡常数用 $K_a^\ominus$ 表示，弱碱的解离平衡常数用 $K_b^\ominus$ 表示。如醋酸在水溶液中存在如下平衡：

$$HAc(aq) \rightleftharpoons H^+(aq)+Ac^-(aq)$$

HAc 的解离平衡常数为

K_a 与 α 的测定

$$K_a^\ominus(HAc)=\frac{[H^+][Ac^-]}{[HAc]}$$

$NH_3 \cdot H_2O$ 在水溶液中存在如下平衡：

$$NH_3 \cdot H_2O(aq) \rightleftharpoons NH_4^+(aq)+OH^-(aq)$$

$NH_3 \cdot H_2O$ 的解离平衡常数为

$$K_b^\ominus(NH_3 \cdot H_2O)=\frac{[NH_4^+][OH^-]}{[NH_3 \cdot H_2O]}$$

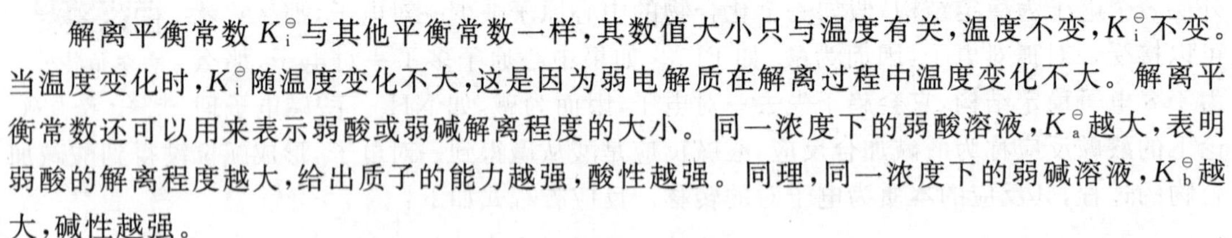

解离平衡常数 $K_i^\ominus$ 与其他平衡常数一样，其数值大小只与温度有关，温度不变，$K_i^\ominus$ 不变。当温度变化时，$K_i^\ominus$ 随温度变化不大，这是因为弱电解质在解离过程中温度变化不大。解离平衡常数还可以用来表示弱酸或弱碱解离程度的大小。同一浓度下的弱酸溶液，$K_a^\ominus$ 越大，表明弱酸的解离程度越大，给出质子的能力越强，酸性越强。同理，同一浓度下的弱碱溶液，$K_b^\ominus$ 越大，碱性越强。

一元弱酸失去 H^+，可得到其对应的共轭碱，例如：HAc 失去质子得到 Ac^-，其 $K_a^\ominus$ 和 $K_b^\ominus$ 存在如下关系：

$$HAc \rightleftharpoons H^+ + Ac^- \qquad K_a^\ominus(HAc)=\frac{[H^+][Ac^-]}{[HAc]}$$

$$Ac^- + H_2O \rightleftharpoons HAc+OH^- \qquad K_b^\ominus(Ac^-)=\frac{[HAc][OH^-]}{[Ac^-]}$$

$$K_a^\ominus(HAc)\cdot K_b^\ominus(Ac^-)=\frac{[H^+][Ac^-]}{[HAc]}\cdot\frac{[HAc][OH^-]}{[Ac^-]}=[H^+][OH^-]$$

H^+、OH^- 的浓度的乘积是一个常数，称为水的离子积常数，用 $K_w^\ominus$ 表示。常温下，$K_w^\ominus=1.0\times 10^{-14}$。共轭酸碱之间存在如下关系：$K_a^\ominus \times K_b^\ominus = K_w^\ominus$。此关系表明，共轭酸碱对中，其酸

的酸性越强，那么它的共轭碱碱性就越弱。如 HAc 的 $K_a^\ominus=1.76\times10^{-5}$，则 $K_b^\ominus=\frac{K_w^\ominus}{K_a^\ominus}=5.68\times10^{-10}$，不仅可以利用此关系计算共轭酸或共轭碱的 $K_a^\ominus$ 或 $K_b^\ominus$，还可计算酸碱溶液的 pH。

3. 一元弱酸、弱碱解离平衡的计算

解离平衡常数可通过热力学数据计算得出，也可通过实验测定。$K_a^\ominus$ 和 $K_b^\ominus$ 的数据可查附录 4。

设有一元弱酸 HA，起始浓度为 c，解离度为 α，在水溶液中存在以下平衡：

$$HA \rightleftharpoons H^+ + A^-$$

平衡时的浓度/($mol\cdot L^{-1}$)　$c(1-\alpha)$　　$c\alpha$　　$c\alpha$

HA 的解离平衡常数表达式为

$$K_a^\ominus=\frac{[H^+][A^-]}{[HA]}=\frac{c\alpha\cdot c\alpha}{c(1-\alpha)}=\frac{c\alpha^2}{1-\alpha} \tag{3.1}$$

当 $c/K_a^\ominus\geqslant500$ 时，令 $1-\alpha\approx1$，其计算误差小于 0.2%，小于测量误差，可近似计算，则有

$$K_a^\ominus=c\alpha^2 \tag{3.2}$$

可得
$$\alpha=\sqrt{K_a^\ominus/c} \tag{3.3}$$

此时
$$[H^+]=c\alpha=\sqrt{K_a^\ominus c} \tag{3.4}$$

式(3.3)表明了一元弱酸的解离度与浓度之间的关系，即稀释定律：浓度越低，解离度反而越大。$K_a^\ominus$ 和 α 都可用来表示酸的强弱，不同的是在一定温度下，$K_a^\ominus$ 不随浓度的变化而改变，是一个常数。而解离度 α 与浓度有关，浓度变化，α 也跟着变化。

同理，一元弱碱，以 $NH_3\cdot H_2O$ 为例，起始浓度为 c，解离度为 α，在水溶液中存在以下平衡：

$$NH_3\cdot H_2O(aq) \rightleftharpoons NH_4^+(aq)+OH^-(aq)$$

$$K_b^\ominus(NH_3\cdot H_2O)=\frac{[NH_4^+][OH^-]}{[NH_3\cdot H_2O]}$$

与一元弱酸类似，一元弱碱的解离平衡中

$$K_b^\ominus=\frac{c\alpha^2}{1-\alpha} \tag{3.5}$$

当 α 很小时，
$$1-\alpha\approx1$$

则
$$K_b^\ominus=c\alpha^2 \tag{3.6}$$

可得
$$\alpha=\sqrt{K_b^\ominus/c} \tag{3.7}$$

此时
$$[OH^-]=c\alpha=\sqrt{K_b^\ominus c} \tag{3.8}$$

而
$$[H^+]=\frac{K_w^\ominus}{[OH^-]} \tag{3.9}$$

例 3.1　计算 0.10 $mol\cdot L^{-1}$ HAc 溶液的解离度、H^+ 浓度及 pH。

解：查附录 4 得 HAc 的 $K_a^\ominus=1.76\times10^{-5}$，设 0.10 $mol\cdot L^{-1}$ HAc 的解离度为 α，则

$$HAc(aq) \rightleftharpoons H^+(aq)+Ac^-(aq)$$

平衡时的浓度/($mol\cdot L^{-1}$)　0.10(1−α)　　0.10α　　0.10α

因解离度很小，$1-\alpha\approx1$，故可采用式(3.4)进行计算：

$$[H^+]=\sqrt{K_a^\ominus c}=\sqrt{1.76\times10^{-5}\times0.10}$$

移液管的使用

解得 $[H^+] \approx 1.33 \times 10^{-3}(mol \cdot L^{-1})$， $pH = 2.88$

解离度 $$\alpha = \frac{[H^+]}{[HAc]} = \frac{1.33 \times 10^{-3}}{0.10} \times 100\% = 1.33\%$$

同理可得 0.01 mol·L^{-1} HAc 溶液中$[H^+] = 4.20 \times 10^{-4}$ mol·L^{-1}，pH＝3.38，解离度 $\alpha = 4.20\%$。

可以看出，浓度越小，解离度越大。

例 3.2 计算 0.10 mol·L^{-1}氨水的 pH 和解离度。

解：查找附录 4 可得氨水的 $K_b = 1.77 \times 10^{-5}$，可直接代入式(3.8)中进行计算：

$$[OH^-] = \sqrt{K_b^{\ominus} c} = \sqrt{1.77 \times 10^{-5} \times 0.10}$$

解得 $$[OH^-] \approx 1.33 \times 10^{-3}(mol \cdot L^{-1})$$

解离度 $$\alpha = \frac{[OH^-]}{[NH_3 \cdot H_2O]} = \frac{1.33 \times 10^{-3}}{0.10} \times 100\% = 1.33\%$$

$$pOH = 2.88, \quad pH = 14 - 2.88 = 11.12$$

3.2.2 多元弱酸、弱碱的解离平衡

在水溶液中能够解离出两个或两个以上 H^+ 的酸称为多元弱酸。多元弱酸在水溶液中的解离是分步进行的。例如二元弱酸 H_2CO_3 在水溶液中的解离步骤如下，其解离常数分别用 K_{a_1}、K_{a_2} 表示。

第一步解离：

$$H_2CO_3 \rightleftharpoons H^+ + HCO_3^- \quad K_{a_1} = \frac{[H^+][HCO_3^-]}{[H_2CO_3]} = 4.36 \times 10^{-7}$$

第二步解离：

$$HCO_3^- \rightleftharpoons H^+ + CO_3^{2-} \quad K_{a_2} = \frac{[H^+][CO_3^{2-}]}{[HCO_3^-]} = 4.68 \times 10^{-11}$$

而三元弱酸如 H_3PO_4 的解离是分三步进行的，其解离步骤如下。

第一步解离：

$$H_3PO_4 \rightleftharpoons H^+ + H_2PO_4^- \quad K_{a_1} = \frac{[H^+][H_2PO_4^-]}{H_3PO_4} = 7.08 \times 10^{-3}$$

第二步解离：

$$H_2PO_4^- \rightleftharpoons H^+ + HPO_4^{2-} \quad K_{a_2} = \frac{[H^+][HPO_4^{2-}]}{[H_2PO_4^-]} = 6.31 \times 10^{-8}$$

第三步解离：

$$HPO_4^{2-} \rightleftharpoons H^+ + PO_4^{3-} \quad K_{a_3} = \frac{[H^+][PO_4^{3-}]}{[HPO_4^{2-}]} = 4.17 \times 10^{-13}$$

K_{a_1}、K_{a_2}、K_{a_3} 分别表示一级解离平衡常数、二级解离平衡常数和三级解离平衡常数。由 H_2CO_3、H_3PO_4 等的各级解离平衡常数比较可知，多元弱酸的解离平衡常数通常有 $K_{a_1} \gg K_{a_2} \gg K_{a_3}$，一般彼此相差$10^4 \sim 10^5$ 倍。多元弱酸第二步解离远比第一步困难，第三步又比第二步困难，这是由离子间的静电引力导致的，且第一步解离产生的 H^+ 容易对第二步解离产生同离子效应，故计算多元弱酸的$[H^+]$时，可以只考虑一级解离产生的 H^+。即多元弱酸解离平衡的计算与一元弱酸$[H^+]$的计算方法相同，用式(3.4)进行近似计算，不过式中的 K_a 应改为

K_{a_1}。特别注意：H_3PO_4 的 K_{a_1} 较大（$K_{a_1}=7.08\times10^{-3}$），按照一级解离平衡计算 H^+ 浓度时，用式(3.4)进行计算误差很大，应该采用式(3.1)计算，解一元二次方程，进而求得$[H^+]$。

例 3.3　计算 0.10 mol·L^{-1} H_2S 溶液中的$[H^+]$、$[HS^-]$、$[S^{2-}]$。

解：设平衡时已解离的 H_2S 的浓度为 x mol·L^{-1}，则：

第一步解离　　$H_2S \rightleftharpoons H^+ + HS^-$

平衡浓度/(mol·L^{-1})　　0.10　　x　　x

$$K_{a_1}=\frac{[H^+][HS^-]}{[H_2S]}=\frac{x^2}{0.10}=1.07\times10^{-7}$$

解得

$$x=1.03\times10^{-4}$$

由于 $K_{a_2} \ll K_{a_1}$，故

$$[H^+]\approx[HS^-]=1.03\times10^{-4}(\text{mol}\cdot\text{L}^{-1})$$

第二步解离　　$HS^- \rightleftharpoons H^+ + S^{2-}$

$$K_{a_2}=\frac{[H^+][S^{2-}]}{[HS^-]}=\frac{1.03\times10^{-4}[S^{2-}]}{1.03\times10^{-4}}=[S^{2-}]$$

故

$$[S^{2-}]=1.26\times10^{-13}(\text{mol}\cdot\text{L}^{-1})$$

对于多元弱酸而言，溶液的$[H^+]$以第一级解离为主，所以在比较多元弱酸大小时，只需要比较一级解离平衡常数就可判断出多元弱酸的酸性强弱。

多元弱碱在水中分步解离，其解离平衡的相关计算与溶液中多元弱酸的计算相似，计算$[OH^{-1}]$时采用多元弱碱的一级解离平衡常数 K_{b_1}，即$[OH^-]=\sqrt{K_{b_1}c}$。

3.3　同离子效应和缓冲溶液

3.3.1　同离子效应

和所有的化学平衡一样，当浓度、温度等条件改变时，弱酸或弱碱的解离平衡会发生移动。在弱电解质溶液达到解离平衡时，向该溶液中加入与弱电解质带有相同离子的强电解质，可导致弱电解质的解离度下降，这种现象称为同离子效应。比如，在氨水中存在 $NH_3\cdot H_2O \rightleftharpoons NH_4^+ + OH^-$，此时加入 $NH_4Cl(s)$，由于 NH_4Cl 是强电解质，在水中全部解离成 NH_4^+ 和 Cl^-，溶液中$[NH_4^+]$增大，大量的 NH_4^+ 与 OH^- 结合成 $NH_3\cdot H_2O$，使 $NH_3\cdot H_2O$ 的解离平衡向左移动。因此，$NH_3\cdot H_2O$ 的解离度减小，溶液中$[NH_4^+]$降低。同离子效应的实质是浓度对化学平衡移动的影响，增加产物浓度，解离平衡逆向移动。

例 3.4　在 1 L 1 mol·L^{-1}的氨水中，加入 1 mol NH_4Cl，计算该溶液的 pH 和 $NH_3\cdot H_2O$ 的解离度 α。

解：设加入 NH_4Cl 后$[OH^-]$为 x mol·L^{-1}，则

$$NH_3\cdot H_2O \rightleftharpoons NH_4^+ + OH^-$$

初始浓度/(mol·L^{-1})　　1　　1　　0

平衡浓度/(mol·L^{-1})　　$1-x$　　$1+x$　　x

$$K_b^{\ominus}=\frac{[NH_4^+][OH^-]}{[NH_3\cdot H_2O]}$$

$$1.77\times10^{-5}=\frac{(1+x)\cdot x}{1-x}$$

$NH_3\cdot H_2O$ 的解离度很小，加入 NH_4Cl 后由于同离子效应，解离度变得更小，所以

$$1+x\approx1,\quad 1-x\approx1$$

因此

$$x=1.77\times10^{-5}$$

$$[OH^-]=1.77\times10^{-5}\ mol\cdot L^{-1}$$

$$pH=14-pOH=14+\lg(1.77\times10^{-5})=9.25$$

解离度

$$\alpha=\frac{x}{1}\times100\%=\frac{1.77\times10^{-5}}{1}\times100\%=0.00177\%$$

设原始氨水中$[OH^-]$为 y $mol\cdot L^{-1}$

$$NH_3\cdot H_2O \rightleftharpoons NH_4^+ + OH^-$$

平衡浓度/($mol\cdot L^{-1}$)　　$1-y$　　　y　　y

$$K_b^\ominus=\frac{y^2}{1-y}=1.77\times10^{-5}$$

$NH_3\cdot H_2O$ 的解离度很小，故 $1-y\approx1$，解得

$$y=4.21\times10^{-3}$$

$$[OH^-]=4.21\times10^{-3}\ mol\cdot L^{-1}$$

$$pH=14-pOH=14+\lg(4.21\times10^{-3})=11.62$$

解离度

$$\alpha=\frac{y}{1}\times100\%=\frac{4.21\times10^{-3}}{1}\times100\%=0.421\%$$

在原始氨水中，$\alpha(NH_3\cdot H_2O)=0.421\%$，$pH=11.62$，加入 NH_4Cl 后，$\alpha(NH_3\cdot H_2O)=0.00177\%$，$pH=9.25$，$NH_3\cdot H_2O$ 的解离度明显降低。同样，往 HAc 溶液中加入 NaAc(s)，$[Ac^-]$增大，也会降低 HAc 在水中的解离度。

3.3.2 缓冲溶液

能够抵抗少量外加酸或碱，或溶液中的化学反应产生的少量酸或碱，或溶液适当的稀释而保持 pH 基本不变的溶液，称为缓冲溶液。一般来说，弱酸及其共轭碱、弱碱及其共轭酸都可以组成缓冲溶液。比如在 HAc 里加入 NaAc 就能形成缓冲溶液。醋酸中存在下列平衡：

$$HAc(aq) \rightleftharpoons H^+(aq)+Ac^-(aq)$$

HAc 是弱电解质，只能部分解离，而 NaAc 是强电解质，完全解离，因此溶液中的[HAc]和$[Ac^-]$都比较大。同离子效应抑制了 HAc 的解离，使$[H^+]$变得更小。当在该溶液中加入少量强酸的时候，H^+与Ac^-结合形成 HAc 分子，平衡会向左移动，使得溶液中的$[Ac^-]$略有减少，[HAc]略有增加，但溶液中的$[H^+]$不会有明显变化；如果加入少量的碱，强碱会与 H^+ 结合，此时平衡右移，进一步解离，补充了被消耗的 H^+，溶液中的[HAc]略有减少，$[Ac^-]$略有增加，但是浓度不会有明显改变。

酸碱反应和缓冲原理

缓冲溶液中的弱酸及其共轭碱（或弱碱及其共轭酸）称为缓冲对。

3.3.3　常见缓冲溶液及缓冲对的选择原则

常见缓冲溶液如表 3.1 所示。

表 3.1　一些常见的缓冲溶液及其缓冲范围

缓 冲 溶 液	pK_a 或 14－pK_b	缓 冲 范 围
NH_4^+-$NH_3 \cdot H_2O$	9.25	8.5～10
HAc-NaAc	4.76	4～5.5
NaH_2PO_4-Na_2HPO_4	7.21	6.5～8.0
硼砂(H_3BO_3-$H_2BO_3^-$)	9.24	8.5～10
H_2CO_3-HCO_3^-	6.36	5.5～7.0
HCO_3^--CO_3^{2-}	10.33	9.5～11

缓冲溶液的选择原则如下。

(1) 与所需控制 pH 的溶液中的组分不发生化学反应。

(2) 有较大的缓冲能力、足够的缓冲容量。

(3) 所需控制的 pH 应该在缓冲溶液的缓冲范围之内。如果缓冲溶液由弱酸及其共轭碱组成,则 pK_a 应尽量与所需控制的 pH 一致。

3.3.4　缓冲容量与缓冲范围

任何缓冲溶液的缓冲能力都是有限的,通常用缓冲容量来衡量缓冲溶液缓冲能力的大小。缓冲容量指单位体积缓冲溶液的 pH 改变极小值所需要的酸和碱的物质的量。

缓冲容量的大小与缓冲溶液的总浓度以及各组分的浓度密切相关。当溶液的总浓度一定时,缓冲对的浓度比越接近,缓冲容量越大。缓冲对的浓度比等于 1 时,缓冲容量是最大的,通常我们把缓冲溶液中两组分的浓度比控制在 0.1～10 之间比较合适,若比例偏离该范围,溶液的缓冲能力会变小甚至消失,从而失去缓冲作用。

当在缓冲溶液中加入大量的强酸或强碱,溶液中的弱酸及其共轭碱中的一种消耗将尽时,就会失去缓冲能力,所以缓冲溶液的缓冲能力是有一定限度的,一般缓冲的 pH 范围为 pK_a±1 或(14－pK_b)±1。

3.3.5　缓冲溶液 pH 计算

根据共轭酸碱之间的平衡,对于一元弱酸及其共轭碱组成的缓冲溶液(c_a、c_b 分别表示一元弱酸及其共轭碱的初始浓度),可得计算式

$$K_a^\ominus = \frac{c_b \cdot [H^+]}{c_a}$$

$$[H^+] = K_a^\ominus \cdot \frac{c_a}{c_b}$$

pH 的一般计算式如下:

$$pH = pK_a^{\ominus} - \lg \frac{c_a}{c_b}$$

可见缓冲溶液的 pH 由两项决定:解离平衡常数 K_a 和弱酸及其共轭碱的浓度之比的对数。如向 HAc-NaAc 组成的缓冲溶液中加入少量盐酸,将消耗少量 Ac^- 并生成少量 HAc。Ac^- 和 HAc 浓度的变化相对于初始浓度都很小,浓度之比变化不大,浓度之比的对数改变很小。

同理,对于一元碱及其共轭酸组成的缓冲溶液,可得计算式

$$K_b^{\ominus} = \frac{c_a \cdot [OH^-]}{c_b}$$

$$[OH^-] = K_b^{\ominus} \cdot \frac{c_b}{c_a}$$

$$pOH = pK_b^{\ominus} - \lg \frac{c_b}{c_a}$$

例 3.5　计算由 0.1 $mol \cdot L^{-1}$ HAc 和 0.2 $mol \cdot L^{-1}$ NaAc 组成的缓冲溶液的 pH 和 HAc 的解离度 α。

解:已知 HAc 的 $K_a^{\ominus} = 1.76 \times 10^{-5}$

$$pH = pK_a^{\ominus} - \lg \frac{[HAc]}{[Ac^-]}$$

$$= -\lg(1.76 \times 10^{-5}) - \lg \frac{0.1}{0.2} = 5.06$$

$$[H^+] = 10^{-5.06}$$

$$= 8.8 \times 10^{-6} (mol \cdot L^{-1})$$

$$\alpha = \frac{8.8 \times 10^{-6}}{0.1} \times 100\% = 0.0088\%$$

与例 3.1 的计算结果 0.1 $mol \cdot L^{-1}$ HAc 的解离度 $\alpha = 1.33\%$ 进行比较,可以看出由于同离子效应,解离度降低了。

3.4　缓冲溶液的应用

缓冲溶液在工农业生产中应用非常广。在金属电沉积过程中就需要用缓冲溶液来控制一定的 pH,使得金属离子容易被沉积出来。在制备难溶金属氢氧化物、硫化物和碳酸盐时,由于它们开始形成沉淀和沉淀完全时所需 pH 不同,所以为使沉淀完全,需用缓冲溶液控制溶液的 pH。在印染工业、化学分析中也需要应用到缓冲溶液。

另外缓冲溶液也很常见。人体血液就存在缓冲体系,让血液的 pH 保持在 7.35~7.45 之间,这个 pH 范围最适合细胞新陈代谢和机体的生存。当血液 pH 高于 7.5 或者低于 7.3 时就会出现碱中毒或者酸中毒现象,严重时可能危及生命。人体代谢会产生少量酸或碱,由于人体内存在 H_2CO_3 和 HCO_3^-、$H_2PO_4^-$ 和 HPO_4^{2-}、血浆蛋白和血浆蛋白的共轭碱等多个缓冲对,缓冲能力较强,因此正常人的新陈代谢产生的酸或者维持生命需要而摄入的食物中的一些碱性物质,不会引起人体 pH 的较大波动。土壤中 H_2CO_3 和 HCO_3^-、NaH_2PO_4 和 Na_2HPO_4 及其他的有机弱酸及其共轭碱,组成的一系列缓冲对,能使得土壤 pH 保持在一定范围内。动

物血液的 pH 正常值在 7.45 左右，小于 6.80 或大于 8.00 时只要几秒就会导致动物死亡。

3.5 配位化合物

配位化合物简称配合物(或络合物)，是近代无机化学的重要研究对象。研究配位化合物的化学称为配位化学。1893 年，Alfred Werner(阿尔弗雷德·维尔纳)提出了划时代的配位理论，该理论的提出成为无机化学和配位化学结构理论研究的开端，因此 Alfred Werner 被认为是配位化学的创始人。近代物质结构理论的发展为深入研究配位化合物提供了有利条件，使它得到充分发展，成为无机化学的重要分支学科。

阿尔弗雷德·维尔纳

配位化学的研究成果广泛应用于物质的分析、分离、提纯，并应用到电镜、药物、印刷等诸多方面；推动了分析化学、生物化学、电化学、催化动力学、生命科学、高新技术等的发展。配位化学的发展打破了有机化学和无机化学的界限，金属有机配位化合物及生物体内微量金属元素形成的配位化合物已经成为重要的研究方向。

下面将从配位化合物的组成、命名、解离平衡以及应用等方面进行详细介绍。

3.5.1 配位化合物的组成

配位化合物通常由内界和外界组成，内界一般由中心体(中心原子或中心离子)和配体组成，下面将具体介绍。

1. 内界与外界

配位化合物通常由配离子和带相反电荷的离子以离子键结合而成，在水溶液中配位化合物完全解离，如$[Cu(NH_3)_4]SO_4$：

$$[Cu(NH_3)_4]SO_4 \longrightarrow [Cu(NH_3)_4]^{2+} + SO_4^{2-}$$

由于配离子内部的结合键是配位键，比配离子与外部离子间的结合牢固得多，因而在水溶液中，配离子通常作为一个独立的实体存在，这就是配位化合物的内界(如$[Cu(NH_3)_4]^{2+}$)，其是配位化合物的特征部分。带有与配离子异种电荷的部分称为配位化合物的外界(如SO_4^{2-})。

2. 配位化合物及配位个体

中心体(中心原子或中心离子)与配体以配位键结合成配位个体，含有配位个体的化合物称为配位化合物。其中位于配位化合物几何中心，能够提供空轨道的原子或离子统称为中心体(中心原子或中心离子)。如在$[Cu(NH_3)_4]^{2+}$中的Cu^{2+}、$[Co(NH_3)_6]Cl_3$中的Co^{3+}、$K_4[Fe(CN)_6]$中的Fe^{2+}，它们都是中心离子，可以提供空轨道。绝大多数金属离子(特别是过渡金属离子)可以作为形成体。另外，一些具有高氧化态的非金属元素也是较常见的形成体，如 SiF_6^{2-} 中的 Si(Ⅳ)和 PF_6^- 中的 P(Ⅴ)等。

3. 配体和配位原子

在配位化合物中，位于中心体周围，能够提供孤对电子的分子或离子称为配位体，简称配体。如在$[Cr(H_2O)_4Cl_2]^+$中，配体是 H_2O 和 Cl^-，在$[Cu(NH_3)_4]^{2+}$中，NH_3 是配体。所谓配位原子，就是指在配体中能够提供孤对电子与中心体直接配位的原子。如在$[Cr(H_2O)_4Cl_2]^+$中O原子和Cl原子是配位原子。常见的配位原子有C、N、O、S和卤素原子等。

(1) 单齿配体与多齿配体：只含有一个配位原子，并且该配位原子只与一个中心体结合的配体称为单齿配体，如NH_3、H_2O、Cl^-和杂环化合物吡啶等都可以是单齿配体。一个配体可以提供两个或两个以上的配位原子与中心体形成多个配位键，这样的配体称为多齿配体，如乙二胺、乙二胺四乙酸等。乙二胺四乙酸(简写为EDTA)是一种典型的多齿配体，它的4个乙酸根上的氧原子和2个氨基上的氮原子都是可以配位的原子，如图3.1所示。

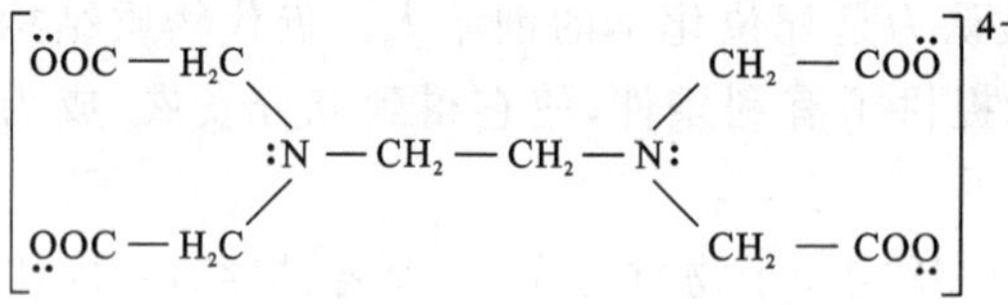

```
┌                                          ┐4−
 ÖOC — H2C                   CH2 — COÖ
         \                  /
          :N — CH2 — CH2 — N:
         /                  \
 ÖOC — H2C                   CH2 — COÖ
└                                          ┘
```

图3.1　乙二胺四乙酸根

(2) 配位数：一个配位化合物中直接与中心体结合的配位原子的总数目称为配位数。在只有单齿配体存在的配位化合物中配位数就是配体的个数，如$[Cu(H_2O)_4]^{2+}$、$[Co(NH_3)_6]^{3+}$、$[AlF_6]^{3-}$的配位数分别是4、6、6。在多齿配体中配位数大于配体的个数，如$[Pt(en)_2]^{2+}$中的乙二胺(en)是双齿配体，即每个en有2个N原子与中心离子Pt^{2+}配位。因此，$[Pt(en)_2]^{2+}$的配位数不是2而是4。同理，$[Co(en)_3]^{3+}$的配位数不是3而是6。

4. 螯合物

由中心体和多齿配体所形成的具有环状结构的配位化合物称为螯合物，能和中心体形成螯合物的含有多齿配体的配位化合物称为螯合剂，如EDTA能与许多金属离子形成十分稳定的螯合物。在螯合物中，配体犹如蟹爪般牢牢钳住中心体，从而形成环状结构。大多数螯合物具有五元环或六元环的稳定结构。

3.5.2　配位化合物的命名

配位化合物的命名遵循无机化合物命名的一般原则，具体规则如下。

1. 配位化合物内、外界之间的命名

内、外界之间的命名和无机化合物的命名一样，称为某化某或者某酸某。在含配离子的配位化合物中，命名时阴离子名称在前，阳离子名称在后。对于配离子为阳离子的配位化合物，若外界为简单酸根离子，则称为"某化某"；若外界为复杂酸根离子，则称为"某酸某"；对于配离子为阴离子的配位化合物，则配离子与外界的阳离子之间加"酸"字连接，即"某酸某"。

2. 配位化合物内界的命名(或配离子的命名)

配位化合物与一般无机化合物命名的主要不同点是配离子部分(即配位化合物的内界)的命名，配离子命名顺序如下：

配体数—配体—合—中心体(氧化数)

中心体的氧化数可在该元素名称后用带圆括号的罗马数字表示；对于没有外界的配位化合物，中心体的氧化数可不标出。

配体按以下原则进行命名。

(1) 无机配体在前,有机配体在后。

(2) 先列出阴离子配体,后列出中性分子配体,不同配体之间以“·”分开,氢氧根被称为羟基,亚硝酸根被称为硝基。

(3) 若为同类配体,则按配位原子元素符号的英文字母由A至Z的顺序排列;若同类配体的配位原子相同,则将较少原子数的配体排在前。

(4) 配体个数以“一、二、三”等数字表示,常常可以将“一”省略。

配位化合物命名示例如下:

$[CrCl_2(H_2O)_4]Cl$	氯化二氯·四水合铬(Ⅲ)
$[Co(NH_3)_5(H_2O)]Cl_3$	氯化五氨·一水合钴(Ⅲ)
$[Ag(NH_3)_2]OH$	氢氧化二氨合银(Ⅰ)
$[Cu(NH_3)_4]SO_4$	硫酸四氨合铜(Ⅱ)
$H_2[PtCl_6]$	六氯合铂(Ⅳ)酸
$Na_2[CaY]$	乙二胺四乙酸根离子合钙(Ⅱ)酸钠
$Fe_4[Fe(CN)_6]_3$	六氰合铁(Ⅱ)酸铁
$[Fe(CO)_5]$	五羰基合铁
$[Pt(NH_2)(NO_2)(NH_3)_2]$	氨基·硝基·二氨合铂(Ⅱ)

3.5.3 配位化合物的配位平衡及平衡常数

1. 配位化合物的稳定常数

向含有$[Cu(NH_3)_4]^{2+}$的溶液中滴加稀NaOH溶液,并不产生$Cu(OH)_2$沉淀。但若滴加少量NaS,就会有黑色CuS沉淀产生。说明在$[Cu(NH_3)_4]^{2+}$溶液中有自由的Cu^{2+}存在,只不过$[Cu^{2+}]$极低。外加少量OH^-时,由于$Cu(OH)_2$的$K^{\ominus}_{sp}$比较大,所以不能使$[Cu(NH_3)_4]^{2+}$溶液中的微量Cu^{2+}以沉淀析出。而外加Na_2S溶液时,由于CuS的$K^{\ominus}_{sp}$很小,其能生成CuS沉淀析出。从上面的例子可以看出,在水溶液中,配离子本身或多或少地解离成它的组成部分——中心离子和配体;与此同时,中心离子和配体又会重新结合成配离子,这两者之间存在着动态平衡:

$$Cu^{2+}+4NH_3 \rightleftharpoons [Cu(NH_3)_4]^{2+}$$

根据化学平衡原理,配离子的平衡常数为

$$K^{\ominus}_{稳}=\frac{[[Cu(NH_3)_4]^{2+}]}{[Cu^{2+}]\cdot[NH_3]^4}$$

$K^{\ominus}_{稳}$称为配离子的稳定常数或形成常数($K^{\ominus}_f$),若反应反向进行,即发生配离子解离反应,则平衡常数称为$K^{\ominus}_{不稳}$或$K^{\ominus}_d$,是稳定常数的倒数,即$K^{\ominus}_f=1/K^{\ominus}_d$。

$K^{\ominus}_{稳}$越大,表示形成配离子的趋势越大,该配离子在水溶液中越稳定。对于同种类型的配离子,可以直接用$K^{\ominus}_{稳}$比较其稳定性。对于不同类型的配离子,只有通过计算才能比较它们的稳定性。

实际上在溶液中配离子的生成一般是分步进行的,每一步都对应一个稳定常数,称为逐级稳定常数,但由于配位剂往往是远远过量的,故常计算总平衡常数。

2. 配离子稳定常数的应用

利用配离子的稳定常数，可以计算配位化合物溶液中有关离子的浓度，判断配离子与沉淀之间、与其他配离子之间转化的可能性，此外还可利用 $K^{\ominus}_{稳}$ 计算有关电对的电极电势。

注意：配离子之间或与沉淀之间的转化反应通常向着生成更稳定物质的方向进行，即向着使自由的中心离子浓度更小的方向进行。

例 3.6　求在 298.15 K 时 AgCl 在 6.0 mol·L^{-1} 氨水中的溶解度。（已知 $K^{\ominus}_f([Ag(NH_3)_2]^+)=1.12\times10^7$，$K^{\ominus}_{sp}(AgCl)=1.77\times10^{-10}$）

解：设 AgCl 在 6.0 mol·L^{-1} 氨水中的溶解度为 x mol·L^{-1}，由于在 AgCl 溶解后，溶液的体积可视为不变，因此反应中各物质之间的物质的量变化关系即为物质的量浓度的数值的变化关系。

$$AgCl(s)+2NH_3(aq) \rightleftharpoons [Ag(NH_3)_2]^+(aq)+Cl^-(aq)$$

起始浓度/(mol·L^{-1})　　6　　0　　0

平衡浓度/(mol·L^{-1})　　$6-2x$　　x　　x

$$K^{\ominus}_{稳}=\frac{[[Ag(NH_3)_2]^+]\cdot[Cl^-]}{[NH_3]^2}$$

$$=\frac{[[Ag(NH_3)_2]^+]\cdot[Cl^-]}{[NH_3]^2}\cdot\frac{[Ag^+]}{[Ag^+]}$$

$$=K^{\ominus}_f([Ag(NH_3)_2]^+)\cdot K^{\ominus}_{sp}(AgCl)$$

$$1.12\times10^7\times1.77\times10^{-10}=\frac{x^2}{(6-2x)^2}$$

$$x=0.245$$

故 298.15 K 时 AgCl 在 6.0 mol·L^{-1} 氨水中的溶解度为 0.245 mol·L^{-1}。

3.5.4　配位平衡的移动及应用

随着科学技术的发展，配位化合物在科学研究和生产实践中的应用日益广泛。

1. 在电镀工业中的应用

电镀液中常加配位剂来控制被镀离子的浓度。只有控制金属离子以很小的浓度在阴极的金属制件上源源不断地放电沉积，才能得到均匀、致密、光亮的金属镀层。若用硫酸铜溶液镀铜，虽操作简单，但镀层粗糙、厚薄不均、镀层与基体金属附着力差。若采用焦磷酸钾($K_4P_2O_7$)为配位剂制成含$[Cu(P_2O_7)_2]^{6-}$的电镀液，会使金属晶体在镀件上析出速率减小，有利于新晶核的产生，从而得到比较光滑、均匀和附着力较好的镀层。

2. 在生物化学中的应用

配位化合物在生物化学方面也起着重要作用。如顺铂配位化合物用于癌症的治疗；过去常用酒石酸锑钾治疗血吸虫病，含锌螯合物用于治疗糖尿病；维生素 B_{12} 是含钴配位化合物，主要用于治疗恶性贫血；输氧的血红素是含 Fe^{2+} 的配位化合物；叶绿素是含 Mg^{2+} 的复杂配位化合物；起凝血作用的是含 Ca^{2+} 的配位化合物等。豆科植物根瘤菌中的固氮酶也是一种配位化合物，它可以把空气中的氮气直接转化为可被植物吸收的氮的化合物。如果能实现人工合成固氮酶，人们就可以在常温常压下实现含氮化合物的合成，从而极大地改变工农业生产的面貌。

3. 离子的定性和定量鉴定

在分析化学中，配位化合物常用于离子的含量测定、分离、鉴定，或者干扰离子的掩蔽。例如，EDTA 可以与多种金属离子形成配位化合物，它可以作为滴定剂测定水中 Ca^{2+} 和 Mg^{2+} 的含量(即水的硬度)。一些金属离子与配位剂形成配位化合物时会带有特定的颜色，这可用来定性鉴定溶液中是否含有某种金属离子。例如，Ni^{2+} 在弱碱性条件能与丁二酮肟形成鲜红色的、难溶于水而易溶于乙醚等有机溶剂的螯合物，该法可以鉴定溶液中是否有 Ni^{2+}；再如利用氨水能与溶液中的 Cu^{2+} 反应生成深蓝色的 $[Cu(NH_3)_4]^{2+}$ 和 Fe^{3+} 能与 SCN^- 形成血红色的物质(主要是 $[Fe(SCN)]^{2+}$)来检验 Cu^{2+} 和 Fe^{3+} 的存在与否；为验证无水酒精是否含有水，可向酒精中投入白色的无水硫酸铜固体，若变成浅蓝色(配离子 $[Cu(H_2O)_4]^{2+}$ 的颜色)，则表明酒精中含有水。

本章总结

1. 酸碱质子理论

凡是能够给出质子的物质是酸，凡是能够接受质子的物质是碱。通过一个质子得失而相互转变的一对酸碱称为共轭酸碱对。酸碱反应的实质是质子在两个共轭酸碱对之间的转移。

2. 弱电解质的解离平衡

(1) 解离度：

$$\alpha=\frac{\text{已解离的弱电解质的浓度}}{\text{弱电解质的初始浓度}}\times 100\%$$

对于弱酸有

$$\alpha=\frac{[H^+]}{c}$$

解离度 α 越大，弱电解质越容易解离。在温度、浓度相同的条件下，解离度越大的酸(或碱)，酸性(或碱性)就越强。

(2) 解离平衡常数：弱酸的解离平衡常数用 $K_a^\ominus$ 表示，弱碱的解离平衡常数用 $K_b^\ominus$ 表示。某一元酸的溶液中存在如下解离平衡：

$$HA(aq) \rightleftharpoons H^+(aq)+A^-(aq)$$

其解离平衡常数为

$$K_a^\ominus(HA)=\frac{[H^+][A^-]}{[HA]}$$

α 和 $K^\ominus$ 都可以说明弱电解质的解离程度的大小，两者之间的关系如下：

$$\alpha=\sqrt{\frac{K^\ominus}{c}}$$

注意：解离度与浓度有关，解离平衡常数与浓度无关，只与温度有关。

(3) 溶液酸度的计算。

$$\text{一元弱酸}\quad [H^+]=\sqrt{K_a^\ominus c}$$

$$\text{一元弱碱}\quad [OH^-]=\sqrt{K_b^\ominus c}$$

(4) 共轭酸碱对的解离平衡常数之间的关系：一元弱酸的 $K_a^\ominus$ 及其共轭碱的 $K_b^\ominus$ 之间存在

的关系如下：

$$K_a^{\ominus} \cdot K_b^{\ominus} = K_w^{\ominus}$$

水在一定温度下达到解离平衡时，$[H^+][OH^-]=K_w^{\ominus}$，$K_w^{\ominus}$称为水的离子积。在 298.15 K 时，水的离子积 $K_w^{\ominus}=1\times10^{-14}$。

3. 多元弱酸、弱碱的解离平衡

多元弱酸在水中的解离是分步进行的，每一步都有相应的解离平衡常数，且 $K_{a_1}^{\ominus}>K_{a_2}^{\ominus}>K_{a_3}^{\ominus}$。如果 $K_{a_1}^{\ominus}\gg K_{a_2}^{\ominus}$，溶液中氢离子的浓度主要取决于一级解离。计算水溶液的酸度时，多元弱酸（或多元弱碱）可看作一元弱酸（或一元弱碱）处理。

4. 缓冲溶液

同离子效应：在弱电解质溶液中，加入含有相同离子的易溶强电解质，导致弱电解质解离度降低的现象。

缓冲溶液：能够抵抗少量外加的酸或碱，或溶液中化学反应产生少量的酸或碱，或溶液适当的稀释而保持 pH 值基本不变的溶液。

掌握缓冲对的选择原则及缓冲溶液的缓冲范围：

$$pK_a^{\ominus}-1\leqslant pH\leqslant pK_a^{\ominus}+1$$

或

$$14-pK_b^{\ominus}-1\leqslant pH\leqslant 14-pK_b^{\ominus}+1$$

缓冲溶液 pH 的计算：

弱酸及其共轭碱体系

$$[H^+]=K_a^{\ominus}\frac{c_a}{c_b},\quad pH=pK_a^{\ominus}-\lg\frac{c_a}{c_b}$$

弱碱及其共轭酸体系

$$[OH^-]=K_b^{\ominus}\frac{c_b}{c_a},\quad pOH=pK_b^{\ominus}-\lg\frac{c_b}{c_a},\quad pH=14-pK_b^{\ominus}+\lg\frac{c_b}{c_a}$$

5. 配位化合物

中心体（中心离子或中心原子）与配体以配位键结合成配位个体，含有配位个体的化合物称为配位化合物，简称配合物。配位化合物的组成：配位化合物通常有内界和外界，而内界一般由中心体和配体组成。形成体可以提供空轨道，配体提供孤对电子，绝大多数金属离子特别是过渡金属离子及具有高氧化态的非金属元素都可以作为形成体。配体分为单齿配体和多齿配体。配体中能够提供孤对电子与中心体直接配位的原子称为配位原子，常见的配位原子有 C、N、O、S 和卤素原子等。要求掌握配位化合物的命名，能进行配位化合物解离平衡的相关计算，了解配位化合物的应用。

侯德榜

习　题

扫码做题

一、填空题

1. 缓冲溶液的特点是________。

2. 已知 HCN 的 $pK_a^{\ominus}=9.37$，HAc 的 $pK_a^{\ominus}=4.75$，HNO_2 的 $pK_a^{\ominus}=3.37$，它们对应的相同浓

度的钠盐水溶液的 pH 由大到小顺序是________。

3. 按质子酸碱理论，$[Fe(H_2O)_5(OH)]^{2+}$ 的共轭酸是________，共轭碱是________。

4. 1 L 水溶液中含有 0.20 mol 某弱酸（$K_a^\ominus=10^{-4.8}$）和 0.20 mol 该酸的钠盐，则该溶液的 pH 为________。

5. HCO_3^- 是两性物质，如果 HCO_3^- 的 $K_a^\ominus=10^{-8}$，则 CO_3^{2-} 的 $K_b^\ominus=$________。

6. 对二元弱酸 H_2A，其逐级解离平衡常数为 K_1、K_2，当 K_2 很小时，$c(A^{2-})=$________。

7. 已知 $CH_3CH_2CH_2COONa$ 的 $K_b^\ominus=7.69\times10^{-10}$，它的共轭酸是________，该酸的 $K_a^\ominus$ 应等于________。

8. 在 50 mL $c=0.20\ mol\cdot L^{-1}$ 的某弱酸（$K_a^\ominus=10^{-5}$）溶液中加入 50 mL 0.20 $mol\cdot L^{-1}$ 的 NaOH 溶液，则此溶液的 pH=________。

9. 在氨溶液中，加入 NH_4Cl 则氨的 α ________，溶液的 pH ________，这一作用称为________。

10. 配位化合物 $K_3[Cr(CN)_6]$ 的中心离子是________，配体是________，配位原子是________，配位数是________，配位化合物名称是________。

二、问答题

1. 简述酸碱质子理论的内容，共轭酸碱对的定义。共轭酸碱之间有什么关系？
2. 什么是分步解离？为什么多元弱酸或弱碱的分级解离平衡常数逐级减小？
3. 简述配位化合物的定义及其主要应用。
4. 根据酸碱质子理论说明下列分子或离子中，哪些是酸？哪些是碱？哪些既是酸又是碱？
   HAc、HS^-、CO_3^{2-}、$H_2PO_4^-$、NH_3、NO_2^-、HCl、Ac^-、OH^-、H_2S、H_2O
5. 写出下列物质的共轭酸或共轭碱。
   (1) HAc；(2) HS^-；(3) HNO_2；(4) HPO_4^{2-}；(5) NH_3；(6) CO_3^{2-}。

三、计算题

1. 计算下列溶液的 pH 和解离度。
   (1) 0.01 $mol\cdot L^{-1}$ 的 $NH_3\cdot H_2O$ 溶液；
   (2) 0.5 $mol\cdot L^{-1}$ 的 NaCN 溶液；
   (3) 0.10 $mol\cdot L^{-1}$ 的 H_2S 溶液；
   (4) 1 $mol\cdot L^{-1}$ 的 HAc 溶液。
2. 计算下列溶液的 pH。
   (1) 0.20 $mol\cdot L^{-1}$ $NH_3\cdot H_2O$ 与 0.10 $mol\cdot L^{-1}$ NH_4Cl 等体积的混合溶液。
   (2) 200 mL 1 $mol\cdot L^{-1}$ HAc 和 100 mL 1 $mol\cdot L^{-1}$ NaOH 的混合溶液。
3. 预配制 pH=5.5 的缓冲溶液 500 mL，缓冲溶液中 HAc 的浓度为 0.1 $mol\cdot L^{-1}$，需要取 1 $mol\cdot L^{-1}$ 的 HAc 溶液的体积为多少？需加入 $NaAc\cdot 3H_2O(s)$ 的质量为多少？
4. 写出下列配位化合物的名称或者化学式。
   (1) $Cu[SiF_6]$；　(2) $[Zn(OH)(H_2O)_3]NO_3$；
   (3) 氯·水·草酸根·乙二胺合铬（Ⅲ）；　(4) 四氯·二氨合铂（Ⅳ）；
   (5) 二氯化二氨·二乙二胺合镍(Ⅱ)；　(6) 硫酸硝基·五氨合钴(Ⅲ)；
   (7) 氯化二异硫氰酸根·四氨合铬(Ⅲ)；　(8) 三氯·氨合铂(Ⅱ)酸钾。
5. 在 40 mL 0.1 $mol\cdot L^{-1}$ 的 $AgNO_3$ 溶液中加入 10 mL 15 $mol\cdot L^{-1}$ 的氨水，溶液中 Ag^+、NH_3、$[Ag(NH_3)_2]^+$ 的浓度各是多少？（$K_f^\ominus([Ag(NH_3)_2]^+)=1.12\times10^7$）

6. 填表

化学式	名称	中心离子	配体	配位原子	配位数	配离子电荷数
$[Pt(NH_3)_4(NO_2)_2]SO_4$						
$[Ni(en)_3]Cl_2$						
$[Fe(EDTA)]^{2-}$						
	四异硫氰二氨合钴(Ⅲ)酸铵					
	二氯化亚硝酸根三氨二水合钴(Ⅲ)					
	三草酸根合铁(Ⅲ)配离子					

7. 在 1.0 L 9 mol·L^{-1} 氨水中，加入 0.5 L 0.3 mol·L^{-1} $CuSO_4$ 溶液，求溶液中各组分的浓度。

第4章　沉淀溶解平衡

水溶液中的酸碱反应为均相反应，而生成难溶性电解质的反应为沉淀反应，为固液多相体系。沉淀溶解平衡为难溶电解质与其溶解所产生的离子之间的平衡。在化工生产和科学实验中普遍应用沉淀反应来制备、分离和提纯物质。但在许多情况下，又需要防止沉淀的生成或促使沉淀溶解。

沉淀的溶解平衡现象在日常生活中也经常发生。例如，牙齿表面的羟基磷灰石（$Ca_5(PO_4)_3OH$）存在着沉淀溶解平衡，吃糖会促进羟基磷灰石的溶解，导致龋齿的形成，而使用含氟牙膏，可以使难溶物 $Ca_5(PO_4)_3OH$ 转化为更难溶物质氟磷灰石（$Ca_5(PO_4)_3F$），更能抵抗酸的侵蚀，使牙齿更坚固。

本章就沉淀溶解平衡基本原理及规律进行定性讨论。首先对物质的溶解性做一般介绍，再对溶度积规则、分步沉淀以及沉淀的溶解与转化加以讨论。

4.1　溶度积和溶解度

早在古埃及、古希腊和古罗马时期，人们就知道有些物质可以在某一温度下溶解，而其他物质无法在该温度下溶解，这就是溶度积概念的雏形。不过，当时人们只是由实际经验认识了它，并未进行理论推导。18世纪，英国科学家 George Look（乔治·洛克）发表了一篇著名的论文，论述了某种物质在某一温度下能够溶解的量总是恒定的，这就是溶度积的概念，也是溶解度的基础。

本章主要研究微溶和难溶（以下统称为难溶）的物质。

4.1.1　溶度积

固态溶质在液态溶剂中完全溶解后形成均相溶液。严格来说，不存在绝对不溶解的“不溶物”，只是溶解度极低而已。在一定温度下，将难溶电解质晶体放入水中时，就发生溶解和沉淀两个过程。比如 AgCl 是 Ag^+ 和 Cl^- 组成的晶体。当将 AgCl 放入水中时，晶体中 Ag^+ 和 Cl^- 在水分子的作用下不断从晶体表面进入水中，成为无规律运动的水合离子，这就是 AgCl 晶体的溶解过程。同时，已溶解在水中的 Ag^+ 和 Cl^- 在不断运动中相互碰撞或与未溶解的 AgCl 表面碰撞，以固体 AgCl 的形式沉淀出来，这就是 AgCl 的沉淀过程。

在一定条件下，当溶解和沉淀速率相等时，便建立了一种动态的多相离子平衡，可表示为如下过程：

$$AgCl(s) \rightleftharpoons Ag^+(aq) + Cl^-(aq)$$

该平衡的平衡常数表达式：

$$K^\ominus = a(Ag^+)a(Cl^-)$$

由于反应方程式的左侧是固体，所以平衡常数表达式是离子活度乘积的形式。这种能够反映出物质溶解性质的乘积形式的平衡常数，称为溶度积(solubility product)常数(简称溶度积)，用 $K^{\ominus}_{sp}$表示。溶度积是物质溶解度的量度。本章讨论的难溶性强电解质的溶液，都是极稀的溶液，可以近似地认为活度系数 f 为 1，均用浓度代替活度。故上述沉淀溶解平衡常数可以表示为

奥斯特瓦尔德

$$K^{\ominus}_{sp}=[Ag^{+}][Cl^{-}]$$

对于一般类型的难溶电解质(A_nB_m)，沉淀溶解平衡可表示为

$$A_nB_m \rightleftharpoons nA^{m+}+mB^{n+}$$

其溶度积 $K^{\ominus}_{sp}$的表达式为

$$K^{\ominus}_{sp}(A_nB_m)=[A^{m+}]^n \cdot [B^{n+}]^m \tag{4.1}$$

与其他平衡常数一样，$K^{\ominus}_{sp}$的大小与浓度无关，随温度变化而改变，其数值既可由实验测定，也可以由热力学数据计算而得。

4.1.2 溶解度

溶解性是物质的重要性质之一，常用溶解度来定量表示物质的溶解性。在一定温度下，达到溶解平衡时，一定量的溶剂中含有溶质的质量，称为溶解度，通常以符号 S 表示。对水溶液来说，通常以饱和溶液中每 100 g 水所含溶质质量来表示，即以 g/100 g H_2O 表示。也可用饱和溶液的浓度($mol \cdot L^{-1}$)来表示。通常情况下，溶解度随温度的增加而增大，也受物质自身的性质和溶剂的影响。

根据物质溶解度的差异，习惯将其划分为易溶、可溶、微溶和难溶四个等级。如果物质在水中的溶解度 $S \geqslant 10$ g，则这种物质称为易溶物质；若 1 g$\leqslant S <$10 g，则为可溶物质；若 0.01 g$\leqslant S <$1 g，则为微溶物质；若 $S <$0.01 g，则为难溶物质。工业生产中，可利用溶解度的差异来分离或提纯物质。例如，稀土元素镱(Yb)和镥(Lu)的化学性质极为相似，第一次分离出来的镱的化合物就是从 $Yb(NO_3)_3$-$Lu(NO_3)_3$-HNO_3 系统中利用重结晶的方法经过 15000 次溶解-结晶循环才得到的。

4.1.3 溶度积与溶解度换算

虽然溶度积 $K^{\ominus}_{sp}$和溶解度 S 在概念上有所不同，但都表示某一物质成为饱和溶液时所含相同溶质的量，即都是表示物质的溶解能力，故它们之间可以进行换算。在换算时要注意，溶解度应以物质的量浓度的单位为单位，即 $mol \cdot L^{-1}$。

例 4.1　25 ℃下，AgCl 的溶解度为 1.91×10^{-3} $g \cdot L^{-1}$，求同温度下 AgCl 的溶度积。

解：已知　　$M_r(AgCl)=143.3\ g \cdot mol^{-1}$

$$S=\frac{1.91\times10^{-3}}{143.3}=1.33\times10^{-5}(mol \cdot L^{-1})$$

$$AgCl\ (s) \rightleftharpoons Ag^{+}\ (aq)+Cl^{-}\ (aq)$$

平衡浓度/($mol \cdot L^{-1}$)　　　S　　　S

$$K^{\ominus}_{sp}(AgCl)=[Ag^{+}][Cl^{-}]=S^2=1.77\times10^{-10}$$

例 4.2　已知 298.15 K 时，$K^{\ominus}_{sp}(AgCl)=1.77\times10^{-10}$，$K^{\ominus}_{sp}(Ag_2CrO_4)=1.12\times10^{-12}$，求各自的溶解度。

解：设 AgCl 和 Ag_2CrO_4 的溶解度分别为 S_1 mol · L^{-1}，S_2 mol · L^{-1}。

根据
$$AgCl(s) \rightleftharpoons Ag^+(aq) + Cl^-(aq)$$
可知：
$$[Ag^+]=[Cl^-]=S_1(mol \cdot L^{-1})$$

根据溶度积表达式：

$$K_{sp}^{\ominus}(AgCl)=[Ag^+][Cl^-]=S_1^2$$

$$S_1=\sqrt{K_{sp}^{\ominus}(AgCl)}=\sqrt{1.77\times10^{-10}}=1.33\times10^{-5}(mol \cdot L^{-1})$$

$$Ag_2CrO_4(s) \rightleftharpoons 2Ag^+(aq)+CrO_4^{2-}(aq)$$

平衡浓度/(mol · L^{-1})　　$2S_2$　　S_2

$$K_{sp}^{\ominus}(Ag_2CrO_4)=[Ag^+][CrO_4^{2-}]=(2S_2)^2S_2=4S_2^3$$

$$S_2=\sqrt[3]{\frac{K_{sp}^{\ominus}(Ag_2CrO_4)}{4}}=\sqrt[3]{\frac{1.12\times10^{-12}}{4}}=6.54\times10^{-5}(mol \cdot L^{-1})$$

由上述两个例题可以看到，$K_{sp}^{\ominus}$和溶解度之间具有明确的换算关系。同时也可以看到，尽管两者均表示难溶物的溶解性质，但 $K_{sp}^{\ominus}$大的其溶解度不一定就大。例 4.2 中 AgCl 的 $K_{sp}^{\ominus}$比 Ag_2CrO_4 的 $K_{sp}^{\ominus}$大，但 AgCl 的溶解度比 Ag_2CrO_4 的溶解度小。因此对于同一类型的难溶电解质，可以通过溶度积的大小来比较它们的溶解度大小。例如，均属 AB 型的难溶电解质 AgCl、$BaSO_4$ 和 $CaCO_3$ 等，在相同温度下，溶度积越大，溶解度也越大；反之亦然。而不同类型的难溶电解质，不能直接用溶度积比较其溶解度的相对大小，需要通过计算来比较溶解度大小。

溶度积是一个标准平衡常数，只与温度有关。而溶解度不仅与温度有关，还与溶液的组成、pH 及配位化合物类型等因素有关。

4.2　溶度积规则及其应用

4.2.1　溶度积规则

难溶电解质的沉淀溶解平衡与其他平衡一样，也是一种动态平衡。如果改变平衡条件，可以使平衡向着沉淀溶解的方向移动，即沉淀溶解；也可以使平衡向着形成沉淀的方向移动，即沉淀析出。

对于难溶电解质，有关离子浓度幂的乘积（以 Q 表示）为

$$Q=[c(A^{m+})]^n[c(B^{n-})]^m$$

式中，$c(A^{m+})$、$c(B^{n-})$ 分别为在任意时刻 A^{m+} 和 B^{n-} 的浓度。

在沉淀反应中，根据溶度积的概念和平衡移动原理，用溶液中构成难溶电解质的有关离子浓度幂的乘积与该温度下难溶电解质的溶度积比较，可以推断：

当 $Q>K_{sp}^{\ominus}$ 时，平衡向形成沉淀的方向移动，沉淀析出，直至溶液达到饱和状态；

当 $Q=K_{sp}^{\ominus}$时，处于平衡态，溶液饱和；

当 $Q<K_{sp}^{\ominus}$ 时，溶液未饱和，无沉淀析出；若原来有沉淀存在，则沉淀溶解，直至溶液饱和。

此为溶度积规则，它是判断沉淀生成或溶解的依据。

4.2.2　溶度积规则的应用

溶度积规则的应用：判断是否有沉淀生成。

例 4.3　25 ℃时，某种溶液中，$c(SO_4^{2-})$为 6.0×10^{-4} mol·L^{-1}。若在 40.0 L 该溶液中，加入 0.010 mol·L^{-1} $BaCl_2$ 溶液 10.0 L，是否能生成 $BaSO_4$ 沉淀？（已知 $BaSO_4$ 的 $K_{sp}^{\ominus}=1.08\times10^{-10}$）

解：

$$c(SO_4)=\frac{6.0\times10^{-4}\times40.0}{50.0}=4.8\times10^{-4}(\text{mol}\cdot\text{L}^{-1})$$

$$c(Ba^{2+})=\frac{0.010\times10.0}{50.0}=2.0\times10^{-3}(\text{mol}\cdot\text{L}^{-1})$$

$$Q=c(Ba^{2+})\cdot c(SO_4^{2-})=4.8\times10^{-4}\times2.0\times10^{-3}=9.6\times10^{-7}$$

$$K_{sp}^{\ominus}=1.08\times10^{-10}$$

即 $Q>K_{sp}^{\ominus}$，所以有 $BaSO_4$ 沉淀析出。

例 4.4　求在 1.0 mol·L^{-1} HCl 溶液中，AgCl 固体的溶解度。已知 $K_{sp}^{\ominus}(AgCl)=1.77\times10^{-10}$。

解：设平衡时溶液中 Ag^+ 的浓度为 x mol·L^{-1}，则在 1.0 mol·L^{-1} HCl 溶液中，有

$$AgCl \rightleftharpoons Ag^+ + Cl^-$$

	Ag^+	Cl^-
起始相对浓度/(mol·L^{-1})	0	1.0
平衡相对浓度/(mol·L^{-1})	x	$1.0+x$

达到饱和时$[Ag^+]$可以代表 AgCl 的溶解度：

$$K_{sp}^{\ominus}=[Ag^+][Cl^-]=x(1.0+x)$$

从例 4.2 得到，AgCl 的溶解度为 1.33×10^{-5} mol·L^{-1}，故本例中有 $x\ll1.0$，所以

$$1.0+x\approx1.0$$

$$x=K_{sp}^{\ominus}=1.77\times10^{-10}$$

这个溶解度仅是 AgCl 在纯水中溶解度（1.33×10^{-5} mol·L^{-1}）的 $\frac{1}{75000}$。在难溶强电解质溶液中，加入与其具有相同离子的易溶强电解质，由于发生同离子效应，难溶性强电解质的溶解度减小。

4.3　分步沉淀及沉淀分离

4.3.1　分步沉淀

前面讨论的沉淀生成和溶解都是针对溶液中只有一种离子或只有一种沉淀的情况。实际上溶液中常有多种离子，沉淀也可能混有多种化合物。在此情况下，沉淀反应将按照何种顺序进行？哪种离子先被沉淀？哪种离子后被沉淀？在离子的分离过程中，这些问题非常重要。在一定条件下，使一种离子先沉淀，而其他离子在另一条件下沉淀的现象称为分步沉淀或分级沉淀。

稀土分离方法之分步沉淀（法）

欲从溶液中沉淀出某一离子时，需加入沉淀剂，使 $Q>K_{sp}$。同种类型的

难溶物 K_{sp} 越小，生成沉淀后，溶液中残留离子的浓度越小，即沉淀越完全；对于不同类型的难溶物，则溶解度越小，沉淀越完全。但是，即使 K_{sp} 极小的难溶物，溶液中残留离子的浓度也不会降到零。在定性分析中，当溶液中残留离子的浓度不超过 1.0×10^{-5} mol·L^{-1} 时，可认为沉淀完全；在定量分析中，当溶液中残留离子的浓度不超过 1.0×10^{-6} mol·L^{-1} 时，可认为沉淀完全。

对于同一类型的难溶电解质，在离子浓度相同或相近的情况下，溶解度较小的难溶电解质首先达到沉淀溶解平衡而析出沉淀。例如，在 0.010 mol·L^{-3} 的 I^- 和 0.010 mol·L^{-1} 的 Cl^- 溶液中，逐滴加入 $AgNO_3$ 溶液，先有黄色沉淀，后有白色沉淀。

同一类型的难溶电解质的溶度积差别越大，利用分步沉淀的方法分离难溶电解质越好。以金属硫化物为例(表 4.1)。

表 4.1　常见硫化物的溶度积和溶解性

硫化物	MnS(肉色)	ZnS(白色)	CdS(黄色)	CuS(黑色)	HgS(黑色)
$K_{sp}^{\ominus}$	2.5×10^{-13}	2.5×10^{-22}	8.0×10^{-27}	6.3×10^{-36}	4.0×10^{-53}
使沉淀溶解所需酸	加 HAc	加稀盐酸	加浓盐酸	加浓硝酸	加王水

一般金属硫化物溶解存在以下平衡：

$$MS(s)+2H^+(aq) \rightleftharpoons M^{2+}(aq)+H_2S(aq)$$

$$K^{\ominus}=\frac{[H_2S][M^{2+}]}{[H^+]^2}=[M^{2+}][S^{2-}]\cdot\frac{[H_2S]}{[H^+]^2\cdot[S^{2-}]}=\frac{K_{sp}^{\ominus}}{K_{a_1}\cdot K_{a_2}}$$

$$[M^{2+}]=\frac{K^{\ominus}\cdot[H^+]^2}{[H_2S]} \tag{4.2}$$

由式(4.2)可见，影响难溶金属硫化物溶解度的因素主要有两个：硫化物的溶度积及溶液的酸度。

例 4.5　溶液中 Zn^{2+}、Mn^{2+} 浓度均为 0.10 mol·L^{-1}，向该溶液中通入 H_2S 气体至饱和，哪种离子先沉淀？若要使两种离子分离，应控制 pH 在什么范围？(在标准压力及室温下，H_2S 饱和水溶液的浓度为 0.10 mol·L^{-1})

解：ZnS、MnS 为同种类型化合物，$K_{sp}^{\ominus}$ 小的化合物先沉淀，所以 Zn^{2+} 先沉淀。根据溶度积规则，使 Zn^{2+} 沉淀完全而 Mn^{2+} 不沉淀所需要的 S^{2-} 浓度分别是

$$[S^{2-}]_{ZnS}\geqslant\frac{K_{sp}^{\ominus}(ZnS)}{[Zn^{2+}]}=\frac{2.5\times10^{-22}}{1.0\times10^{-5}}=2.5\times10^{-17}(mol\cdot L^{-1})$$

$$[S^{2-}]_{MnS}=\frac{K_{sp}^{\ominus}(MnS)}{[Mn^{2+}]}=\frac{2.5\times10^{-13}}{0.10}=2.5\times10^{-12}(mol\cdot L^{-1})$$

因此，当 2.5×10^{-17} mol·L$^{-1}\leqslant[S^{2-}]=2.5\times10^{-12}$ mol·L^{-1} 时，ZnS 沉淀完全，而 Mn^{2+} 仍保留在溶液中。

根据　$$H_2S(aq)+2H_2O(l) \rightleftharpoons 2H_3O^+(aq)+S^{2-}(aq)$$

$$\frac{[H_3O^+]^2[S^{2-}]}{[H_2S]}=K_{a_1}^{\ominus}\cdot K_{a_2}^{\ominus}=1.07\times10^{-7}\times1.26\times10^{-13}=1.35\times10^{-20}$$

$$[H_3O^+]=\sqrt{\frac{K_{a_1}^{\ominus}\cdot K_{a_2}^{\ominus}\cdot[H_2S]}{[S^{2-}]}}$$

ZnS 沉淀完全及 MnS 不生成沉淀的$[H_3O^+]$分别是：

$$[H_3O^+]_{ZnS} \leqslant \sqrt{\frac{1.35\times10^{-20}\times0.10}{2.5\times10^{-17}}} = 7.3\times10^{-3}(\text{mol}\cdot\text{L}^{-1})$$

$$\text{pH} \geqslant 2.14$$

$$[H_3O^+]_{MnS} \geqslant \sqrt{\frac{1.35\times10^{-20}\times0.10}{2.5\times10^{-13}}} = 2.3\times10^{-5}(\text{mol}\cdot\text{L}^{-1})$$

$$\text{pH} \leqslant 4.64$$

只要控制 pH 在 2.14～4.64 之间，ZnS 即可沉淀完全，而 MnS 不沉淀。由于在硫化物沉淀过程中不断产生 H_3O^+，可能使沉淀不完全，因此可加入 $HCOOH\text{-}HCOO^-$ 缓冲溶液控制溶液的酸度，使之完全分离。

分步沉淀的次序不仅与溶度积有关，还与溶液中对应的相关离子的浓度有关。例如，若试管中盛有海水，逐滴加入 $AgNO_3$ 溶液，会发现先有白色沉淀，为什么呢？

若要溶液中同时出现 AgCl 和 AgI 沉淀时，溶液中的$[Ag^+]$、$[Cl^-]$和$[I^-]$必须满足两个平衡：

$$[Ag^+] = \frac{K_{sp}^{\ominus}(AgI)}{[I^-]} = \frac{K_{sp}^{\ominus}(AgCl)}{[Cl^-]}$$

则

$$\frac{[Cl^-]}{[I^-]} = \frac{K_{sp}^{\ominus}(AgCl)}{K_{sp}^{\ominus}(AgI)} = \frac{1.77\times10^{-10}}{8.52\times10^{-17}} = 2.08\times10^{6}$$

可见，当溶液中的$[Cl^-] \geqslant 2.08\times10^6[I^-]$时，AgCl 会首先沉淀出来。显然，在海水中两种离子浓度的比值已超过该值。因此，适当改变被沉淀离子的浓度，则分步沉淀的顺序会发生变化。

4.3.2 沉淀分离

沉淀分离是加入沉淀剂，依据溶度积规则有选择地沉淀某些离子，而与其他离子分离开来的方法。沉淀剂分为无机沉淀剂和有机沉淀剂。本章重点讨论无机沉淀剂。使用无机沉淀剂进行的沉淀分离主要有两种类型：氢氧化物沉淀分离及硫化物沉淀分离。

离心机的使用

减压过滤

1. 氢氧化物沉淀分离

大多数金属离子能生成氢氧化物沉淀，各种氢氧化物沉淀的溶解度有很大的差别。因此可以通过控制酸度改变溶液中的$[OH^-]$，从而达到沉淀分离的目的。

2. 硫化物沉淀分离

能形成硫化物沉淀的金属离子有 40 余种。各种硫化物沉淀的溶度积差别较大，可通过控制溶液的 pH 来控制$[S^{2-}]$，达到沉淀分离的目的。

H_2S 是有毒气体，为了避免使用 H_2S 带来的污染，可采用硫代乙酰胺代替硫化氢进行沉淀分离，即通过在不同 pH 介质中加热分解硫代乙酰胺达到不同硫化物沉淀分离的目的。

常压过滤

4.4　沉淀的转化

如果某些沉淀既不溶于水，也不溶于酸，同时也无法用氧化还原和配位的方法将其溶解，此时可以借助某一试剂，将一种难溶物向另一种难溶物转化，再将其溶解。这种由一种沉淀转变为另外一种沉淀的过程称为沉淀的转化。比如 $BaSO_4$ 不溶于酸，若用 Na_2CO_3 溶液处理则可转化为 $BaCO_3$ 沉淀，此沉淀便可溶于盐酸。

例 4.6　在 1 L Na_2CO_3 溶液中使 0.010 mol 的 $CaSO_4$ 全部转化为 $CaCO_3$，Na_2CO_3 的最初浓度为多少？

解：设平衡时 CO_3^{2-} 的浓度为 x mol · L^{-1}

$$CaSO_4(s)+CO_3^{2-}(aq) \rightleftharpoons CaCO_3(s)+SO_4^{2-}(aq)$$

平衡浓度/(mol · L^{-1})　　　x　　　0.010

$$K^{\ominus}=\frac{0.010}{x}=\frac{K_{sp}^{\ominus}(CaSO_4)}{K_{sp}^{\ominus}(CaCO_3)}=\frac{4.93\times10^{-5}}{3.36\times10^{-9}}=1.46\times10^4$$

$$x=6.8\times10^{-7}$$

$$c(Na_2CO_3)=6.8\times10^{-7}+0.010\approx0.010\ (mol\cdot L^{-1})$$

此例说明当沉淀类型相同，溶解度较大的沉淀转化为溶解度较小的沉淀时，沉淀转化的标准平衡常数一般比较大（$K^{\ominus}>1$），因此转化较易实现。反之，由溶解度较小的沉淀转化为溶解度较大的沉淀时，沉淀转化的标准平衡常数一般比较小（$K^{\ominus}<1$），这种转化通常比较困难，但在一定条件下，也是可能实现的。

例 4.7　如果在 1.0 L Na_2CO_3 溶液中溶解 0.010 mol 的 $BaSO_4$，则 Na_2CO_3 溶液的起始浓度不得低于多少？

解：设平衡时 CO_3^{2-} 的浓度为 x mol · L^{-1}，则

$$BaSO_4(s)+CO_3^{2-}(aq) \rightleftharpoons BaCO_3(s)+SO_4^{2-}(aq)$$

平衡浓度/ (mol · L^{-1})　　　x　　　0.010

$$K^{\ominus}=\frac{0.010}{x}=\frac{K_{sp}^{\ominus}(BaSO_4)}{K_{sp}^{\ominus}(BaCO_3)}=\frac{1.08\times10^{-10}}{2.58\times10^{-9}}=0.042$$

$$x=0.24$$

$$c(Na_2CO_3)=0.010+0.24=0.25\ (mol\cdot L^{-1})$$

4.5　沉淀的溶解

沉淀物与饱和溶液共存，如果能使 $Q<K_{sp}^{\ominus}$，则沉淀物溶解。使 Q 减小的方法有几种，可以采取使有关离子生成弱酸的方法，使 $Q<K_{sp}^{\ominus}$，也可以通过生成配位化合物的方法使有关离子浓度变小，从而达到使 $Q<K_{sp}^{\ominus}$ 的目的。另外，通过氧化还原反应或氧化-配位反应也可以使沉淀溶解。

4.5.1　通过弱电解质的生成使沉淀溶解

某些难溶电解质在酸（或铵盐）溶液中溶解生成弱电解质如 $Fe(OH)_3$、$Mg(OH)_2$、

$Cu(OH)_2$ 等金属氢氧化物。这是由于酸中的 H^+（或 NH_4^+）与金属氢氧化物沉淀中解离出的少量 OH^- 结合生成 H_2O（或 $NH_3 \cdot H_2O$），降低了$[OH^-]$，导致金属离子的浓度与$[OH^-]$幂的乘积小于溶度积，即 $Q<K_{sp}^{\ominus}$，沉淀溶解。

例 4.8 在 0.20 L 的 0.50 $mol \cdot L^{-1}$ $MgCl_2$溶液中加入等体积的 0.10 $mol \cdot L^{-1}$的氨水。

(1) 试通过计算判断有无 $Mg(OH)_2$沉淀生成。

(2) 为了不使 $Mg(OH)_2$ 沉淀析出，应加入 $NH_4Cl(s)$的质量最低为多少？（假设加入 $NH_4Cl(s)$后溶液的体积不变）

解：(1) 设平衡时 OH^- 的浓度为 x $mol \cdot L^{-1}$，则

$$c(Mg^{2+})=0.25\ mol \cdot L^{-1},\quad c(NH_3)=0.050\ mol \cdot L^{-1}$$

$$NH_3(aq)+H_2O(l) \rightleftharpoons NH_4^+(aq)+OH^-(aq)$$

初始浓度/$(mol \cdot L^{-1})$　0.050　　0　　0

平衡浓度/$(mol \cdot L^{-1})$　$0.050-x$　　x　　x

$$\frac{x^2}{0.050-x}=K_b^{\ominus}(NH_3)=1.77\times10^{-5}$$

$$x=9.3\times10^{-4}$$

$$c(OH^-)=9.3\times10^{-4}(mol \cdot L^{-1})$$

$$\begin{aligned}Q&=c(Mg^{2+})c(OH^-)^2\\&=0.25\times(9.3\times10^{-4})^2\\&=2.2\times10^{-7}\end{aligned}$$

$$K_{sp}^{\ominus}(Mg(OH)_2)=5.61\times10^{-12}$$

$Q>K_{sp}^{\ominus}$，所以有 $Mg(OH)_2$ 沉淀析出。

(2) 为了不使 $Mg(OH)_2$沉淀析出，应使 $Q<K_{sp}^{\ominus}$。

$$c(OH^-)<\sqrt{\frac{K_{sp}^{\ominus}(Mg(OH)_2)}{c(Mg^{2+})}}=\sqrt{\frac{5.61\times10^{-12}}{0.25}}=4.7\times10^{-6}$$

$$NH_3(aq)+H_2O(l) \rightleftharpoons NH_4^+(aq)+OH^-(aq)$$

初始浓度/$(mol \cdot L^{-1})$　$0.050-4.7\times10^{-6}$　　$c_0+4.7\times10^{-6}$　4.7×10^{-6}

$$\frac{4.7\times10^{-6}\times c_0}{0.050}=1.77\times10^{-5}$$

$$c_0=0.19\ (mol \cdot L^{-1})$$

$$M_r(NH_4Cl)=53.5\ g \cdot mol^{-1}$$

$$m(NH_4Cl)=0.19\times0.40\times53.5=4.1\ (g)$$

此题也可以用双平衡求解：

设平衡时 NH_4^+ 的浓度为 y $mol \cdot L^{-1}$，则

$$Mg(OH)_2(s)+2NH_4^+(aq) \rightleftharpoons Mg^{2+}(aq)+2NH_3(aq)+2H_2O(l)$$

平衡浓度/$(mol \cdot L^{-1})$　　y　　0.25　　0.050

$$\begin{aligned}K^{\ominus}&=\frac{[Mg^{2+}][NH_3]^2[OH^-]^2}{[NH_4^+]^2[OH^-]^2}\\&=\frac{K_{sp}^{\ominus}(Mg(OH)_2)}{[K_b^{\ominus}(NH_3)]^2}\end{aligned}$$

$$=\frac{5.61\times10^{-12}}{(1.77\times10^{-5})^2}$$

$$=0.018$$

$$\frac{0.25\times0.050^2}{y^2}=0.018$$

$$y=0.19$$

$$[NH_4^+]=0.19\ (mol\cdot L^{-1})$$

$$m(NH_4Cl)=0.19\times0.40\times53.5=4.1\ (g)$$

不难看出，在适当浓度的 NH_3-NH_4Cl 缓冲溶液中，$Mg(OH)_2$ 沉淀不能析出。

4.5.2　通过配位化合物的生成使沉淀溶解

当难溶电解质中解离出的简单离子生成配离子后，由于配离子具有较强的稳定性，简单离子的浓度小于原来的浓度，从而达到 $Q<K_{sp}^{\ominus}$ 的目的，使沉淀溶解。

例 4.9　室温下，在 1.0 L 氨水中溶解 0.10 mol 的 AgCl(s)，氨水浓度最低应为多少？(已知 $K_{sp}^{\ominus}(AgCl)=1.77\times10^{-10}$，$K_f^{\ominus}([Ag(NH_3)_2]^+)=1.12\times10^7$)

解：设平衡时 NH_3 的浓度为 x mol · L⁻¹，则

$$AgCl\ (s)+2NH_3(aq) \rightleftharpoons Ag(NH_3)^{2+}(aq)+Cl^-(aq)$$

平衡浓度/(mol · L^{-1})　　　x　　　0.10　　　0.10

$$K^{\ominus}=K_{sp}^{\ominus}(AgCl)K_f^{\ominus}([Ag(NH_3)_2]^+)$$

$$=1.77\times10^{-10}\times1.12\times10^7$$

$$=1.98\times10^{-3}$$

$$\frac{0.10\times0.10}{x^2}=K^{\ominus}=1.98\times10^{-3}$$

$$x=2.25$$

$$c(NH_3\cdot H_2O)=2.25+0.20=2.45\ (mol\cdot L^{-1})$$

生成配位化合物能使难溶化合物溶解，这属于配位化合物形成的特征之一。然而，所形成的配位化合物中，也有溶解度较小的，如二丁二肟合镍(Ⅱ)螯合物就是难溶的鲜红色沉淀，此反应用于定性鉴定 Ni^{2+} 的存在。

4.5.3　通过氧化还原反应使沉淀溶解

有些金属硫化物，如 CuS、PbS、AgS 等，它们的溶度积非常小，即溶液中$[S^{2-}]$很小，不足以与 H^+ 结合生成 H_2S，若使用具有氧化性的硝酸，能将 S^{2-} 氧化成单质 S，从而大大降低$[S^{2-}]$，从而达到溶解的目的。

例如：

$$K_{sp}^{\ominus}(CuS)=6.3\times10^{-36}$$

$$3CuS(s)+8HNO_3(aq)=\!=\!=3Cu(NO_3)_2(aq)+3S(s)+2NO(g)+4H_2O(l)$$

4.5.4　通过氧化-配位反应使沉淀溶解

有些金属硫化物，如 HgS($K_{sp}^{\ominus}(HgS)=4.0\times10^{-53}$)的溶度积极其小，既不溶于水，也不溶

于具有氧化性的硝酸，但可以溶于王水，主要是因为浓硝酸把 HgS 氧化成 S 单质，得到游离的 Hg^{2+}，Cl^- 具有很强的配位性，王水中的浓盐酸可以提供大量的 Cl^-，使游离的 Hg^{2+} 配位成 $[HgCl_4]^{2-}$，溶液中 Hg^{2+} 减少。反应如下：

$$3HgS(s)+12HCl(aq)+2HNO_3(aq)=\!=\!=3H_2[HgCl_4](aq)+2NO(g)+3S(s)+4H_2O(l)$$

本章总结

难溶电解质溶于水中时，发生溶解和沉淀两个过程，当二者速率相等时，便达到沉淀溶解平衡，沉淀溶解平衡的标准平衡常数称为溶度积常数 $K_{sp}^{\ominus}$（简称溶度积），其大小与溶液的浓度无关，随温度变化而改变，其数值可以通过测定难溶电解质饱和溶液中相应离子浓度而求得，也可以由热力学数据计算而得。溶度积和溶解度均表示物质的溶解能力，可以通过难溶电解质的溶度积求其溶解度，同样也可以通过溶解度来求溶度积。根据溶液中离子浓度乘积与溶度积的关系，可以判断沉淀的生成和溶解。同离子效应使沉淀更趋完全。

混合溶液中的金属离子根据其溶度积 $K_{sp}^{\ominus}$ 的不同，可以分步沉淀。经常利用分步沉淀来分离某些金属离子。例如各难溶金属的硫化物或氢氧化物的 $K_{sp}^{\ominus}$ 一般彼此差别较大，通过调节溶液 pH，以控制 OH^- 及 S^{2-} 浓度，即能有效地分离各种离子。沉淀的溶解往往和生成弱电解质、生成配位化合物、发生氧化还原反应及发生氧化-配位反应有关。

习　　题

扫码做题

一、填空题

1. AgCl 的溶度积的表达式为________，$Ca_3(PO_4)_2$ 的溶度积的表达式为________。
2. AgCl，$BaCO_3$，$Fe(OH)_3$，MgF_2 这些难溶物质中，其溶解度不随 pH 变化而变化的是________，能溶在氨水中的是________。
3. AgI(s)的溶度积 $K_{sp}^{\ominus}(AgI)=8.52\times10^{-17}$，则其在水中的溶解度为________ $mol\cdot L^{-1}$，其在 0.01 $mol\cdot L^{-1}$ KI 溶液中的溶解度为________ $mol\cdot L^{-1}$。
4. 同离子效应使难溶电解质的溶解度________，盐效应使难溶电解质的溶解度________。
5. 沉淀物与饱和溶液共存，如果能使 Q ________ $K_{sp}^{\ominus}$，则沉淀物要发生溶解。如果加入某种试剂，使沉淀中的某离子生成________或________，则沉淀会发生溶解。
6. 已知 $K_{sp}^{\ominus}(CaSO_4)=4.93\times10^{-5}$，$K_{sp}^{\ominus}(CaCO_3)=3.36\times10^{-9}$，若将 $CaSO_4$ 沉淀转化为 $CaCO_3$ 沉淀，转化反应的离子方程式为________，其标准平衡常数 $K^{\ominus}$ 为________，由此得出结论，沉淀类型相同时，$K_{sp}^{\ominus}$________（填“大”或“小”）向 $K_{sp}^{\ominus}$________（填“大”或“小”）转化容易。

二、计算题

1. 298.15 K 时，AgCl 的溶解度为 1.91×10^{-3} $g\cdot L^{-1}$。试求该温度下 AgCl 的标准溶度积。已知 AgCl 的摩尔质量是 143.4 $g\cdot mol^{-1}$。
2. 已知 298.15 K 时，Ag_2CrO_4 的标准溶度积为 1.12×10^{-12}，计算该温度下 Ag_2CrO_4 的溶解度。

3. 在某混合溶液中 Fe^{3+} 和 Zn^{2+} 浓度均为 0.010 mol · L^{-1}，加碱调节 pH，使 $Fe(OH)_3$ 沉淀出来，而 Zn^{2+} 保留在溶液中，通过计算确定分离 Fe^{3+} 和 Zn^{2+} 的 pH 范围。{$K_{sp}^{\ominus}[Fe(OH)_3]=2.79\times10^{-39}$，$K_{sp}^{\ominus}[Zn(OH)_2]=1.2\times10^{-17}$}
4. 采用加入 KBr 溶液的方法，将 AgCl 沉淀转化为 AgBr。Br^- 的浓度必须保持大于 Cl^- 的浓度的多少倍？[$K_{sp}^{\ominus}(AgCl)=1.77\times10^{-10}$，$K_{sp}^{\ominus}(AgBr)=5.35\times10^{-13}$]
5. 已知 298.15 K 时 $Mg(OH)_2$ 的溶度积为 5.61×10^{-12}。计算：

(1) $Mg(OH)_2$ 在纯水中的溶解度(mol · L^{-1})，Mg^{2+} 及 OH^- 的浓度；

(2) $Mg(OH)_2$ 在 0.01 mol · L^{-1} NaOH 溶液中的溶解度；

(3) $Mg(OH)_2$ 在 0.01 mol · L^{-1} $MgCl_2$ 溶液中的溶解度。

6. 海水中 Mg^{2+} 浓度大约为 0.060 mol · L^{-1}。在工业提取镁的过程中，需首先把 Mg^{2+} 转化成 $Mg(OH)_2$ 沉淀。求加入碱至 $Mg(OH)_2$ 开始沉淀时，溶液 pH 为多少？若加入碱使海水样品中的 pH=12.00，则在此条件下 Mg^{2+} 是否被沉淀完全？[已知 $K_{sp}^{\ominus}(Mg(OH)_2)=5.61\times10^{-12}$，离子浓度$<10^{-5}$ mol · L^{-1} 为沉淀完全]

第5章　电　化　学

5.1　原　电　池

1799年，意大利物理学家A. Volta（伏特）把锌板和银板浸在盐水中，发现有电流通过金属板间的导线，据此研制出人类历史上第一个电池——“伏特电堆”。1836年，英国John Frederick Daniell（约翰·弗雷德里克·丹尼尔）为了消除“伏特电堆”中出现氢气泡的问题，改良了“伏特电堆”，发明了世界上第一个实用电池。他将锌置于硫酸锌溶液中，将铜置于硫酸铜溶液中，并用盐桥或离子膜等方法将两种电解质溶液连接，从而形成一种原电池。这种电池解决了电池极化问题，使电池电压趋于稳定，因此这种电池又称丹尼尔电池。

伏特

这种通过氧化还原反应而产生电流的装置称为原电池，也可以说是将化学能转变成电能的装置。

氧化还原反应理论发展史

5.1.1　原电池的组成

图5.1为Cu-Zn原电池的装置示意图。该装置中铜片和锌片分别插入装有$CuSO_4$和$ZnSO_4$溶液的不同池中。两池之间用盐桥进行连接，盐桥是一个U形管，其中装入含有琼脂的饱和KCl溶液，用于构成电子流的通路，并消除两极溶液之间的液体接界电势。外电路通过导线将铜片和锌片分别连接到电流计的两端，用以监测从锌片沿着导线流向铜片的电子（或电流由铜片流向锌片），从而组成原电池。在Cu-Zn原电池中，氧化还原反应分别发生在两个电极上，锌电极上发生氧化反应，向外电路输出电子，称为原电池的负极，电极反应如下：

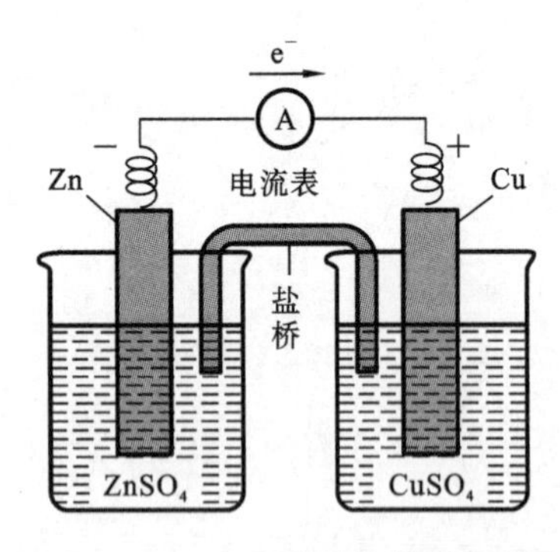

图5.1　Cu-Zn原电池的装置示意图

$$Zn(s)-2e^- \longrightarrow Zn^{2+}(aq) \qquad (5.1)$$

铜电极从外电路接受电子发生还原反应，使Cu^{2+}还原成单质Cu，称为原电池的正极，电极反应如下：

$$Cu^{2+}(aq)+2e^- \longrightarrow Cu(s) \qquad (5.2)$$

Cu-Zn原电池的电池反应式为

$$Zn(s)+Cu^{2+}(aq) \longrightarrow Cu(s)+Zn^{2+}(aq) \qquad (5.3)$$

其中括号中的s和aq分别表示固态和水溶液。

对于自发进行的电池反应（氧化还原反应），都可以分成两个部分，对应两个电极的反应，一个表示还原剂的氧化反应，一个表示氧化剂的还原反应。对于其中任一部分，称为原电池的半电池反应，简称半反应或电极反应。对于任意给定电极，通常用以下通式（还原反应）表示电

极反应，即

$$a(\text{氧化态})+ze^- \longrightarrow b(\text{还原态})$$

式中，电子的化学计量数 z 为单位物质的量的氧化态物质在还原过程中获得的电子数。

5.1.2 原电池符号和电极分类

原电池的组成和结构可以方便地用原电池符号来表示，上述 Cu-Zn 原电池的电池符号表示如下：

$$(-)Zn|ZnSO_4(c_1)\parallel CuSO_4(c_2)|Cu(+)$$

或

$$(-)Zn|Zn^{2+}(c_1)\parallel Cu^{2+}(c_2)|Cu(+)$$

用原电池符号表示原电池时，把负极写在左边，正极写在右边；单垂线“|”代表两相的界面；双垂线“‖”代表盐桥，盐桥两边连接电池两极所处的电解质溶液，溶液浓度应在电池符号上注明。若电解质溶液中含有两种离子参与电极反应，可用逗号“，”将其分开；若电极物质含有气体，则应注明压力；若无金属单质，则需要加上惰性电极（Pt、石墨棒 C），如氯气电极和 Fe^{3+}/Fe^{2+} 电极所组成的原电池，其电池反应式如下：

$$2Fe^{2+}(aq)+Cl_2(g) \longrightarrow 2Fe^{3+}(aq)+2Cl^-(aq)$$

负极反应：
$$Fe^{2+}(aq)-e^- \longrightarrow Fe^{3+}(aq)$$

正极反应：
$$Cl_2(g)+2e^- \longrightarrow 2Cl^-(aq)$$

则原电池符号为

$$(-)Pt|Fe^{2+}(c_1),Fe^{3+}(c_2)||Cl^-(c_3)|Cl_2(p_1)|Pt(+)$$

当原电池反应中涉及氧的氧化数变化时，电池符号中应列入 H^+ 和 OH^-。如果电池反应只涉及酸碱度时，H^+ 和 OH^- 也要表示在电池符号中。如电池反应：

$$2MnO_4^-(aq)+10I^-(aq)+16H^+(aq) \longrightarrow 2Mn^{2+}(aq)+5I_2(s)+8H_2O(l)$$

负极反应：

$$2I^-(aq)-2e^- \longrightarrow I_2(s)$$

正极反应：

$$MnO_4^-(aq)+8H^+(aq)+5e^- \longrightarrow Mn^{2+}(aq)+4H_2O(l)$$

则原电池符号为

$$(-)C|I_2(s)|I^-(c_1)\parallel MnO_4^-(c_2),Mn^{2+}(c_3),H^+(c_4)|C(+)$$

原电池反应中 H^+ 虽然没发生氧化还原反应，但有参与电极反应，故应在原电池符号中表示出来。

在原电池中，每个半电极都由两种物质组成，如 Cu-Zn 原电池，一种是高氧化态的氧化型物质 Zn^{2+}、Cu^{2+}，另一种是低氧化态的还原型物质 Zn、Cu，这里的氧化态物质和对应的还原态物质被称为氧化还原电对，可用“氧化型/还原型”表示。如锌电极由金属 Zn 与 Zn^{2+} 组成，其氧化还原电对用符号 $Zn^{2+}(c_1)/Zn$ 表示；铜电极由金属 Cu 与 Cu^{2+} 组成，用符号 $Cu^{2+}(c_2)/Cu$ 表示铜电极的氧化还原电对；其中 c 表示溶液中离子的浓度。

除了金属与其阳离子是最常见的氧化还原电对外，同种元素不同价态的离子也能形成氧化还原电对，如：Co^{3+} 和 Co^{2+} 构成的钴离子电极，其氧化还原电对可用符号 $Co^{3+}(c_1)/Co^{2+}(c_2)$ 表示，该电极的电极反应如下：

$$Co^{3+}(c_1)+e^- \longrightarrow Co^{2+}(c_2)$$

或

$$Co^{2+}(c_2)-e^- \longrightarrow Co^{3+}(c_1)$$

非金属单质与其离子也可以形成氧化还原电对，如标准氢电极就是非金属电极，该电极的电极反应如下：

$$2H^+(c^\ominus)+2e^- \longrightarrow H_2(p^\ominus)$$

用符号 $H^+(c^\ominus)/H_2(p^\ominus)$ 表示标准氢电极的氧化还原电对。

同种元素不同价态所组成的物质，也可构成氧化还原电对，如 $AgBr/Ag$，ClO_3^-/Cl_2。这两个电极上所进行的电极反应分别如下：

$$AgBr(s)+e^- \longrightarrow Ag(s)+Br^-(aq)$$

$$ClO_3^-(aq)+6H^+(aq)+5e^- \longrightarrow \frac{1}{2}Cl_2(g)+3H_2O(l)$$

5.2　电极电势与电池电动势

5.2.1　电极电势

在 Cu-Zn 原电池中，Cu 电极和 Zn 电极通过导线和盐桥链接起来会有电流产生，说明 Cu 电极和 Zn 电极之间存在电势差，是什么原因使原电池的两个电极的电势不一样？

以“金属-金属离子”组成的电极为例，由于金属晶体中存在金属离子（或金属原子）和自由电子，当把金属 M 插入含有该金属盐 M^{z+} 的溶液时，会同时发生两种相反的过程，一个过程是溶解，另外一个过程是沉积。溶解过程即金属晶格中的金属离子（或金属原子）受到极性水分子的作用以及本身的热运动，形成水合离子进入溶液，而将电子留在金属表面。即

$$M \longrightarrow M^{z+}(aq)+ze^-$$

沉积过程即溶液中的金属离子 M^{z+} 从金属表面获得电子形成原子，沉积在金属表面，即：

$$M^{z+}(aq)+ze^- \longrightarrow M$$

在一定条件下，当金属的溶解速率和金属离子的沉积速率相等时，就建立了金属与金属离子之间的溶解-沉积动态平衡。当金属较活泼，含金属离子的溶液浓度较稀时，金属的溶解倾向大于金属离子的沉积倾向，达到平衡时，金属表面带负电，靠近金属的溶液带正电，这样在金属和溶液的界面处就形成了一个带相反电荷的双电层，如图 5.2(a)所示（如 Zn 电极）。

相反，当金属不活泼，溶液中金属离子浓度较大，金属离子的沉积倾向大于金属的溶解倾向，达到平衡时，金属表面带正电荷，靠近金属的溶液带负电荷，形成如图 5.2(b)所示的双电层（如 Cu 电极）。

双电层之间的电势差就是 M-M^{z+} 电极的电极电势，表示电极中电极板与溶液之间的电势差，用 φ 表示。本书中双电层之间的电势差是指金属高出溶液的电势差，所以 Cu-Zn 原电池中 Zn-Zn^{2+} 电极的电极电势为负值，Cu-Cu^{2+} 电极的电极电势为正值。当 Zn、Cu 和溶液中的 Zn^{2+}、Cu^{2+} 均处于标准态时，此时锌电极和铜电极的电极电势称为标准电极电势，用 $\varphi^\ominus$ 表示。锌电极的标准电极电势为 -0.76 V，铜电极的标准电极电势为 $+0.34$ V，表示为

$$\varphi^\ominus(Zn^{2+}/Zn)=-0.76\ V$$

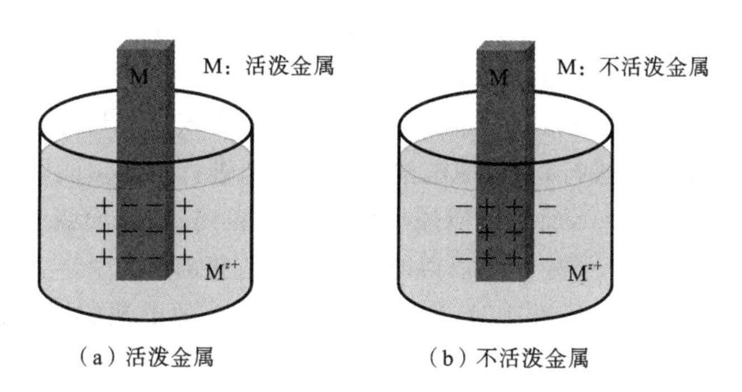

图5.2 活泼金属和不活泼金属表面与溶液界面形成的双电层示意图

$$\varphi^{\ominus}(Cu^{2+}/Cu)=+0.34\ V$$

φ后的括号内注明了参加电极反应物质的氧化还原电对，右上角的"$\ominus$"代表标准态，即溶液浓度为1.0 mol/L，气体压力为100 kPa。

5.2.2 原电池的电动势

原电池的电动势等于组成电池的各个界面上所产生的电势差的代数和。Cu-Zn原电池中，当用盐桥将两个电极的溶液连通时，若认为两溶液之间的电势差被消除，则锌电极和铜电极的电极电势之差就是锌极板和铜极板之间的电势差，也就是原电池的电动势，用E表示。则：

$$E=\varphi_{+}-\varphi_{-} \tag{5.4}$$

若原电池中构成两电极的各物质均处于标准态，此时原电池的电动势为标准电动势$E^{\ominus}$，且

$$E^{\ominus}=\varphi_{+}-\varphi_{-} \tag{5.5}$$

根据定义，电极电势高的电极称为正极，电极电势低的电极称为负极，由此可得原电池的电动势E的数值为正值。$E>0$，说明氧化还原反应可自发正向进行并且能以原电池的方式完成，具体证明过程在5.2.3。

5.2.3 原电池的热力学

1. 电动势E和电池反应的$\Delta_r G_m$的关系

化学反应系统在恒温、恒压、可逆条件下进行且与环境之间有非体积功交换时，根据热力学第二定律有

$$\Delta_r G_m(T,p)=W_{非} \tag{5.6}$$

当反应系统为原电池可逆放电并对环境所做的非体积功$W_{非}$为电功时，可逆电功等于电量与电动势的乘积，即

$$W_{电功}=-zFE$$

所以电池反应的$\Delta_r G_m$与电动势E的关系为

$$\Delta_r G_m(T,p)=-zFE \tag{5.7}$$

式中，$\Delta_r G_m(T,p)$是电池总反应的吉布斯函数变；z代表原电池反应转移的电子数；F代表法

拉第常数，取值为 96485 $C \cdot mol^{-1}$；E 代表原电池产生的电动势。由于式中 z 是无量纲的量，所以公式中等号两边的单位都为 $J \cdot mol^{-1}$。

当 $E>0$ 时，由式(5.7)可以推出 $\Delta_r G_m<0$，由此可说明该氧化还原反应在恒温恒压不做非体积功的条件下可以自发进行，并以原电池的反应正向进行。换句话说，当氧化还原反应为自发反应时，其 $\Delta_r G_m<0$，$E>0$，反应能以原电池的反应正向进行；而当氧化还原反应为非自发反应时，其 $\Delta_r G_m>0$，$E<0$，反应不可以以原电池的反应正向进行。

当原电池中各组分都处于标准态时，E 即是 $E^\ominus$，$E^\ominus$ 称为原电池的标准电动势，则式(5.7)可变成

$$\Delta_r G_m^\ominus = -zFE^\ominus \tag{5.8}$$

2. 标准电动势 $E^\ominus$ 和电池反应的标准平衡常数 $K^\ominus$ 的关系

第 2 章中，已经知道化学反应的标准平衡常数 $K^\ominus$ 与标准摩尔吉布斯函数变 $\Delta_r G_m^\ominus$ 有如下关系：

$$\Delta_r G_m^\ominus = -RT\ln K^\ominus \tag{5.9}$$

式中，R 为气体常数 8.314 $J \cdot mol^{-1} \cdot K^{-1}$；$T$ 为热力学温度。

由 $$\Delta_r G_m^\ominus = -zFE^\ominus$$

得 $$RT\ln K^\ominus = zFE^\ominus$$

故 $$E^\ominus = \frac{RT}{zF}\ln K^\ominus \tag{5.10}$$

改为常用对数，得

$$E^\ominus = \frac{2.303RT}{zF}\lg K^\ominus \tag{5.11}$$

298.15 K 时，可以写成

$$E^\ominus = \frac{0.0592\ V}{z}\lg K^\ominus \tag{5.12}$$

由此，通过测量原电池的标准电动势 $E^\ominus$，就可以求得该电池反应的标准平衡常数 $K^\ominus$，以讨论反应进行的程度和限度。由于测量标准电动势较为容易，且结果精确性高，所以用这一方法得到的标准平衡常数比根据测量平衡浓度得出的结果准确性要高。

5.2.4 标准电极电势

原电池能够产生电流的事实，说明在原电池的两个电极之间存在电势差，也说明每个电极都有一个电极电势。电极电势的大小主要取决于电极的本性，同时也受温度、介质和离子浓度等的影响。目前还无法测定电极电势的绝对值，在实际应用中，只需要知道电极电势的相对值，这就需要选择一个基准点，即电极电势值的零点。1953 年 IUPAC 建议，采用标准氢电极作为标准电极，人为地规定标准氢电极的电极电势为零，同时其他电极的电极电势数值都是通过与“标准氢电极”比较而确定的。

1. 标准氢电极

标准氢电极(normal hydrogen electrode/standard hydrogen electrode，NHE & SHE)是一种假定的理想状态，是指各组分均处于标准态下的氢电极，其组成和结构如图 5.3 所示，通

常是将镀有一层海绵状铂黑的铂片，浸入 H^+ 浓度为 1.0 mol·L^{-1}的溶液中，并不断通入压力为 100 kPa 的纯氢气，使铂黑吸附 H_2 至饱和，这时铂片就好像是用氢制成的电极一样，溶液中的 H^+ 与被铂表面所吸附的 H_2 建立起下列动态平衡：

$$2H^+(aq)+2e^- \rightleftharpoons H_2(g)$$

标准氢电极的电极符号可表示如下：

$$Pt|H_2(p^\ominus=100\ kPa)|H^+(c^\ominus=1\ mol\cdot L^{-1})$$

严格地说，H^+ 的标准态应该是 H^+ 的活度等于 1.0 mol·L^{-1}(a=1.0 mol·L^{-1})的理想状态，为了简便起见，本书中近似地用 H^+ 的浓度等于 1.0 mol·L^{-1}(c=1.0 mol·L^{-1})代替标准态。

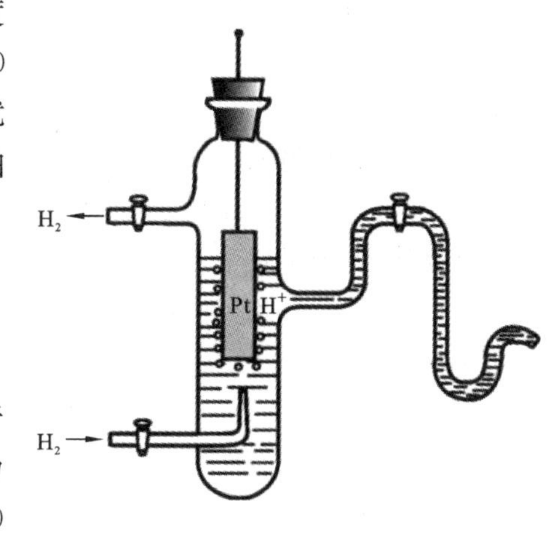

图 5.3 氢电极示意图

由于某单个电极的电势无法确定，故规定标准氢电极的电极电势为零($\varphi^\ominus(H^+/H_2)=0$ V)以后，并可以此为基准，将任意一个电极与标准氢电极组成原电池，根据测量得到该原电池的电动势求得该单个电极的电极电势 φ。在构成的原电池中，标准氢电极可以作为负极，也可以作为正极，其原电池符号可表示如下：

$$(-)标准氢电极\parallel某单个电极(+)$$

或者

$$(-)某单个电极\parallel标准氢电极(+)$$

上述原电池的电动势就等于某单个电极的电极电势的绝对值，即

$$E=\varphi(某单个电极)-\varphi^\ominus(H^+/H_2)=\varphi(某单个电极)$$

或者

$$E=\varphi^\ominus(H^+/H_2)-\varphi(某单个电极)=-\varphi(某单个电极)$$

在上述原电池中若某单个电极上实际进行的是还原反应，则电极电势为正；若某单个电极上实际进行的是氧化反应，则电极电势为负。

标准氢电极与标准铜电极组成的原电池如图 5.4 所示，其原电池符号如下：

$$(-)Pt|H_2(p^\ominus)|H^+(1\ mol\cdot L^{-1})\parallel Cu^{2+}(1\ mol\cdot L^{-1})|Cu(+)$$

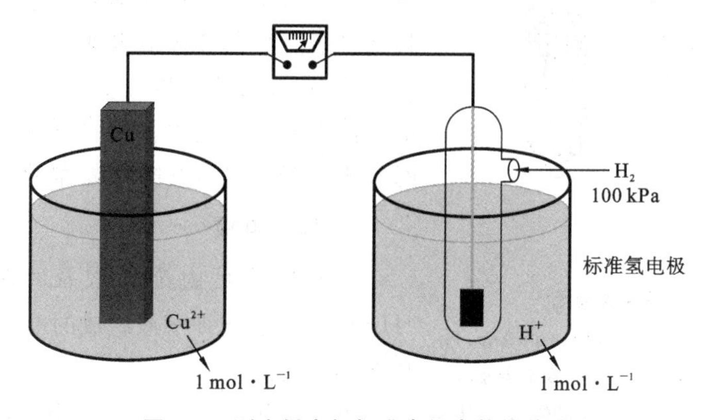

图 5.4 测定铜电极标准电极电势的装置

测得该电池的电动势

$$E^{\ominus}=0.34\ \text{V}$$

由公式 $$E^{\ominus}=\varphi_{+}^{\ominus}-\varphi_{-}^{\ominus}$$

正极反应(铜电极):

$$Cu^{2+}(aq)+2e^{-}=Cu(s)\quad \varphi^{\ominus}(Cu^{2+}/Cu)=?$$

负极反应(氢电极):

$$2H^{+}(aq)+2e^{-}=H_2(g)\quad \varphi^{\ominus}(H^{+}/H_2)=0\ \text{V}$$

电池反应:

$$Cu^{2+}(aq)+H_2=2H^{+}+Cu(s)$$

$$E^{\ominus}=\varphi_{+}^{\ominus}-\varphi_{-}^{\ominus}=\varphi^{\ominus}(Cu^{2+}/Cu)-\varphi^{\ominus}(H^{+}/H_2)=0.34\ \text{V}$$

故 $$\varphi^{\ominus}(Cu^{2+}/Cu)=E^{\ominus}+\varphi^{\ominus}(H^{+}/H_2)=0.34+0=0.34\ (\text{V})$$

同理,标准锌电极的电极电势也可由锌氢电池的电动势求得,锌氢电池的电池符号表示为:

$$(-)Zn|Zn^{2+}(1\ \text{mol}\cdot\text{L}^{-1})\parallel H^{+}(1\ \text{mol}\cdot\text{L}^{-1})|H_2(p^{\ominus})|Pt(+)$$

正极反应(氢电极):

$$2H^{+}(aq)+2e^{-}=H_2(g)\quad \varphi^{\ominus}(H^{+}/H_2)=0\ \text{V}$$

负极反应(锌电极):

$$Zn^{2+}(aq)+2e^{-}=Zn(s)\quad \varphi^{\ominus}(Zn^{2+}/Zn)=?$$

电池反应:

$$2H^{+}+Zn(s)=Zn^{2+}(aq)+H_2(g)$$

$$E^{\ominus}=\varphi_{+}^{\ominus}-\varphi_{-}^{\ominus}=\varphi^{\ominus}(H^{+}/H_2)-\varphi^{\ominus}(Zn^{2+}/Zn)=0.76\ \text{V}$$

故 $$\varphi^{\ominus}(Zn^{2+}/Zn)=\varphi^{\ominus}(H^{+}/H_2)-E^{\ominus}=0-0.76=-0.76\ (\text{V})$$

根据上述方法,可利用标准氢电极测得一系列待测电极在标准态下的电极电势 $\varphi^{\ominus}$,本书附录 6 中列出若干在 298.15 K 标准态(活度 $a=1.0\ \text{mol}\cdot\text{L}^{-1}$,压力 $p=100$ kPa)下的标准电极电势 $\varphi^{\ominus}$ 供参考,必须注意的是,$\varphi^{\ominus}(H^{+}/H_2)=0$ V 是一种规定。

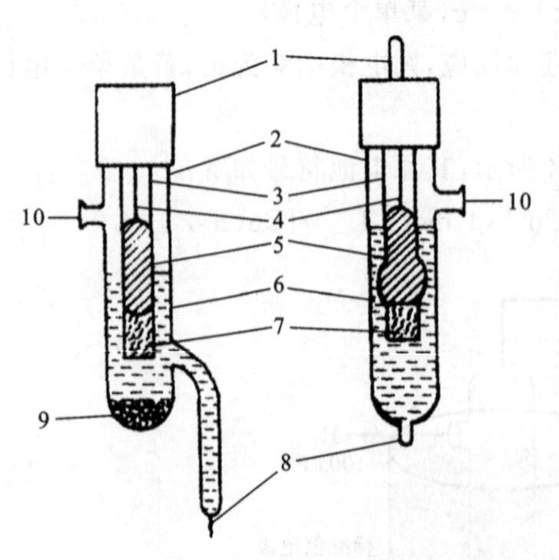

图 5.5 甘汞电极结构

1—导线(接线柱);2—外套管;3—内套管;4—Pt 丝;5—Hg、Hg_2Cl_2 混合物;6—内参比溶液;7—棉花;8—塞石棉的毛细孔;9—KCl 晶体;10—加液孔

由于标准氢电极要求氢气纯度高、压力稳定,并且铂在溶液中易吸附其他组分而失去活性,因此实际应用中,常选用一些易于制备、电极电势较稳定的电极作为参比电极和其他待测电极构成电池,常用的参比电极有甘汞电极和银-氯化银电极。

2. 甘汞电极

甘汞电极是由金属汞及其难溶盐氯化亚汞(Hg_2Cl_2)和氯化钾溶液组成的电极,如图 5.5 所示,其电极反应如下:

$$Hg_2Cl_2(s)+2e^{-}=2Hg(l)+2Cl^{-}(aq)$$

作为负极时,电极符号可以表示如下:

$$(-)Pt|Hg(l)|Hg_2Cl_2(s)|KCl(c)$$

常用的甘汞电极有三种：氯化钾溶液为饱和溶液的是饱和甘汞电极；氯化钾溶液浓度为 1 $mol \cdot L^{-1}$的是当量甘汞电极；氯化钾溶液浓度为 0.1 $mol \cdot L^{-1}$的是 0.1 $mol \cdot L^{-1}$甘汞电极。甘汞电极的电极电势随 Cl^- 的浓度不同而不同，在 298.15 K 时，上述三种甘汞电极的电极电势分别为 0.2438 V、0.2828 V 和 0.3365 V。甘汞电极的制备和保存都很方便，电极电势也很稳定，所以用途很广，尤其是饱和氯化钾的甘汞电极，因其容易制备，而且使用时可以起盐桥的作用，所以是较为常用的参比电极。

3. 银-氯化银电极

银-氯化银电极是由表面覆盖有氯化银的多孔金属银浸在含 Cl^- 的溶液中构成的电极，其电极反应如下：

$$AgCl(s)+e^- \longrightarrow Ag(s)+Cl^-(aq)$$

银-氯化银电极常用的溶液是 KCl 溶液，常见的有浓度分别为 0.1 $mol \cdot L^{-1}$和 1 $mol \cdot L^{-1}$，以及饱和氯化钾溶液三种类型。银-氯化银电极在 1 $mol \cdot L^{-1}$ KCl 中的标准电极电势为+0.2224 V(25 ℃)，饱和 KCl 中的标准电极电势为+0.199 V(25 ℃)。由于银-氯化银电极在高温高压水溶液体系中具有很小的溶解度、极高的稳定性、重现性和可逆性，相比甘汞电极在升温的情况下更为稳定，且即使在有氢存在的情况下银-氯化银电极表面也会得到很好的保护，这些特性都是其他电极无法比拟的，因此在中性溶液的测试中，使用相当广泛。

5.2.5 能斯特(Nernst)方程

能斯特

上一节讨论了原电池的标准电动势 $E^\ominus$ 及电极的标准电极电势 $\varphi^\ominus$，但是大多数情况下电极并不处于标准态，接下来将讨论非标准态下电池的电动势 E 及电极的电极电势 φ。

1. 电池电动势的 Nernst 方程

对于电池反应

$$aA+bB \longrightarrow cC+dD$$

根据热力学等温方程式有：

$$\Delta_r G_m=\Delta_r G_m^\ominus+RT\ln\frac{[c(C)/c^\ominus]^c[c(D)/c^\ominus]^d}{[c(A)/c^\ominus]^a[c(B)/c^\ominus]^b} \tag{5.13}$$

将 $\Delta_r G_m=-zFE$ 和 $\Delta_r G_m^\ominus=-zFE^\ominus$ 代入上式中得：

$$-zFE=-zFE^\ominus+RT\ln\frac{[c(C)/c^\ominus]^c[c(D)/c^\ominus]^d}{[c(A)/c^\ominus]^a[c(B)/c^\ominus]^b}$$

$$E=E^\ominus-\frac{RT}{zF}\ln\frac{[c(C)/c^\ominus]^c[c(D)/c^\ominus]^d}{[c(A)/c^\ominus]^a[c(B)/c^\ominus]^b} \tag{5.14}$$

将自然对数换成常用对数，可得：

$$E=E^\ominus-\frac{2.303RT}{zF}\lg\frac{[c(C)/c^\ominus]^c[c(D)/c^\ominus]^d}{[c(A)/c^\ominus]^a[c(B)/c^\ominus]^b} \tag{5.15}$$

当 $T=298.15$ K 时，有：

$$E=E^\ominus-\frac{0.0592\ V}{z}\lg\frac{[c(C)/c^\ominus]^c[c(D)/c^\ominus]^d}{[c(A)/c^\ominus]^a[c(B)/c^\ominus]^b} \tag{5.16}$$

可简化为

$$E=E^{\ominus}-\frac{0.0592\ \mathrm{V}}{z}\lg Q\quad (Q\text{为反应商})\tag{5.17}$$

该式即为电动势的 Nernst 方程，表示在 298.15 K 时，非标准态下的电动势与标准态下电动势的关系，对于气态物质，用压力代替上式中的浓度。

另外，值得注意的是，原电池电动势数值与电池反应化学计量方程式的写法无关。例如，当上述电池反应的化学计量数扩大 2 倍，电池反应式如下：

$$2a\mathrm{A}+2b\mathrm{B} = 2c\mathrm{C}+2d\mathrm{D}$$

此时，反应过程中电子转移数也扩大为 $2z$，所以原电池电动势的 Nernst 方程可表示为

$$E=E^{\ominus}-\frac{0.0592\ \mathrm{V}}{2z}\lg\frac{[c(\mathrm{C})/c^{\ominus}]^{2c}[c(\mathrm{D})/c^{\ominus}]^{2d}}{[c(\mathrm{A})/c^{\ominus}]^{2a}[c(\mathrm{B})/c^{\ominus}]^{2b}}$$

$$=E^{\ominus}-\frac{0.0592\ \mathrm{V}}{z}\lg\frac{[c(\mathrm{C})/c^{\ominus}]^{c}[c(\mathrm{D})/c^{\ominus}]^{d}}{[c(\mathrm{A})/c^{\ominus}]^{a}[c(\mathrm{B})/c^{\ominus}]^{b}}$$

可见，原电池的电动势数值不因电池反应方程式的化学计量数改变而改变。

例 5.1　已知：$\varphi^{\ominus}(\mathrm{Ni^{2+}/Ni})=-0.24\ \mathrm{V}$，由 $\mathrm{Ni+2H^{+} = Ni^{2+}+H_2}$ 组成的原电池，当 $[\mathrm{Ni^{2+}}]=0.010\ \mathrm{mol\cdot L^{-1}}$ 时，电池的电动势为多少？

解：电池反应与电极反应如下：

电池反应：

$$\mathrm{Ni+2H^{+} = Ni^{2+}+H_2}$$

正极反应(氢电极)：

$$\mathrm{2H^{+}(aq)+2e^{-} = H_2(g)}\quad \varphi^{\ominus}(\mathrm{H^{+}/H_2})=0\ \mathrm{V}$$

负极反应(镍电极)：

$$\mathrm{Ni^{2+}(aq)+2e^{-} = Ni(s)}\quad \varphi^{\ominus}(\mathrm{Ni^{2+}/Ni})=-0.24\ \mathrm{V}$$

$$E^{\ominus}=\varphi^{\ominus}_{+}-\varphi^{\ominus}_{-}=\varphi^{\ominus}(\mathrm{H^{+}/H_2})-\varphi^{\ominus}(\mathrm{Ni^{2+}/Ni})$$

$$=0-(-0.24)=0.24\ (\mathrm{V})$$

根据电动势的 Nernst 方程

$$E=E^{\ominus}-\frac{0.0592\ \mathrm{V}}{z}\lg\frac{[c(\mathrm{C})/c^{\ominus}]^{c}[c(\mathrm{D})/c^{\ominus}]^{d}}{[c(\mathrm{A})/c^{\ominus}]^{a}[c(\mathrm{B})/c^{\ominus}]^{b}}$$

$$E=E^{\ominus}-\frac{0.0592\ \mathrm{V}}{2}\lg\frac{[c(\mathrm{Ni^{2+}})/c^{\ominus}][p(\mathrm{H_2})/p^{\ominus}]}{[c(\mathrm{H^{+}})/c^{\ominus}]^{2}}$$

$$E=0.24-\frac{0.0592}{2}\lg\frac{0.01/1\times 100/100}{(1/1)^{2}}=0.30\ (\mathrm{V})$$

2. 电极电势的 Nernst 方程

任何原电池都是由两个电极(正极和负极)组成的，其原电池总反应都可以被拆分为两个半反应，每个半反应只关乎一种氧化剂或还原剂。其中发生氧化反应的一极上有电子流出，作为负极；电子通过原电池的负极经导线流向正极，在正极上氧化剂得到电子，发生还原反应。例如：将电池反应 $a\mathrm{A}+b\mathrm{B} = c\mathrm{C}+d\mathrm{D}$ 分成两个半反应：

正极反应：

$$a\mathrm{A}+z\mathrm{e}^{-} = c\mathrm{C}\ (\mathrm{A}\text{：氧化型；}\mathrm{C}\text{：还原型})$$

负极反应：

$$bB - ze^- \longrightarrow dD \ (\text{D:氧化型;B:还原型})$$

同一电极反应既可以氧化反应的形式进行，也可以还原反应的形式进行，该电极的电极电势都一样，都是与标准氢电极比较得到的数值。对于任意给定电极，如果把电极反应统一写成还原反应，即

$$aA(\text{氧化型}) + ze^- \longrightarrow cC(\text{还原型})$$

将原电池电动势的 Nernst 方程衍生到电极的电极电势，则

$$\varphi = \varphi^{\ominus} - \frac{RT}{zF}\ln\frac{[c(C)/c^{\ominus}]^c}{[c(A)/c^{\ominus}]^a} \tag{5.18}$$

当在 298.15 K 时，将上式改为常用对数，并做调整后，上式可表示为

$$\varphi = \varphi^{\ominus} + \frac{0.0592}{z}\lg\frac{[c(A)/c^{\ominus}]^a}{[c(C)/c^{\ominus}]^c} \tag{5.19}$$

或表示为

$$\varphi = \varphi^{\ominus} + \frac{0.0592}{z}\lg\frac{[c(\text{氧化型})/c^{\ominus}]^a}{[c(\text{还原型})/c^{\ominus}]^c} \tag{5.20}$$

此式称为电极电势的 Nernst 方程，它与原电池电动势的 Nernst 方程具有相同的形式。其意义为 298.15 K 时，非标准态下的电极电势与标准态下的电极电势的关系，或者说反映了反应物和产物浓度对电极电势的影响。对于气态物质，Nernst 方程中该物质用相对压力代替上式中的相对浓度。如氢电极，298.15 K 时，电极反应 $2H^+(aq) + 2e^- \longrightarrow H_2(g)$，其电极电势的 Nernst 方程为

$$\varphi(H^+/H_2) = \varphi^{\ominus}(H^+/H_2) + \frac{0.0592}{2}\lg\frac{[c(H^+)/c^{\ominus}]^2}{p(H_2)/p^{\ominus}}$$

注意：Nernst 方程中氧化型和还原型物质必须严格按照电极反应中所参与反应的物质写，例如在 298.15 K 时，反应 $MnO_4^-(aq) + 8H^+(aq) + 5e^- \longrightarrow Mn^{2+}(aq) + 4H_2O(l)$ 的 Nernst 方程为

$$\varphi(MnO_4^-/Mn^{2+}) = \varphi^{\ominus}(MnO_4^-/Mn^{2+}) + \frac{0.0592}{5}\lg\frac{[c(MnO_4^-)/c^{\ominus}][c(H^+)/c^{\ominus}]^8}{[c(Mn^{2+})/c^{\ominus}]}$$

例 5.2　原电池：

$(-)Pt|Fe^{2+}(1.0\ mol\cdot L^{-1}),Fe^{3+}(1.0\times10^{-4}\ mol\cdot L^{-1})\parallel I^-(1.0\times10^{-4}\ mol\cdot L^{-1}),I_2|Pt(+)$

(1) 写出电池反应和电极反应；

(2) 求电极电势 $\varphi(Fe^{3+}/Fe^{2+})$、$\varphi(I_2/I^-)$ 和电动势 E(298.15 K)。

解：(1) 电池反应：

$$I_2 + 2Fe^{2+} \longrightarrow 2Fe^{3+} + 2I^-$$

正极反应：

$$I_2 + 2e^- \longrightarrow 2I^-$$

负极反应：

$$Fe^{2+} \longrightarrow Fe^{3+} + e^-$$

(2) 从附录 6 查得

$$\varphi^{\ominus}(Fe^{3+}/Fe^{2+}) = 0.77\ V,\quad \varphi^{\ominus}(I_2/I^-) = 0.54\ V$$

根据电极电势的 Nernst 方程

$$\varphi = \varphi^{\ominus} + \frac{0.0592}{z}\lg\frac{[c(\text{氧化型})/c^{\ominus}]^a}{[c(\text{还原型})/c^{\ominus}]^c}$$

$$\varphi(I_2/I^-)=\varphi^\ominus(I_2/I^-)+\frac{0.0592}{2}\lg\frac{1}{[c(I^-)/c^\ominus]^2}$$

$$=0.54+\frac{0.0592}{2}\lg\frac{1}{[1.0\times10^{-4}/1.0]^2}$$

$$=0.78\ (V)$$

$$\varphi(Fe^{3+}/Fe^{2+})=\varphi^\ominus(Fe^{3+}/Fe^{2+})+\frac{0.0592}{1}\lg\frac{[c(Fe^{3+})/c^\ominus]}{[c(Fe^{2+})/c^\ominus]}$$

$$=0.77+\frac{0.0592}{1}\lg\frac{[1.0\times10^{-4}/1.0]}{[1.0/1.0]}=0.53\ (V)$$

$$E=\varphi_+-\varphi_-=\varphi(I_2/I^-)-\varphi(Fe^{3+}/Fe^{2+})$$

$$=0.78-0.53=0.25\ (V)$$

例 5.3　计算 Zn^{2+} 浓度为 0.0010 mol · L^{-1}时的锌电极的电极电势(298.15 K)。

解:对于锌电极的电极反应：

$$Zn^{2+}+2e^- = Zn$$

查附录表 6 得

$$\varphi^\ominus(Zn^{2+}/Zn)=-0.76\ V$$

当 $c(Zn^{2+})=0.0010$ mol · L^{-1}时，根据电极电势的 Nernst 方程

$$\varphi=\varphi^\ominus+\frac{0.0592}{z}\lg\frac{[c(\text{氧化型})/c^\ominus]^a}{[c(\text{还原型})/c^\ominus]^c}$$

有

$$\varphi(Zn^{2+}/Zn)=\varphi^\ominus(Zn^{2+}/Zn)+\frac{0.0592}{2}\lg[c(Zn^{2+})/c^\ominus]$$

$$=-0.76+\frac{0.0592}{2}\lg0.0010$$

$$=-0.85\ (V)$$

从该例可以看出，离子浓度的改变对电极电势有影响，但是通常情况下影响不大。与标准态 $c(Zn^{2+})=1$ mol · L^{-1}时的电极电势(−0.76 V)相比，当 Zn^{2+} 浓度减小到 1/1000 时，锌电极的电极电势改变不到 0.1 V。

例 5.4　已知 $c(Cr_2O_7^{2-})=c(Cr^{3+})=1.0$ mol · L^{-1}，则 $T=298.15$ K 时，不同 pH(pH=5 和 pH=1)条件下，$Cr_2O_7^{2-}/Cr^{3+}$ 电极的电极电势是多少？

解:电极反应：

$$Cr_2O_7^{2-}+14H^++6e^- = 2Cr^{3+}+7H_2O$$

查附录表 6 得

$$\varphi^\ominus(Cr_2O_7^{2-}/Cr^{3+})=1.36\ V$$

(1) pH=5 时，$c(H^+)=1.0\times10^{-5}$ mol · L^{-1}，根据电极电势 Nernst 方程

$$\varphi(Cr_2O_7^{2-}/Cr^{3+})=\varphi^\ominus(Cr_2O_7^{2-}/Cr^{3+})+\frac{0.0592}{6}\lg\frac{[c(Cr_2O_7^{2-})/c^\ominus][c(H^+)/c^\ominus]^{14}}{[c(Cr^{3+})/c^\ominus]^2}$$

有

$$\varphi(Cr_2O_7^{2-}/Cr^{3+})=1.36+\frac{0.0592}{6}\lg(1.0\times10^{-5})^{14}=0.67\ (V)$$

(2) pH=1 时，$c(H^+)=1.0\times10^{-1}$ mol · L^{-1}，根据电极电势 Nernst 方程

$$\varphi(Cr_2O_7^{2-}/Cr^{3+})=\varphi^\ominus(Cr_2O_7^{2-}/Cr^{3+})+\frac{0.0592}{6}\lg\frac{[c(Cr_2O_7^{2-})/c^\ominus][c(H^+)/c^\ominus]^{14}}{[c(Cr^{3+})/c]^2}$$

有 $$\varphi(Cr_2O_7^{2-}/Cr^{3+})=1.36+\frac{0.0592}{6}\lg(1.0\times10^{-1})^{14}=1.22\ (V)$$

含氧酸盐的电极电势受电解质溶液酸碱性的影响较大，由该例可看出电解质溶液的酸性增强，电极电势明显增大，含氧酸盐的氧化性显著增强。

5.3 电池电动势与电极电势的应用

电极电势是化学反应中电子转移的驱动力，其数值的大小可以判断原电池的正负极。在原电池中，电极电势代数值较大的电极为正极，电极电势代数值较小的电极为负极。除此之外，通过电极电势的分析，可以研究电化学反应的热力学和动力学性质，进而探讨电化学反应的原理和应用，如比较氧化剂和还原剂的相对强弱、判断氧化还原反应的方向及衡量氧化还原反应进行的程度等。

5.3.1 氧化剂和还原剂相对强弱的比较

氧化还原电对电极电势 φ 的代数值的大小反映了电极中氧化剂和还原剂的相对强弱。电极电势 φ 的代数值越大，则该电对中氧化态物质越容易得到电子，是越强的氧化剂，其对应的还原态物质则越难失去电子，是越弱的还原剂；反之，电极电势 φ 的代数值越小，则该电对中的还原态物质越易失去电子，是越强的还原剂，对应的氧化态物质则越难得到电子，是越弱的氧化剂。

例 5.5 下列三个电对中，在标准条件下哪个是最强的氧化剂？若其中 MnO_4^-/Mn^{2+} 电极的酸度改为在 pH=5.00 的条件下，它们的氧化性和还原性相对强弱顺序将发生怎样的改变？

已知：$\varphi^\ominus(MnO_4^-/Mn^{2+})=1.51$ V，$\varphi^\ominus(Br_2/Br^-)=1.06$ V，$\varphi^\ominus(I_2/I^-)=0.54$ V。

解：(1) 在标准态下可用 $\varphi^\ominus$ 代数值的大小进行判断，$\varphi^\ominus$ 代数值的大小顺序如下：

$$\varphi^\ominus(MnO_4^-/Mn^{2+})>\varphi^\ominus(Br_2/Br^-)>\varphi^\ominus(I_2/I^-)$$

所以上述物质中氧化能力最强的是 MnO_4^-，还原能力最强的是 I^-。即氧化性的强弱顺序为

$$MnO_4^->Br_2>I_2$$

还原性的强弱次序为

$$I^->Br^->Mn^{2+}$$

(2) 非标准态下氧化剂和还原剂的相对强弱必须由电极电势的 Nernst 方程来决定。当 MnO_4^-/Mn^{2+} 电极在 pH=5.00 的条件下，即溶液中 $c(H^+)=1.00\times10^{-5}\,mol\cdot L^{-1}$ 时，根据电极电势的 Nernst 方程进行计算得到 $\varphi(MnO_4^-/Mn^{2+})=1.036$ V。此时电极电势大小次序为

$$\varphi^\ominus(Br_2/Br^-)>\varphi(MnO_4^-/Mn^{2+})>\varphi^\ominus(I_2/I^-)$$

所以此时氧化性的强弱顺序变为

$$Br_2>MnO_4^->I_2$$

还原性的强弱顺序变为

$$I^->Mn^{2+}>Br^-$$

5.3.2 氧化还原反应方向的判断

（1）根据标准电极电势 $\varphi^\ominus$ 的代数值大小，可判断标准状况下氧化还原反应进行的方向。

失电子　氧化反应

强氧化剂＋强还原剂 ⟶ 弱还原剂＋弱氧化剂

（还原产物）（氧化产物）

得电子　还原反应

通常条件下，氧化还原反应总是由较强的氧化剂和还原剂向着生成较弱的氧化剂和还原剂的方向进行。从电极电势 φ 的代数值来看，当氧化剂电对的电极电势大于还原剂电对的电极电势时，氧化还原反应可正向进行。

（2）根据电池电动势 E，判断氧化还原反应进行的方向。

对于任意一个化学反应可用反应的吉布斯函数变 ΔG 来判断反应能否自发进行。等温等压不做非体积功的条件下，若反应 $\Delta G<0$，反应可以正向自发进行；若反应 $\Delta G>0$，反应不能正向自发进行；若反应 $\Delta G=0$，则反应处于平衡态。任何一个氧化还原反应，原则上都可以设计成原电池，由于反应的吉布斯函数变 ΔG 与原电池电动势的关系为 $\Delta G=-nEF$，所以利用原电池的电动势可以判断氧化还原反应进行的方向。当 $E>0$ 时，$\Delta G<0$，在没有非体积功的等温等压条件下，反应可以正向自发进行，换句话说，氧化剂所在电对的电极电势必须大于还原剂所在电对的电极电势，才能满足 $E>0$ 的条件；当 $E<0$ 时，$\Delta G>0$，反应正向非自发进行，逆向自发进行。$E>0$ 时，其值越大，氧化还原反应正向自发进行的倾向越大。$E<0$ 时，其绝对值越大，逆向反应自发进行的倾向越大。

例 5.6　已知：$\varphi^\ominus(Fe^{3+}/Fe^{2+})=0.77\ V$，$\varphi^\ominus(Cl_2/Cl^-)=1.36\ V$。当$[Cl^-]=0.010\ mol\cdot L^{-1}$，$p_{Cl_2}=100\ kPa$，$[Fe^{2+}]=0.10\ mol\cdot L^{-1}$，$[Fe^{3+}]=1\ mol\cdot L^{-1}$ 时，反应 $Fe^{2+}+\frac{1}{2}Cl_2 = Fe^{3+}+Cl^-$ 往哪个方向进行？

解：电极反应如下。

负极反应：　$Fe^{2+}-e^- = Fe^{3+}$

正极反应：　$\frac{1}{2}Cl_2+e^- = Cl^-$

非标准态下氧化还原电对的电极电势可根据电极电势的 Nernst 方程求解：

$$\varphi(Fe^{3+}/Fe^{2+})=\varphi^\ominus(Fe^{3+}/Fe^{2+})+\frac{0.0592}{1}\lg\frac{[c(Fe^{3+})/c^\ominus]}{[c(Fe^{2+})/c^\ominus]}$$

$$=0.77+\frac{0.0592}{1}\lg\frac{1}{0.10}=0.83\ (V)$$

$$\varphi(Cl_2/Cl^-)=\varphi^\ominus(Cl_2/Cl^-)+\frac{0.0592}{1}\lg\frac{[p(Cl_2)/p^\ominus]^{\frac{1}{2}}}{[c(Cl^-)/c^\ominus]}$$

$$=1.36+\frac{0.0592}{1}\lg\frac{1}{0.010}=1.48\ (V)$$

因为 $\varphi(Cl_2/Cl^-)>\varphi(Fe^{3+}/Fe^{2+})$，即 $\varphi_+>\varphi_-$，所以反应正向自发进行。

例 5.7 在 298.15 K 时，若溶液 pH=7.00，其余各物质的浓度都等于 1.0 mol·L^{-1}，通过计算说明下列反应自发进行的方向是正向还是逆向。（已知：$\varphi^{\ominus}(H_3AsO_4/HAsO_2)=0.58\ V$，$\varphi^{\ominus}(I_2/I^-)=0.54\ V$）

$$H_3AsO_4+2I^-+2H^+ \longrightarrow HAsO_2+I_2+2H_2O$$

解：电极反应如下。

负极反应：$$2I^- -2e^- \longrightarrow I_2$$

正极反应：$$H_3AsO_4+2H^+ +2e^- \longrightarrow HAsO_2+2H_2O$$

根据电极电势的 Nernst 方程

$$\begin{aligned}\varphi(H_3AsO_4/HAsO_2)&=\varphi^{\ominus}(H_3AsO_4/HAsO_2)+\frac{0.0592}{2}\lg\frac{[c(H_3AsO_4)/c^{\ominus}][c(H^+)/c^{\ominus}]^2}{[c(HAsO_2)/c^{\ominus}]}\\&=0.58+\frac{0.0592}{2}\lg\frac{1.0\times(1.0\times10^{-7})^2}{1.0}\\&=0.58-0.41\\&=0.17\ (V)\end{aligned}$$

因为 $$\varphi(H_3AsO_4/HAsO_2)<\varphi^{\ominus}(I_2/I^-)$$

所以反应逆向进行。

5.3.3 氧化还原反应进行程度的衡量

化学反应进行的程度一般用标准平衡常数 $K^{\ominus}$ 来衡量，对于氧化还原反应，也可用标准电动势 $E^{\ominus}$ 来衡量。在原电池热力学讨论中，已经得到标准平衡常数 $K^{\ominus}$ 与电池的标准电动势 $E^{\ominus}$ 之间的关系如下：

$$\lg K^{\ominus}=\frac{zFE^{\ominus}}{2.303RT} \tag{5.21}$$

当 $T=298.15$ K 时，可以写成

$$\lg K^{\ominus}=\frac{zE^{\ominus}}{0.0592} \tag{5.22}$$

所以将一个氧化还原反应设计成一个原电池，可以通过测量原电池的标准电动势 $E^{\ominus}$，求得该电池反应的标准平衡常数 $K^{\ominus}$，判断反应进行的限度。若标准平衡常数 $K^{\ominus}$ 较小，则表示该反应正向进行趋势较小；若标准平衡常数 $K^{\ominus}$ 较大，则表示该反应正向进行趋势较大。

例 5.8 已知：$\varphi^{\ominus}(MnO_4^-/Mn^{2+})=1.51\ V$，$\varphi^{\ominus}(Cl_2/Cl^-)=1.36\ V$。

求：$\frac{1}{5}MnO_4^-(aq)+\frac{8}{5}H^+(aq)+Cl^-(aq) \longrightarrow \frac{1}{5}Mn^{2+}(aq)+\frac{1}{2}Cl_2(g)+\frac{4}{5}H_2O(l)$ 的标准平衡常数 $K^{\ominus}$。

解：将上述氧化还原反应设计成原电池，其正、负电极反应分别如下：

正极反应：$\frac{1}{5}MnO_4^-(aq)+\frac{8}{5}H^+(aq)+e^- \longrightarrow \frac{1}{5}Mn^{2+}(aq)+\frac{4}{5}H_2O(l)$ $\varphi_+^{\ominus}=1.51\ V$

负极反应：$\frac{1}{2}Cl_2(g)+e^- \longrightarrow Cl^-(aq)$ $\varphi_-^{\ominus}=1.36\ V$

则其电池的标准电动势

$$E^{\ominus}=\varphi_+^{\ominus}-\varphi_-^{\ominus}=\varphi^{\ominus}(MnO_4^-/Mn^{2+})-\varphi^{\ominus}(Cu^{2+}/Cu)=1.51\ V-1.36\ V=0.15\ V$$

$$\lg K^{\ominus}=\frac{zE^{\ominus}}{0.0592}=\frac{1\times 0.15}{0.0592}$$

所以 $$K^{\ominus}=343$$

例 5.9　计算下列反应在 25 ℃时的标准平衡常数 $K^{\ominus}$，并分析该反应能进行的程度。

$$Cu+2Ag^{+}=\!=\!=Cu^{2+}+2Ag$$

已知：$$\varphi^{\ominus}(Cu^{2+}/Cu)=0.34\ V,\quad \varphi^{\ominus}(Ag^{+}/Ag)=0.80\ V$$

解：将上述反应组装成原电池，其标准电动势

$$E^{\ominus}=\varphi^{\ominus}_{+}-\varphi^{\ominus}_{-}=\varphi^{\ominus}(Ag^{+}/Ag)-\varphi^{\ominus}(Cu^{2+}/Cu)=0.8-0.34=0.46\ (V)$$

$$\lg K^{\ominus}=\frac{zE^{\ominus}}{0.0592}=\frac{2\times 0.46}{0.0592}\approx 15.55$$

所以 $$K^{\ominus}=3.5\times 10^{15}$$

从计算结果可知 $K^{\ominus}$ 很大，说明反应正向进行得非常彻底。

5.4　化学电源

化学电源是一种将化学能直接转化为电能的装置，其已经成为当今生活的一种必需品，在电子产品、通信基站、电动汽车、无人机、储能电站、国防军工等领域发挥着重要作用。化学电源主要由正负极、电解质溶液、隔膜及外壳等组成，其外形有扣式、平板式、圆柱形、矩形等。电池的发展，从伏打电池开始，经历了丹尼尔电池、燃料电池、铅蓄电池、锌锰干电池到近年来火热的锂离子电池，其化学电源的原理和技术已经历了多次迭代。目前按工作性质分类，化学电源一般可分为一次电池、二次电池和连续电池等。

新能源：氢能

5.4.1　一次电池

一次电池，又称为干电池，是一种不可重复充电的电池，完全放电后不可再使用，这时电化学反应不可逆，不能够连续充放电。随着科学技术的发展，干电池已经发展成为一个大家族，到目前为止已经有 100 多种。常见的干电池有普通锌锰干电池、碱性锌锰干电池、镁锰干电池、锌空气电池、锌氧化汞电池、锌氧化银电池、锂锰电池等。

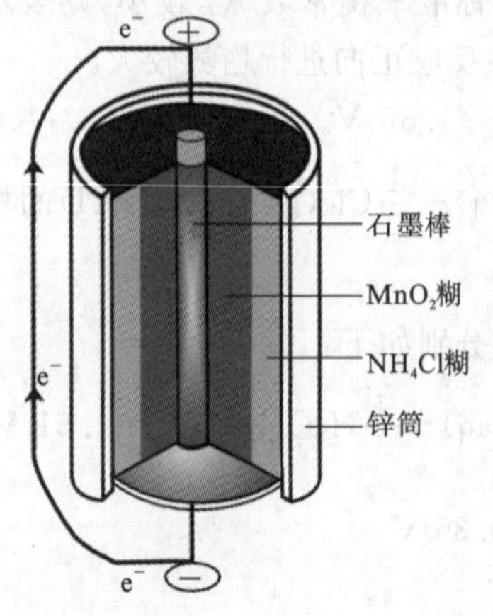

图 5.6　普通锌锰干电池结构

1. 普通锌锰干电池

这是一种最常见的干电池，负极为金属锌圆筒，正极为石墨棒、石墨棒周围细密的石墨以及去极化剂二氧化锰（MnO_2）的混合物，电解质为氯化锌（$ZnCl_2$）、氯化铵（NH_4Cl）与淀粉或其他填充物制成的糊状混合物（图 5.6）。这种电池是由 19 世纪 60 年代法国的 Leclanche（勒克兰谢）发明的，故又称为勒克兰谢电池。

锌锰干电池的电池图示如下：

$$(-)Zn|ZnCl_2, NH_4Cl(糊状)|MnO_2, C(+)$$

在放电时，负极上锌进行氧化反应，正极上 MnO_2 发生还

原反应。

负极反应： $Zn-2e^- \longequal Zn^{2+}$

正极反应： $2MnO_2+2NH_4^++2e^- \longequal Mn_2O_3+2NH_3+H_2O$

总反应： $Zn+2MnO_2+2NH_4^+ \longequal Mn_2O_3+2NH_3+Zn^{2+}+H_2O$

该电池的开路电压为1.55～1.70 V，与电池的体积无关，其原材料丰富、价格低廉、携带方便，适用于间歇式放电场合。但锌锰干电池的电解质氯化氨显酸性，会腐蚀电池的锌筒且反应有氢气生成，所以容易造成电池膨胀及漏液现象。另外，在使用过程中电压不断下降，不能提供稳定电压，且放电功率低，不适合大电流放电，低温性能差，在－20 ℃时不能工作，在高寒地区只可使用碱性锌锰干电池。要定期检查锌锰干电池有无异常、漏液，当电池出现鼓胀时，就不能再使用。

2. 碱性锌锰干电池

碱性锌锰干电池是1882年由德国人G. Leuchs的专利提出，直到1949年才有美国悦华公司的“皇冠”型电池投入市场，1960年开发成功圆筒形结构以后，碱性锌锰干电池才得以迅速发展。碱性锌锰干电池采用二氧化锰为正极活性物质，与导电石墨粉等材料混合后压成环状；以锌粉为负极活性物质，与电解质溶液和凝胶剂混合制成膏状；用氢氧化钾或氢氧化钠溶液等碱性物质作电解质的锌锰干电池，是普通锌锰干电池的改良型(图5.7)。

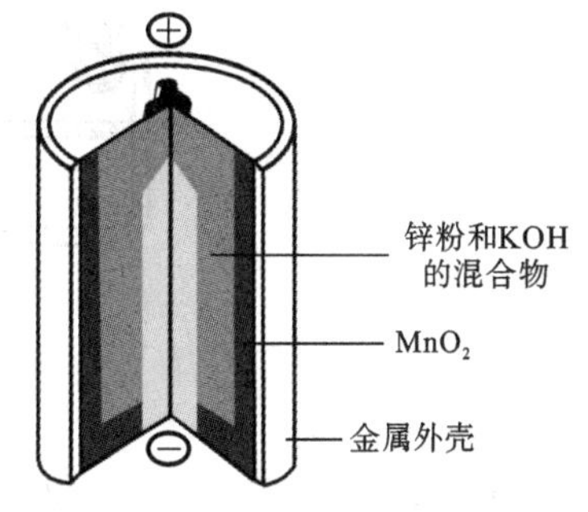

图5.7 碱性锌锰干电池结构

负极反应： $Zn+2OH^--2e^- \longequal Zn(OH)_2$

正极反应： $2MnO_2+2H_2O+2e^- \longequal 2MnOOH+2OH^-$

总反应： $Zn+2MnO_2+2H_2O \longequal 2MnOOH+Zn(OH)_2$

碱性锌锰干电池在结构上与普通锌锰干电池相反，增大了正负极间的相对面积；采用金属外壳代替普通锌锰干电池的锌筒，解决了电池外壳在使用中变薄漏液的缺陷；锌皮改为锌粉填充在电池内部提高了电池的比能量；电解质从酸性的NH_4Cl改为碱性的KOH，降低了电池的自放电效应，延长了电池的储存时间。碱性锌锰干电池的容量和放电时间是同等型号普通锌锰干电池的3～7倍，其更耐低温，更适合大电流和连续放电，可满足工作电压比较稳定的用电场合。

3. 锌银电池

锌银电池(即锌氧化银电池)是20世纪40年代开始研制的一种实用型高比能量、高比功率电池。1800年，伏特提出锌银电池堆，1883年Clarke(克拉克)的专利中叙述了第一个完整的碱性锌氧化银原电池，1887年Dun(邓恩)和Hassla-cher(哈斯莱彻)的专利中首次提出了锌氧化银蓄电池。但直到1941年法国的Henri Andre(亨利·安德列)提出用赛璐玢半透膜(如玻璃纸)作隔膜后，才实现了可实用的锌银电池。20世纪50年代Yard-ney设计制造出实用的可充电锌银电池。锌银电池问世60年后，一次锌银电池和二次锌银电池在商业、航天飞行器、潜艇、核武器等领域得到了广泛应用，其可靠性高和安全性是其他电池体系难以比拟的。

锌银电池的比体积能量是所有系列电池中最高的，由此制备的小而薄的“纽扣式”电池的使用效果十分理想(图5.8)。锌银电池放电时的电压平稳，而且无论在高或低放电率下的电压都十分稳定。该电池具有良好的贮存性能，室温下贮存1年后可保持初始容量的95%以上；也有较宽的使用温度范围，0 ℃以下可放出其标称容量的约70%的电量，−20 ℃下仍可放出标称容量的35%的电量。由于这些优点，锌银电池在小型电子产品上得到广泛的应用，如手表、计算器、助听器、血糖仪、照相机等。但银属于贵金属，价格高，这使得将锌银电池设计为大尺寸电池受到了限制。电极反应和电池反应如下：

负极反应： $Zn+2OH^- -2e^- = Zn(OH)_2$

正极反应： $Ag_2O+H_2O+2e^- = 2Ag+2OH^-$

总反应： $Zn+Ag_2O+H_2O = 2Ag+Zn(OH)_2$

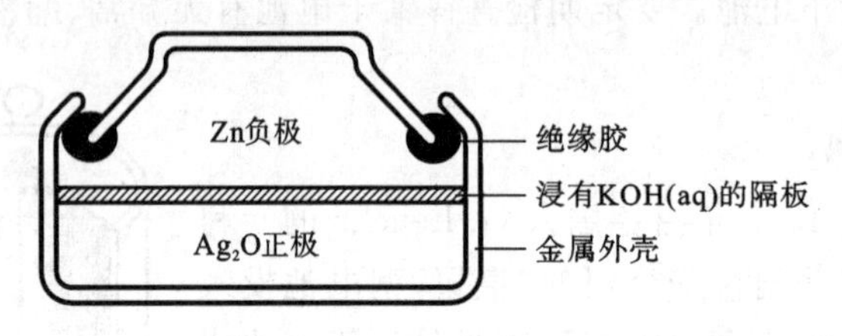

图5.8 纽扣式锌银电池结构

也可表示为

负极反应： $Zn+2OH^- -2e^- = ZnO+H_2O$

正极反应： $Ag_2O+H_2O+2e^- = 2Ag+2OH^-$

总反应： $Zn+Ag_2O = 2Ag+ZnO$

负极反应产物为$Zn(OH)_2$或ZnO都对，因为$Zn(OH)_2$是一种不稳定的两性氢氧化物，会迅速分解为ZnO和H_2O。

5.4.2 二次电池

二次电池(rechargeable battery)又称为充电电池或蓄电池，指在电池放电后可通过充电的方式使活性物质激活而继续使用(即再次将电能转化为化学能)的电池，具有可逆性。二次电池利用了化学反应的可逆性，即当化学能转化为电能之后，还能用电能使化学体系修复，然后利用化学反应转化为电池。最常见的二次电池有铅蓄电池、锂离子电池、聚合物锂离子电池、镍氢电池、镍镉电池、锌空气电池等。

1. 铅蓄电池

铅蓄电池是1859年由法国人G. Plante(普兰特)发明的，是最常见的二次电池。它由两组栅状极板交替排列而成，正极板上覆盖PbO_2，负极板上覆盖Pb，电解质是H_2SO_4。铅蓄电池的放充电过程是其中的活性物质进行可逆化学变化的过程，可以用下列反应表示：

$$PbO_2+2H_2SO_4+Pb \underset{充电}{\overset{放电}{\rightleftharpoons}} 2PbSO_4+2H_2O$$

该电池正极的活性物质是二氧化铅，负极的活性物质是海绵状的铅。因为铅特别软，所以为了增加其强度和减小电阻，通常会在铅里加入一定量的锑。电解质溶液是稀硫酸，在电池中起导电作用，并参加电池反应。铅蓄电池在充放电过程中的可逆反应理论比较复杂，目前公认的是哥来德斯东和特利浦两人提出的“双硫酸化理论”。该理论认为：铅蓄电池在放电后，正、负电极的有效物质和硫酸发生反应，均转变为硫酸化合物(硫酸铅)，充电时又会转化为原来的铅和二氧化铅。其具体的化学反应如下：

放电时的反应如下。

正极反应： $PbO_2+4H^++SO_4^{2-}+2e^-=\!=\!=PbSO_4+2H_2O$

负极反应： $Pb+SO_4^{2-}-2e^-=\!=\!=PbSO_4$

充电时的反应如下。

阴极反应： $PbSO_4+2e^-=\!=\!=Pb+SO_4^{2-}$

阳极反应： $PbSO_4+2H_2O-2e^-=\!=\!=PbO_2+4H^++SO_4^{2-}$

总反应： $PbO_2+2H_2SO_4+Pb\underset{\text{充电}}{\overset{\text{放电}}{\rightleftharpoons}}2PbSO_4+2H_2O$

目前铅蓄电池广泛应用于汽车、火车、电动车以及通信、电站、电力输送、仪器仪表、飞机、坦克、舰艇、雷达系统等领域。尽管近年来镍镉电池、镍氢电池、锂离子电池等新型电池相继问世并得以应用，但铅蓄电池仍然凭借技术成熟、大电流放电性能强、电压平稳、温度适用范围广、单体电池容量大、安全性高和原材料丰富且可再生利用、价格低廉等一系列优势，在绝大多数传统领域和一些新兴的应用领域占据着牢固的地位。但铅蓄电池能量密度偏低、循环寿命偏短和产业链存在铅污染风险等严重制约其发展。

普通铅蓄电池主要由管式正极板、负极板、电解质溶液、隔板、电池槽、电池盖、极柱、注液盖等组成。排气式蓄电池的电极是由铅和铅的氧化物构成，电解质溶液是稀硫酸。结构如图5.9所示。

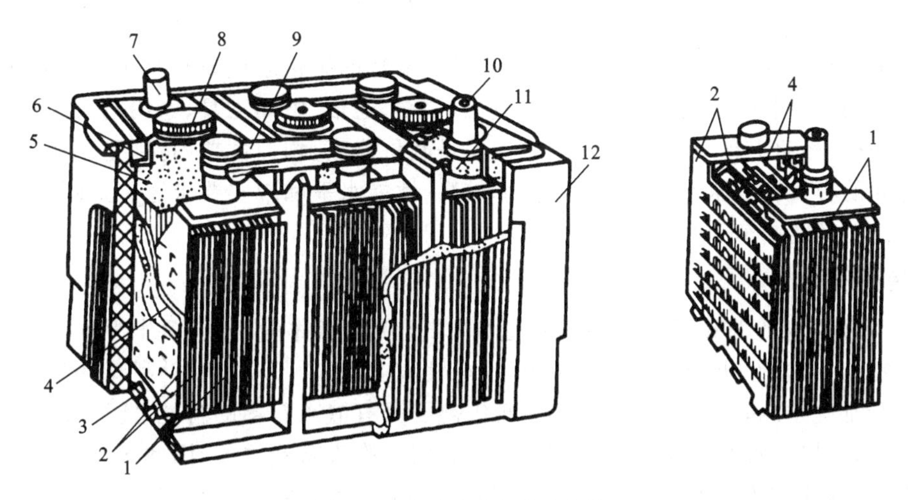

图 5.9 普通铅蓄电池的结构

1—正极板；2—负极板；3—肋条；4—隔板；5—护板；6—封料；7—负极柱；8—加液口盖；9—电极连接条；10—正极柱；11—极柱衬套；12—蓄电池容器

2. 镍氢电池

目前新能源汽车上使用的电池主要有镍镉电池和镍氢电池。镍镉电池含有重金属，会造成环境污染，其能量密度低、使用寿命短、体积重量大。镍氢电池起源于镍镉电池技术，是一种绿色电池，消除了 Cd 的污染，可以快速充电。镍氢电池的电压为 1.2 V，具有比能量高、比功率大以及循环寿命较高的优点，其除采用储氢合金粉代替传统镉电极外，其他方面与镍镉电池基本相同。镍氢电池是一种碱性电池，主要以储氢合金作为负极，氢氧化镍为正极，KOH 水溶液为电解质溶液，多孔聚合物材料为隔膜(图 5.10)。电池反应式如下(式中 M 为储氢合金，它具有很强捕捉氢的能力。)：

充电时的反应如下。

阳极反应： $Ni(OH)_2 + OH^- - e^- = NiOOH + H_2O$

阴极反应： $M + H_2O + e^- = MH + OH^-$

放电时的反应如下。

正极反应： $NiOOH + H_2O + e^- = Ni(OH)_2 + OH^-$

负极反应： $MH + OH^- - e^- = M + H_2O$

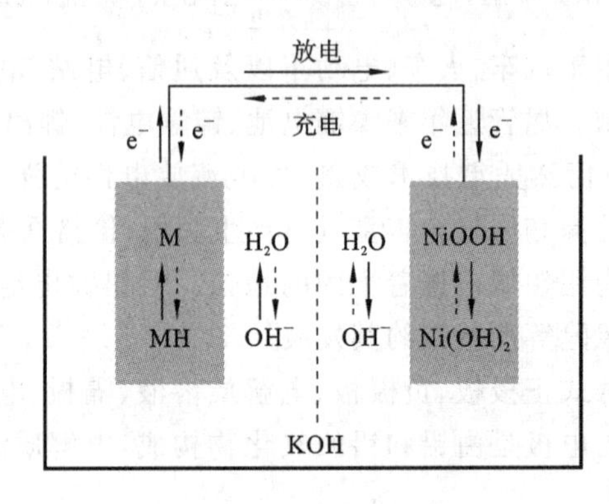

图 5.10 镍氢电池原理图

镍氢电池和镍镉电池都有记忆效应，但是镍氢电池的记忆效应要远小于镍镉电池。镍氢电池广泛应用于专业电子设备、汽车、工业应用、照明、通信、电动工具、家用电器和备用电源、便携式打印机、移动工具、数码产品等领域。但是其价格高、均匀性差(特别是高速率、深放电下电池之间的容量和电压差较大)、自放电率较高、性能水平和现实要求还有差距等问题影响着镍氢电池在新能源车上的广泛应用。

3. 锂离子电池

1970 年埃克森的 Whittingham(惠廷厄姆)采用硫化钛作为正极，锂作为负极，制成首个锂电池。锂离子电池(li-ion batteries)由锂电池发展而来，1982 年伊利诺伊理工大学的 Agarwal(阿加瓦尔)和 Selman(塞尔曼)发现锂离子具有嵌入石墨的特性，此过程是快速并且可逆的。与此同时，采用金属锂制成的锂电池，其安全隐患备受关注，因此人们尝试利用锂离子嵌入石墨的特性制作充电电池。首个可用的锂离子石墨电极由贝尔实验室试制成功。1983 年 Thackeray(萨克莱)、Goodenough(古迪纳夫)等人发现锰尖晶石是优良的正极材料，具有低价、稳定的特点和优良的导电、导锂性能。其分解温度高，且氧化性远低于钴酸锂，即使出现短路、过充电，也能够避免燃烧、爆炸的危险。1989 年，Manthiram(曼蒂拉姆)和 Goodenough 又发现采用聚合阴离子的正极将产生更高的电压。1992 年，日本索尼公司发明了以炭材料为负极，以含锂的化合物作为正极的锂电池，在充放电过程中，没有金属锂存在，只有锂离子，这就是锂离子电池。2019 年 10 月 9 日，瑞典皇家科学院宣布，将 2019 年诺贝尔化学奖授予 Goodenough、Whittingham 和 Yoshino(古野彰)，以表彰他们在锂离子电池研发领域做出的贡献。

锂离子电池主要由正(阴)极、负(阳)极、电解质溶液、隔膜组成。正(阴)极、负(阳)极电极材料须是电子和离子的混合导体,其中正(阴)极材料则选择电位尽可能接近锂电位的可嵌入锂化合物,如各种碳材料包括天然石墨、合成石墨、碳纤维、中间相小球碳素等和金属氧化物;负(阳)极采用能吸藏锂离子的碳极,放电时,锂变成锂离子,脱离电池阳极,到达锂离子电池阴极。电解质须是离子导体,起到传导锂离子的作用,常采用六氟磷酸锂的乙烯碳酸脂、丙烯碳酸脂和低黏度二乙基碳酸脂等烷基碳酸脂搭配的混合溶剂体系。隔膜使正、负极隔离,采用的是电子绝缘且导离子的微孔膜,其可防止电子穿过,同时又能使锂离子顺利通过,常采用聚烯微多孔膜如 PE、PP 或它们的复合膜,尤其是 PP/PE/PP 三层隔膜,不仅熔点较低,而且具有较高的抗穿刺强度,起到了热保险作用(表 5.1)。

表 5.1 锂离子电池的组成及常见材料

正(阴)极	钴酸锂($LiCoO_2$)、锰酸锂($LiMn_2O_4$)、磷酸铁锂($LiFePO_4$)、镍钴锰酸锂(俗称“三元”)
负(阳)极	石墨系、焦炭系
电解质溶液	溶解锂盐的有机溶剂
隔膜	聚烯微多孔膜(如 PE、PP 或它们的复合膜)

锂离子电池的充放电过程,就是 Li^+ 在两个电极之间往返嵌入和脱嵌过程,它主要依靠 Li^+ 在正极和负极间的移动来工作。充电时,Li^+ 从正极脱嵌,经过电解质嵌入负极,负极处于富锂状态;放电时则相反(图 5.11)。

放电过程:充满电的锂电池,Li^+ 嵌入阳极材料上,阳(负)极碳呈层状结构,有很多微孔,Li^+ 就嵌入碳层的微孔中。放电时,Li^+ 通过隔膜从阳极移动到阴极,电子无法通过隔膜,只能通过外电路的负极移动到正极(电子带负电,电子方向是负极到正极,电流方向是正极到负极。)。

充电过程:充电时,电池的阴极有锂离子生成,生成的锂离子经过电解质溶液运动到阳极。而作为阳极的碳呈层状结构,它有很多微孔,到达阳极的锂离子就嵌入碳层的微孔中,嵌入的锂离子越多,充电容量越大。

锂离子电池充、放电时的电池反应如下:

$$LiCoO_2 + C \underset{放电}{\overset{充电}{\rightleftharpoons}} Li_{1-x}CoO_2 + Li_{1-x}C$$

4. 锌空气电池

金属空气电池是一种介于原电池与燃料电池之间的半燃料电池,是以金属为燃料与氧气(空气)发生氧化还原反应产生电能的装置,如铝空气电池、镁空气电池、锌空气电池、锂空气电池等。与传统电池相比,金属空气电池最大的特点就是绿色环保。锌空气电池是基于锌和氧气在碱性电解质中的电化学反应,已有 100 多年的历史,由于其安全、能量密度高、成本低、环境友好及材料可再生等优点,锌空气电池被广泛应用于电力和交通等领域。

锌空气电池由锌电极、隔膜、空气电极和电解质溶液组成,电池负极材料主要是锌,正极由催化活性层和空气扩散层构成,电解质溶液为氢氧化钾溶液。其空气电极中的氧气为正极活性物质,锌或锌合金为负极活性物质。当锌电极在碱性电解质溶液中溶解时,它会释放出电子和离子,并通过电路流回空气电极。空气电极中的氧气与流过它的电子和离子发生反应并形成 OH^-,这些离子随后与锌离子结合生成 $Zn(OH)_2$(进而转化为 ZnO)。锌空气电池的理论电位为 1.65 V,其放电电流受正极吸附氧及扩散速率的制约(图 5.12)。电池反应如下。

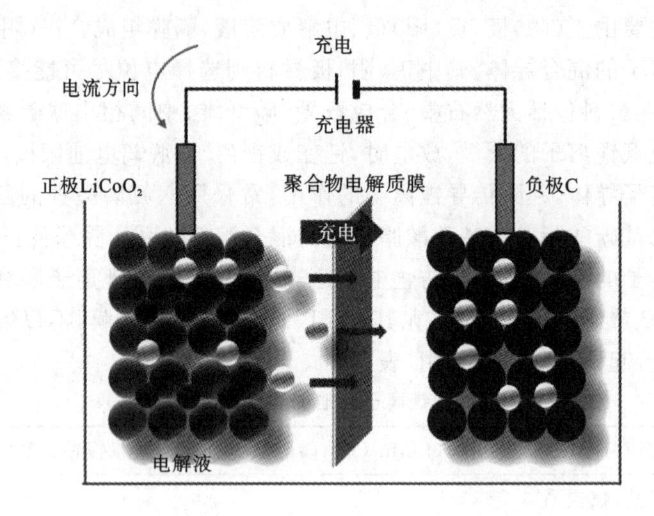

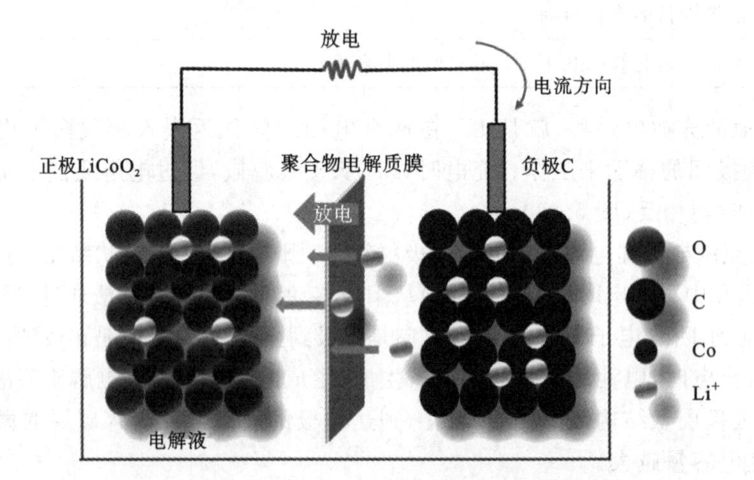

图 5.11　锂离子电池充放电工作原理

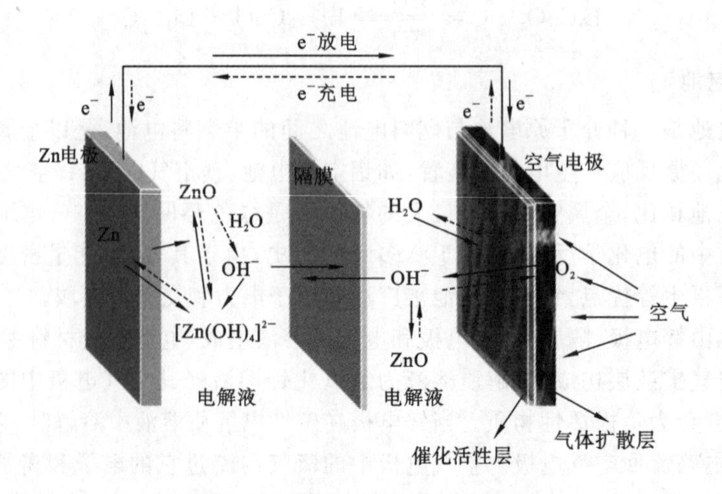

图 5.12　锌空气电池的工作原理

充电时的反应为

阴极反应：
$$ZnO+H_2O+2OH^- = [Zn(OH)_4]^{2-}$$
$$[Zn(OH)_4]^{2-}+2e^- = Zn+4OH^-$$

阳极反应：
$$2OH^- -2e^- = \frac{1}{2}O_2+H_2O$$

放电时的反应为

正极反应：
$$\frac{1}{2}O_2+H_2O+2e^- = 2OH^-$$

负极反应：
$$Zn+4OH^- -2e^- = [Zn(OH)_4]^{2-}$$
$$[Zn(OH)_4]^{2-} = ZnO+H_2O+2OH^-$$

总反应：
$$Zn+\frac{1}{2}O_2 \underset{\text{充电}}{\overset{\text{放电}}{\rightleftharpoons}} ZnO$$

5.5　金属腐蚀及防护

金属腐蚀是一个全球普遍存在的问题，全球每年因为钢铁腐蚀而报废的设备占当年世界钢铁总产量的30%。世界各国因金属腐蚀而造成的经济损失远超过其他各种自然灾害引起的经济损失的总和，据世界腐蚀组织估计，全世界每年因腐蚀造成的经济损失达2.2万亿美元，超过世界生产总值的3%，并呈逐年上升趋势。中国工程院调查结果表明，我国每年因腐蚀造成的经济损失占国民生产总值的4%。可见，金属腐蚀与防护的研究不仅是一个重大的科学问题，而且具有重要的社会和经济意义。

5.5.1　金属腐蚀的分类

腐蚀是材料因化学反应而逐渐被消损破坏，金属材料的腐蚀按照腐蚀机理分为化学腐蚀、电化学腐蚀、生物腐蚀和物理腐蚀等。以下简单介绍前两种。

1. 化学腐蚀

化学腐蚀指金属与非电解质类物质接触时直接发生化学反应而产生腐蚀。其中，非电解质类物质包括不导电、不电离的干燥气体以及不含水、不电离的非电解质溶液。化学腐蚀的特点是金属表面的原子与非电解质中的氧化剂直接交换电子发生反应，因此腐蚀过程并没有电流产生。通常，生成的腐蚀产物会阻碍化学腐蚀的继续发生，化学腐蚀一般不会独立存在，会与金属的电化学反应共存。化学腐蚀一般比较轻微，因此人们很少研究。

2. 电化学腐蚀

电化学腐蚀指金属与电解质溶液接触发生电化学反应而引起的腐蚀，实质是在与电解质溶液接触的金属表面上形成了腐蚀原电池。其特点是金属表面的原子失去电子，发生氧化反应；腐蚀介质中的去极化剂得到电子，发生还原反应；腐蚀过程伴有电流产生，以钢铁的腐蚀为例(图5.13)。影响电化学腐蚀的因素很多，包括电解质溶液(浓度差、温度差等)、环境因素(温度、压力、流速等)、金属的特性及其内部应力的差异、金属表面状态和腐蚀产物的性质等。如金属在海水中的腐蚀，在潮湿空气中的腐蚀，在地下土壤中的腐蚀以及在酸、碱、盐溶液中的腐蚀均属于电化学腐蚀。相比化学腐蚀，电化学腐蚀更广泛、更普遍。

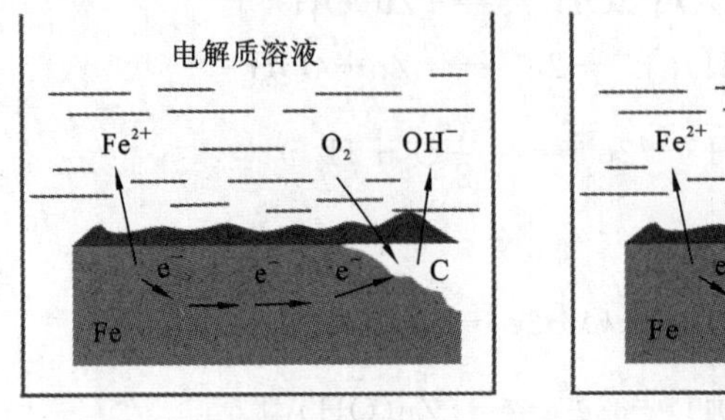

（a）吸氧腐蚀　　（b）析氢腐蚀

图 5.13　钢铁的腐蚀示意图

钢铁的吸氧腐蚀：

负极反应：　$Fe-2e^- = Fe^{2+}$

正极反应：　$2H_2O+O_2+4e^- = 4OH^-$

电池反应：　$2Fe+O_2+2H_2O = 2Fe(OH)_2$

$$4Fe(OH)_2+O_2+2H_2O = 4Fe(OH)_3$$

钢铁的析氢腐蚀：

负极反应：　$Fe-2e^- = Fe^{2+}$

正极反应：　$H^+ +2e^- = H_2\uparrow$

电池反应：　$2Fe+2H^+ = Fe^{2+} +H_2\uparrow$

5.5.2　金属腐蚀的防护

研究金属腐蚀原理和规律的主要目的是阻止或抑制腐蚀，以延长金属使用寿命。根据金属腐蚀原理可知，控制腐蚀的主要途径是避免阴极与阳极形成电流回路。常用的金属腐蚀防护方法主要有改变金属本质、改变金属材料的使用环境、添加缓蚀剂、电化学保护法以及涂层法。其中，涂层法是应用最广泛的一种防护方法，也是人们研究最多的一种防护方法。

1. 改变金属本质

根据不同的用途选择不易与介质发生反应的金属或合金材料，或在金属材料中加入铬、镍、钛、钒等元素形成合金钢，以提高金属材料的耐腐蚀性能，达到阻止或减缓金属腐蚀的目的。金属材料还可以通过热处理方式，即加热、保温、降温过程中采用不同的速率及方式来改变金属材料的结构，从而改善其耐腐蚀性能。

2. 改变金属材料的使用环境

介质中的杂质有时候会促进材料的腐蚀，所以降低或去除介质中的有害部分（如去除锅炉用水中的氧），调节介质的 pH，改变环境的湿度等措施均可减缓金属材料的腐蚀速率。

3. 添加缓蚀剂

向介质中添加少量缓蚀剂来降低金属材料的腐蚀速率以达到保护金属材料的目的。缓蚀剂的作用机理是改变容易发生腐蚀的金属表面状态或起到负催化剂的作用，使得阴极（或阳极)反应的活化能垒增加。缓蚀剂具有使用方便、工艺简单以及经济有效等优点,现已被广泛用于化学清洗、工序间防锈、金属制品贮运、冷却水处理和石油开采等工程中。

4. 电化学保护法

电化学保护法是金属腐蚀防护的重要方法之一,是依靠外部电流改变金属电位,从而减缓或抑制金属腐蚀的一种保护技术。电化学保护可分为阳极保护法和阴极保护法。

(1) 阳极保护法是利用外加直流电源,将被保护金属作为阳极,将辅助金属作为阴极构成电流回路,使被保护金属发生极化处于钝化状态而得到保护的方法。该法只适用于具有活化-钝化转变的金属,并且腐蚀介质须为氧化性介质。而在含有吸附性卤离子的介质中,该法是一种危险的防护手段,容易引起点蚀。阳极保护的应用是有限的,目前主要用于有机磺酸中和罐、各类酸液存贮槽及贮罐等设备的保护。

(2) 阴极保护法是最常用的电化学保护方法,作用机理是将金属作为阴极,通过阴极极化使电位变负从而达到阻止金属腐蚀的目的。阴极保护的实现方法有牺牲阳极保护法和外加电流法。

① 牺牲阳极保护法是将比被保护金属电极电势更负的材料作为阳极,与被保护金属(作为阴极)形成腐蚀电池,使得被保护金属发生极化而得到保护,如图5.14所示。这种方法常用于保护水中的钢桩、钢铁闸门和海轮外壳等,如通常在轮船的外壳水线以下处或在靠近螺旋桨的舵上焊上若干块锌块,来防止船壳等的腐蚀。

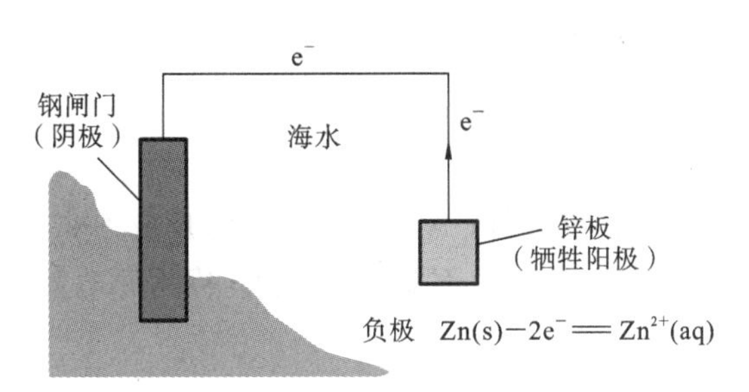

图5.14 牺牲阳极保护法

② 外加电流法是利用外加直流电源,将被保护的金属作为阴极,另一块能导电的惰性材料作为辅助阳极构成电流回路,通电后,使金属表面发生负电荷(电子)的聚集,从而抑制金属失电子而达到保护目的。阴极保护法适用于能导电、易发生阴极极化且结构不太复杂的体系,被广泛用于石油管道、大型设备(贮油罐)、船舶和港湾码头设施等金属设备及构件的防护。

5. 涂层法

涂层是降低金属材料腐蚀最直接的办法,也是最为广泛、经济、有效的一种防腐蚀手段。涂层法是通过在金属表面涂覆保护层,将金属与腐蚀介质隔开以缓解腐蚀的方法。涂层分为两大类:金属涂层和非金属涂层。金属涂层是将一种金属镀在被保护金属制品表面形成保护层,通过电镀、化学镀、真空镀、热浸镀和热喷镀等方法实现。例如,热镀铝主要用于钢铁零件的抗高温氧化。非金属涂层包括衬里和涂料,衬里主要有玻璃钢、橡胶、砖板等,防腐蚀涂料主要有环氧涂料、玻璃鳞片涂料、富锌涂料、丙烯酸涂料、聚氨酯涂料等。

本章总结

(1) 原电池是一种利用氧化还原反应产生电流的装置，即将化学能转变成电能的装置。

(2) 原电池由两个半电池组成，半电池的反应简称半反应或电极反应，其中负极发生氧化反应，正极发生还原反应。

(3) 原电池符号：把负极写在左边，正极写在右边；单垂线"|"代表两相的界面；双垂线"‖"代表盐桥，盐桥两边连接电池两极所处的电解质溶液，溶液浓度应在电池符号上注明。若电解质溶液中含有两种离子参与电极反应，可用逗号","隔开；若电极物质含有气体，则应注明压力；若无金属单质，则需要加上惰性电极(Pt、石墨棒 C)。

(4) 氧化还原电对：原电池的电极由高氧化态的氧化型物质和低氧化态的还原型物质组成，这里的氧化态物质和对应的还原态物质被称为氧化还原电对，可用"氧化型/还原型"表示。

(5) 原电池的电动势等于组成电池的各个界面上所产生的电势差的代数和。用 E 表示。

$$E=\varphi_{+}-\varphi_{-}$$

若原电池中构成两电极的各物质均处于标准态，此时原电池的电动势为标准电动势 $E^{\ominus}$，且

$$E^{\ominus}=\varphi_{+}^{\ominus}-\varphi_{-}^{\ominus}$$

(6) 标准氢电极的电极电势为零($\varphi^{\ominus}(H^{+}/H_2)=0\ V$)。

(7) 电动势 E 和电池反应的 $\Delta_r G_m$ 的关系：

$$\Delta_r G_m(T,p)=-zFE$$

$\Delta_r G_m<0, E>0$，反应可以自发进行；$\Delta_r G_m>0, E<0$，反应为非自发。

当原电池中各组分都处于标准态时，E 即是 $E^{\ominus}$，$E^{\ominus}$ 称为原电池的标准电动势，则公式可变成：

$$\Delta_r G_m^{\ominus}=-zFE^{\ominus}$$

(8) 标准电动势 $E^{\ominus}$ 和电池反应的标准平衡常数 $K^{\ominus}$ 之间的关系

$$E^{\ominus}=\frac{2.303RT}{zF}\lg K^{\ominus}$$

298.15 K 时，可以写成

$$E^{\ominus}=\frac{0.0592\ V}{z}\lg K^{\ominus}$$

(9) 能斯特(Nernst)方程

① 电动势的 Nernst 方程。

对于电池反应

$$aA+bB=\!=\!=cC+dD$$

$$E=E^{\ominus}-\frac{2.303RT}{zF}\lg\frac{[c(C)/c^{\ominus}]^{c}[c(D)/c^{\ominus}]^{d}}{[c(A)/c^{\ominus}]^{a}[c(B)/c^{\ominus}]^{b}}$$

当 $T=298.15$ K 时，有：

$$E=E^{\ominus}-\frac{0.0592\ V}{z}\lg\frac{[c(C)/c^{\ominus}]^{c}[c(D)/c^{\ominus}]^{d}}{[c(A)/c^{\ominus}]^{a}[c(B)/c^{\ominus}]^{b}}$$

② 电极电势的 Nernst 方程。

对于任意给定电极，如果把电极反应统一写成还原反应，即

$$a\mathrm{A}(\text{氧化型})+z\mathrm{e}^- = c\mathrm{C}\ (\text{还原型})$$

$$\varphi=\varphi^{\ominus}+\frac{0.0592}{z}\lg\frac{[c(\mathrm{A})/c^{\ominus}]^a}{[c(\mathrm{C})/c^{\ominus}]^c}$$

或表示为

$$\varphi=\varphi^{\ominus}+\frac{0.0592}{z}\lg\frac{[c(\text{氧化型})/c^{\ominus}]^a}{[c(\text{还原型})/c^{\ominus}]^c}$$

(10) 电动势与电极电势的应用

① 氧化剂和还原剂相对强弱的比较。

电极电势 φ 的代数值越大，则该电对中氧化态物质越容易得到电子，是越强的氧化剂，其对应的还原态物质则越难失去电子，是越弱的还原剂。

② 氧化还原反应方向的判断。

a. 根据电极电势 φ 的代数值大小。

当氧化剂电对的电极电势大于还原剂电对的电极电势时，氧化还原反应可正向进行。

φ(氧化剂电对)>φ(还原剂电对) 氧化还原反应可正向进行

b. 根据电池电动势 E 的数值。

$E>0$，即 $\Delta_r G_m<0$，氧化还原反应正向自发。

$E=0$，即 $\Delta_r G_m=0$，氧化还原反应处于平衡态。

$E<0$，即 $\Delta_r G_m>0$，氧化还原反应正向非自发(逆向自发)。

③ 氧化还原反应进行程度的衡量($K^{\ominus}$)

$$\lg K^{\ominus}=\frac{zFE^{\ominus}}{2.303RT}$$

氧化还原反应与电化学

当 $T=298.15$ K 时，可以写成

$$\lg K^{\ominus}=\frac{zE^{\ominus}}{0.0592}$$

(11) 金属腐蚀的分类：化学腐蚀、电化学腐蚀、生物腐蚀和物理腐蚀。

(12) 腐蚀的预防方法：改变金属本质、改变金属材料的使用环境、添加缓蚀剂、电化学保护法、涂层法。

习 题

扫码做题

一、填空题

1. 在原电池中，发生还原反应的电极为________极，发生氧化反应的电极为________级；原电池可将________能转化为________能。
2. 在原电池中，φ 大的电对为________极，φ 小的电对为________极；φ 越大，电对的氧化型物质的________能力越强，φ 越小，电对的还原型物质的________能力越强。
3. 已知 $\varphi^{\ominus}(Pb^{2+}/Pb)=-0.13$ V，$\varphi^{\ominus}(Fe^{3+}/Fe^{2+})=0.77$ V，由这两个电对组成的原电池的符号为________。
4. 金属防腐的牺牲阳极保护法是将被保护金属作为________的正极，外加电流法是将被保护

金属作为________的阴极。

二、问答题

1. 设计一个实验来证明下列电对电极电势数值的大小顺序：

Fe^{3+}/Fe^{2+}　　MnO_4^-/Mn^{2+}　　Sn^{4+}/Sn^{2+}　　I_2/I^-

(要求写出设计方案、相应的实验现象和反应方程式)

2. 什么叫金属的电化学腐蚀？金属的电化学腐蚀的主要类型是什么？写出相应的电极反应。
3. 金属腐蚀的防治方法主要有哪些？
4. Br^- 和 Cl^- 哪一个能催化 H_2O_2 的分解反应？

(已知：$\varphi^\ominus(Br_2/Br^-)=1.06\ V$，$\varphi^\ominus(Cl_2/Cl^-)=1.36\ V$，$\varphi^\ominus(O_2/H_2O_2)=0.70\ V$，$\varphi^\ominus(H_2O_2/H_2O)=1.76\ V$)

5. 已知 $MnO_2+4H^++2e^- = Mn^{2+}+2H_2O$，$\varphi^\ominus=1.23\ V$；$Cl_2+2e^- = 2Cl^-$，$\varphi^\ominus=1.36\ V$，但可以用 MnO_2 和浓盐酸制备 Cl_2，请解释原因。

三、计算题

1. 对于下列氧化还原反应，写出以这些反应组成的原电池的符号及电极反应。

(1) $2Ag^++Cu = 2Ag+Cu^{2+}$

(2) $Pb^{2+}+Cu+S^{2-} = Pb+CuS(s)$

(3) $Zn+Fe^{2+} = Fe+Zn^{2+}$

(4) $5Fe^{2+}+8H^++MnO_4^- = Mn^{2+}+5Fe^{3+}+4H_2O$

(5) $PbO_2+Pb+2H_2SO_4 = PbSO_4+2H_2O$

2. 写出下列原电池的电极反应和电池反应：

(1) $(-)Zn|Zn^{2+}(c_1)\parallel Fe^{3+}(c_2),Fe^{2+}(c_3)|Pt(+)$

(2) $(-)Pt|Fe^{3+}(c_1),Fe^{2+}(c_2)\parallel Mn^{2+}(c_3),H^+(c_4),MnO_2(s)|Pt(+)$

(3) $(-)Pt|I_2(s)|I^-(c_1)\parallel Cl^-(c_2)|Cl_2(p)|Pt(+)$

(4) $(-)Pt|Fe^{3+}(0.10\ mol\cdot L^{-1}),Fe^{2+}(1.0\ mol\cdot L^{-1})\parallel Fe^{3+}(1.0\ mol\cdot L^{-1}),Fe^{2+}(1.0\ mol\cdot L^{-1})|Pt(+)$

(5) $(-)Fe|Fe^{3+}(c_1),Fe^{2+}(c_2)\parallel Ce^{4+}(c_4),Ce^{3+}(c_5)|Pt(+)$

3. 下列物质在一定条件下都可以作为氧化剂：$KMnO_4$、$K_2Cr_2O_7$、$FeCl_3$、H_2O_2、I_2、Cl_2、F_2。试根据标准电极电势的数值，把上述物质按氧化能力递增顺序重新排列，并写出它们在酸性介质中的还原产物和电极反应。
4. 用标准电极电势判断下列反应能否从左向右进行：

(1) $2I^-+Br_2 = I_2+2Br^-$

(2) $2KMnO_4+5H_2O_2+6HCl = 2MnCl_2+2KCl+8H_2O+5O_2$

5. 已知：$MnO_4^-+8H^++5e^- = Mn^{2+}+4H_2O$　$\varphi^\ominus=1.51\ V$

$Fe^{3+}+e^- = Fe^{2+}$　$\varphi^\ominus=0.77\ V$

(1) 将这两个半电池组成原电池，用原电池符号表示该电池的组成，标明电池的正、负极；

(2) 计算下述反应的标准电动势，并判断标准态时反应进行的方向；

$$MnO_4^-+8H^++5Fe^{2+} = Mn^{2+}+5Fe^{3+}+4H_2O$$

(3) 计算该反应的标准平衡常数和标准吉布斯函数变。

(4) 当氢离子浓度为 $10\ mol\cdot L^{-1}$，其他离子浓度均为 $1.0\ mol\cdot L^{-1}$ 时，计算该电池的电动势。

6. 标准态下，反应：$Pb^{2+}+Sn^{2+} \longrightarrow Pb+Sn^{4+}$，求：

(1) 原电池符号及标准电动势；

(2) 判断标准态下氧化还原反应的方向；

(3) 求反应能进行的限度；

(4) 若反应中 $c(Pb^{2+})=0.10\ mol\cdot L^{-1}$，其他离子均处于标准态时，判断反应自发进行的方向。

7. 已知：$Cr_2O_7^{2-}+14H^{+}+6e^{-} \longrightarrow 2Cr^{3+}+7H_2O \quad \varphi^{\ominus}=1.36\ V$

$I_2+2e^{-} \longrightarrow 2I^{-} \quad \varphi^{\ominus}=0.54\ V$

将这两个半电池组成原电池，用原电池符号表示该电池的组成，标明电池的正、负极，并计算标准电动势。

(1) 计算该反应的标准平衡常数和标准吉布斯函数变；

(2) 当溶液的 pH 为 2.00，其他离子浓度均为 $1.0\ mol\cdot L^{-1}$时，计算该电池的电动势。

8. 已知：$\varphi^{\ominus}(MnO_4^{-}/Mn^{2+})=1.51\ V \quad \varphi^{\ominus}(Cl_2/Cl^{-})=1.36\ V$

求：$\frac{1}{5}MnO_4^{-}+\frac{8}{5}H^{+}+Cl^{-} \longrightarrow \frac{1}{5}Mn^{2+}+\frac{1}{2}Cl_2+\frac{4}{5}H_2O$ 的 $K^{\ominus}$值。

9. 已知：$\varphi^{\ominus}(Ni^{2+}/Ni)=-0.24\ V$，由 $Ni+2H^{+} \longrightarrow Ni^{2+}+H_2$ 组成原电池，当$[Ni^{2+}]=0.010\ mol\cdot L^{-1}$时，电池的电动势为多少？

10. 已知：$\varphi^{\ominus}(Co^{3+}/Co^{2+})=1.81\ V$，$\varphi^{\ominus}(O_2/H_2O)=1.23\ V$，25 ℃ 时某水溶液中，$[Co^{3+}]$ 为 $0.20\ mol\cdot L^{-1}$，$[Co^{2+}]$ 为 $1.0\times10^{-4}\ mol\cdot L^{-1}$，$[H^{+}]=0.30\ mol\cdot L^{-1}$，该溶液暴露于空气中，且 $p_{O_2}=20\ kPa$，通过计算说明在给定的条件下，Co^{3+} 氧化 H_2O 的反应能否发生。

11. 已知：$\frac{1}{2}Cl_2+e^{-} \longrightarrow Cl^{-} \quad \varphi^{\ominus}=1.36\ V$

$Cu^{2+}+2e^{-} \longrightarrow Cu \quad \varphi^{\ominus}=0.34\ V$

(1) 写出上述两电极组成的电池的自发化学反应式；

(2) 计算该电池的标准电动势 $E^{\ominus}$，电池反应的 $\Delta_r G_m^{\ominus}$。

12. 已知：$\varphi^{\ominus}(Cd^{2+}/Cd)=-0.40\ V$，$\varphi^{\ominus}(Zn^{2+}/Zn)=-0.76\ V$，试计算下列电池：

$(-)Zn|Zn^{2+}(aq, 0.010\ mol\cdot L^{-1})\,\|\,Cd^{2+}(aq, 0.050\ mol\cdot L^{-1})|Cd(+)$的 $E^{\ominus}$、$\Delta_r G_m^{\ominus}$及 E、$\Delta_r G_m$ 的值，该电池表示的反应式是什么？

13. 由镍电极和标准氢电极组成原电池。若 $c(Ni^{2+})=0.010\ mol\cdot L^{-1}$时，原电池的电动势为 0.315 V，其中镍为负极，计算镍电极的标准电极电势。

14. 从标准电极电势值分析下列反应向哪一方向进行？

$$MnO_2+2Cl^{-}+4H^{+} \longrightarrow Mn^{2+}+Cl_2+2H_2O$$

实验室中是根据什么原理，采取什么措施，利用上述反应制备氯气的？

15. 分别写出铁在微酸性水膜中，与铁完全浸没在稀硫酸（$1.0\ mol\cdot L^{-1}$）中发生腐蚀的电极反应。

16. 已知 $MnO_4^{-}+8H^{+}+5e^{-} \longrightarrow Mn^{2+}+4H_2O \quad \varphi^{\ominus}=1.51\ V$

$Br_2+2e^{-} \longrightarrow 2Br^{-} \quad \varphi^{\ominus}=1.06\ V$

$Cl_2+2e^{-} \longrightarrow 2Cl^{-} \quad \varphi^{\ominus}=1.36\ V$

拟使混合液中的 Br^{-}被 MnO_4^{-} 氧化，而 Cl^{-}不被氧化，溶液的 pH 应控制在什么范围？体

系中除 H^+ 外，涉及的其余物质均按标准态考虑。

17. 有浓差电池：(－) Zn | Zn^{2+} (0.10 mol·L^{-1}) ‖ Zn^{2+} (1.0 mol·L^{-1}) | Zn(＋)，已知：$\varphi^{\ominus}(Zn^{2+}/Zn) = -0.76$ V，试计算：

    (1) 该电池的电池电动势；

    (2) 写出正极、负极反应，电池反应；

    (3) 该电池的标准平衡常数。

18. 某原电池中，一个电极为金属 Ag，插在 0.1 mol·L^{-1} 的 Ag^+ 溶液中，另一个电极为石墨，插在 1.0 mol·L^{-1} $FeCl_3$ 和 0.1 mol·L^{-1} $FeCl_2$ 的混合溶液中。已知 $\varphi^{\ominus}(Fe^{3+}/Fe^{2+}) = 0.77$ V，$\varphi^{\ominus}(Ag^+/Ag) = 0.80$ V。

    (1) 计算该原电池的电动势并写出电池反应；

    (2) 计算该电池反应在 298.15 K 时的标准平衡常数；

    (3) 计算电池反应达平衡时电极中 Ag^+ 的浓度。

第 6 章　原子结构和元素周期律

物质组成和结构决定了物质性质，物质性质决定了其在生产、生活中方方面面的用途。深刻认识物质结构与性质之间的关系，更有利于人们对新材料、新用途、新工艺的探索。化学的物质结构基础，包括原子结构、分子结构和分子聚集体结构。本章简要从量子力学的角度紧扣电子和原子轨道介绍了现代原子结构的基本概念、原子核外电子运动的基本特征及电子云空间分布情况、原子核外电子分布的一般规律、元素周期表及元素某些性质递变规律。

6.1　原子结构的近代概念

6.1.1　原子结构近代概念的发展过程

从原子概念的提出到今天可以借助于扫描透射电镜（STEM）仪器直接观察到原子的图像，已有 200 多年的历史。在原子结构理论发展的历史进程中，有些开创性的工作值得我们回顾。

1. 原子论

1808 年，英国科学家 J. Dalton（道尔顿）发表了“化学哲学新体系”一文，提出了物质的原子论，即 Dalton 原子论，其要点：每一种化学元素的最小单元是原子；同种元素的原子质量相同，不同种元素由不同种原子组成，原子质量也不相同；原子是不可再分的。在化学反应中，相关种类的原子以整数比结合形成新物质。

Dalton 原子论圆满地解释了当时已知的化学反应中各物质的定量关系；同时，原子质量概念的提出为化学科学进入定量阶段奠定了基础。

2. 电子

19 世纪末期，物理学的一系列重大发现推翻、否定了“原子不可再分”的传统观念，发现了电子。1897 年，英国物理学家 J. J. Thomson（汤姆森）进行了一系列高真空管中气体的放电实验，证实阴极射线是带负电荷的粒子流，Thomson 称这些带负电荷的粒子为电子。电子是组成原子的微粒之一，它普遍存在于原子之中。1904 年，Thomson 提出了葡萄干布丁（plum pudding）原子模型（也称为“西瓜式”原子结构模型）。

1909 年，美国物理学家 R. A. Millikan（密立根）通过油滴实验测出电子的电量为 1.602×10^{-19} C，借助于 Thomson 的荷质比，得到电子的质量为 9.109×10^{-28} g。

3. Rutherford 核式原子结构模型

1911 年，英国物理学家 Rutherford（卢瑟福）以 α 粒子流轰击金箔，发现绝大多数 α 粒子几乎直线通过金箔，而有极少数（约万分之一）α 粒子的运动方向发生偏转，还有个别 α 粒子被反弹回来。α 粒子的反弹这一事实表明了 α 粒子与质量很大的带正电荷的粒子发生了强有力的碰撞。由此，Rutherford 提出了原子的核式结构模型：原子中的正电荷集中在很小的区域

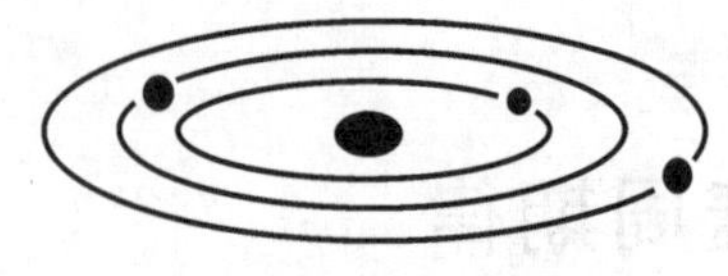
图 6.1 太阳与行星模型图

(原子直径约为 10^{-10} m,核直径为 $10^{-16}\sim10^{-14}$ m),原子质量集中于正电荷部分,即原子核。而原子中质量很小的电子则围绕着原子核旋转,恰似行星绕太阳运转一样,如图 6.1 所示。

新问题的不断出现是科学发展的推动力。对于原子的核式结构模型来说,按照经典动力学,核外做曲线运动的电子将不断地辐射能量而减速,故其运动轨道半径会不断缩小,最后将致使电子陨落在原子核上,随之原子毁灭。但是,现实世界中的原子能够稳定存在,原子毁灭从未发生,这需要进一步的理论模型来解释。

6.1.2 氢原子光谱

光谱学的研究在原子结构理论的发展过程中起到了非常重要的作用,光谱学的研究成果为原子结构理论的建立奠定了坚实的实验基础。早在 19 世纪末,光谱学已经积累了大量实验数据资料。人们发现,与可见光的连续光谱不同,每种元素的原子辐射与一定频率的一系列光相对应,形成了一条条离散的谱线,称为线状光谱,即原子光谱。氢原子是最简单的原子,产生氢原子光谱的实验装置及线状光谱如图 6.2 所示。在一个熔接着两个电极且抽成高真空的玻璃管内填充极少量氢气,然后在电极上加高电压,使之放电发光。通过棱镜的分光,在黑色屏幕上呈现出可见光区的 4 条不同颜色的谱线:H_α、H_β、H_γ、H_δ,分别呈现红色、蓝绿色、紫蓝色和紫色。它们的频率分别为 $4.57\times10^{14}\ s^{-1}$、$6.17\times10^{14}\ s^{-1}$、$6.91\times10^{14}\ s^{-1}$和 $7.31\times10^{14}\ s^{-1}$,相应波长分别为 656.3 nm、486.1 nm、434.0 nm 和 410.2 nm。

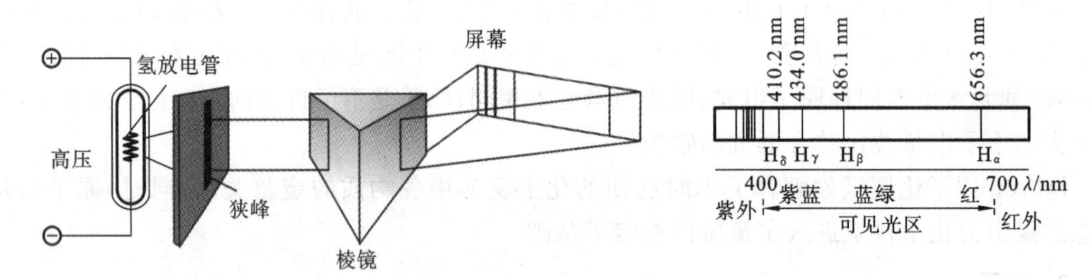

图 6.2 氢原子光谱发生装置及可见光区的氢原子光谱

1885 年,瑞士物理教师 Balmer(巴尔末)提出了一个符合氢原子可见光区谱线的波长公式:

$$\lambda=\frac{364.6n^2}{n^2-4}\ \text{nm} \tag{6.1}$$

当 $n=3,4,5,6$ 时,上式就分别给出氢原子光谱中 H_α、H_β、H_γ、H_δ 4 条谱线的波长。

后来,Paschen(帕邢)、Lyman(莱曼)、Brackett(布拉开)等人又相继发现了氢原子的紫外与红外光谱区的若干谱线系。1890 年,瑞典物理学家 J. R. Rydberg(里德伯)提出了更有普遍性的氢原子光谱的频率公式:

$$\nu=3.289\times10^{15}\left(\frac{1}{n_1^2}-\frac{1}{n_2^2}\right)\ s^{-1} \tag{6.2}$$

式中,n_1,n_2 为正整数,$n_2>n_1$。当 $n_1=2$ 时,即为可见光区的 Balmer(巴尔末)系;$n=1$ 时,该谱线系为紫外光谱区的 Lyman(莱曼)系;$n=3$ 或 4 时,依次对应红外光谱区的 Paschen(帕邢)系或 Brackett(布拉开)系,如图 6.3 所示。

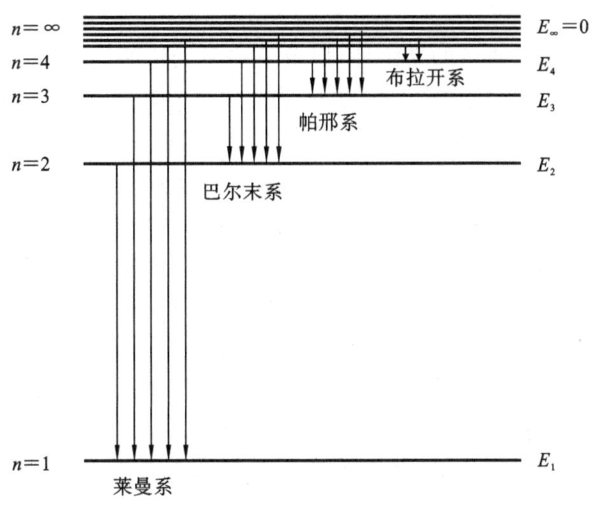

图 6.3　氢原子光谱与氢原子能级

6.1.3　Bohr 原子结构理论

经典物理学无法用于解释原子的稳定性和氢原子光谱的实验事实与经验公式。因为按照经典电磁理论，原子应是不稳定的。绕核高速旋转的电子将自动而连续地辐射能量，其发射的光谱应该是连续光谱而不会是线状光谱。

1900 年，德国理论物理学家 M. Planck(普朗克)提出了量子论，他认为在微观领域能量是不连续的，物质吸收或发射的能量总是一个最小能量单位的整数倍，这个最小的能量单位称为量子。能量量子化是微观世界的重要特征，量子论的提出是一次物理学上的革命。

1905 年，瑞士著名物理学家 A. Einstein(爱因斯坦)解释光电效应时提出了光子论。他认为：一束光是由具有粒子特征的光子所组成，每一个光子的能量 E 与光的频率 ν 成正比，即 $E=h\nu$，h 是 Planck 常数，其值为 6.626×10^{-34} J·s。在光电效应实验中，具有一定频率的光子与电子碰撞时，将能量传递给电子。光子的能量越大，电子得到的能量也越大，发射出来的光电子能量也就越大。

1913 年，丹麦物理学家 N. Bohr(玻尔)结合了 Planck 量子论和 Einstein 光子论的观点，提出了新的原子结构理论。Bohr 基于对金属的电子理论和射线穿透能力的研究，引用了能量量子化作为原子稳定的要素，建立了 Bohr 原子结构理论。其要点如下。

(1) 定态假设原子的核外电子在轨道上运行时，只能够稳定地存在于具有分立的、固定能量的状态中，这些状态称为定态(能级)，即处于定态的原子的能量是量子化的。此时，原子是稳定的，并不辐射能量。

(2) 跃迁规则：原子的能量变化(包括发射或吸收电磁辐射)只能在两定态之间以跃迁的方式进行。在正常情况下，原子中的电子尽可能处在离核最近的轨道上。这时原子的能量最低，即原子处于基态。当原子受到辐射、加热或通电时，电子将获得能量，进而可以跃迁到离核较远的轨道，即电子被激发到高能量的轨道上，这时原子处于激发态。处于激发态的电子不稳定，可以跃迁到离核较近的轨道上，同时释放出光子。光的频率 ν 取决于离核较远的轨道的能量(E_2)与离核较近轨道的能量(E_1)之差：

$$h\nu = E_2 - E_1 \tag{6.3}$$

Bohr 理论成功地阐释了原子的稳定性，以及氢原子光谱的产生和不连续性。氢原子在正常情况下，电子处于基态，不会发光。当氢原子受到放电等能量激发时，电子由基态跃迁到激发态，但处于激发态的电子是不稳定的，它可以自发地回到能量较低的轨道，并以光子的形式释放出能量。因为两个轨道对应的两个能级间的能量差是确定的，所以发射出来的射线有确定的频率值。如可见光谱，即 Balmer 线系，就是电子从 $n=3$、4、5、6 能级跃迁到 $n=2$ 能级时所放出的辐射，其中红线（H_α）是由 $n=3$ 能级跃迁到 $n=2$ 能级时放出的；蓝绿线（H_β）、紫蓝线（H_γ）和紫线（H_δ）分别是由 $n=4$、5 和 6 能级跃迁到 $n=2$ 能级时放出的。总之，因为能级不是连续的，即量子化的，所以氢原子光谱是不连续的线状光谱，各谱线有各自的频率值。

前已述及，离核最近的电子处于低能级，吸收能量可以跃迁至高能级。如果吸收了足够的能量可以离开原子（原子电离），可认为该电子处于离核无穷远的能级，即 $n=\infty$。离开原子的电子与核之间不再有吸引作用，因此，相对于核而言该电子能量是零。氢原子中比 $n=\infty$ 低的其他能级，能量皆低于零，均为负值。

氢原子光谱中各能级间的能量关系式为

$$\Delta E = E_2 - E_1 = h\nu$$

将式(6.2)代入，得：

$$\begin{aligned}\Delta E &= 6.626\times10^{-34}\times3.289\times10^{15}\left(\frac{1}{n_1^2}-\frac{1}{n_2^2}\right)\\ &= 2.179\times10^{-18}\left(\frac{1}{n_1^2}-\frac{1}{n_2^2}\right)\ (\text{J})\end{aligned} \tag{6.4}$$

式中 2.179×10^{-18} 这一项常量称为 Rydberg 常量 R。不难看出 n_1，n_2 均为能级的代号，从而明确了 Balmer 公式中 n 的物理意义。

当 $n_1=1$，$n_2=\infty$ 时，$\Delta E=2.179\times10^{-18}$ J，这就是氢原子的电离能。

由式(6.4)可算出氢原子各能级的能量。令 $n_2=\infty$，$E_1=-\Delta E$，将 n_1 值代入式(6.4)，得：

$$n_1=1,\quad E_1=-\frac{R_H}{1^2}=-2.179\times10^{-18}\ \text{J}$$

$$n_1=2,\quad E_2=-\frac{R_H}{2^2}=-5.448\times10^{-19}\ \text{J}$$

$$n_1=3,\quad E_3=-\frac{R_H}{3^2}=-2.421\times10^{-19}\ \text{J}$$

……

$$n_1=n,\quad E_n=-\frac{R_H}{n^2}$$

6.2　微观粒子运动特征与波函数

6.2.1　微观粒子的运动规律

1. 波粒二象性

宏观物体质量很大，运动速度与光速相比很小，人们可以同时确定它们在某一时刻的位置和速度。例如，2004 年 8 月 28 日，在雅典奥运会男子 110 m 栏决赛上，刘翔以 12.91 s 的成绩（运动速度约为 8.5 m/s）打破了奥运会纪录，并打破了由英国选手科林·杰克逊创造的世界纪录，夺得了金牌，成为中国田径项目上的第一个男子奥运冠军，创造了中国人在男子 110 m 栏项目上的神话，其跨栏过程中的位置及速度均能被测控中心监测到。

然而，微观粒子相对于宏观物体而言，其质量和运动速度与宏观物体有明显区别，如质量极小，运动速度快等。关于分子、原子、电子等微观粒子的基本特性和运动特点的研究和探索，引起了科学家的极大兴趣。

Bohr 原子结构理论的提出，在物理学界引起了轰动，很多科学家都很关注对物质微观世界的研究。1923 年，法国物理学家 L. V. de Broglie（德布罗意）在 Planck 和 Einstein 的光量子论以及 Bohr 的原子结构理论的启发下，分析了光的微粒学和波动学的发展历史，采用类比的方法，提出了微观粒子具有波粒二象性的假设。他指出：和光一样，实物粒子也可能具有波动性，即实物粒子具有波动-粒子二重性；并指出适合于光子的能量公式 $E=h\nu$ 也适合于实物粒子。又根据 Einstein 在狭义相对论中给出的自由粒子的能量公式推导出了波长 λ 公式：

$$\lambda=\frac{h}{mv}=\frac{h}{p} \tag{6.5}$$

式中，m 为实物粒子的质量；v 为实物粒子的运动速度；p 为动量。这就是著名的 de Broglie 关系式，它的高明之处就是把微观粒子的粒子性和波动性统一起来。人们称这种与微观粒子相联系的波为 de Broglie 波或物质波。表 6.1 中给出了按 de Broglie 关系式计算的多种实物粒子的波长和速度。

表 6.1　实物粒子的质量、速度与波长的关系

实物	质量 m/kg	速度 v/(m·s^{-1})	波长 λ/pm
1 V 电压加速的电子	9.1×10^{-31}	5.9×10^{5}	1200
100 V 电压加速的电子	9.1×10^{-31}	5.9×10^{6}	120
He 原子(300 K)	6.6×10^{-27}	1.4×10^{3}	72
Xe 原子(300 K)	2.5×10^{-25}	2.4×10^{2}	12
垒球	2.0×10^{-1}	30	1.1×10^{-22}
枪弹	1.0×10^{2}	1×10^{3}	6.6×10^{-23}

从表 6.1 中可以看出，宏观实物波长较短，故很难察觉，也无法测量，因此不必考虑宏观物体的波动性。然而，对高速运动着的微观粒子，其波长较长，必须探究其波动性。

de Broglie 预言：一束电子通过一个非常小的孔时可能会产生衍射现象。当 de Broglie 波得到实验证实之后，他获得了 1929 年的 Nobel 物理奖。

1927 年，美国物理学家 C. J. Davisson（戴维孙）和 L. H. Germer（革末）将电子射到镍的单晶上，得到了明暗相间的圆形衍射图像，如图 6.4 所示。

金属晶体中原子之间的距离相当于光栅，其间距大小正好与电子波长相当。电子在 100 V 电压下的速度是 5.9×10^{6} m·s^{-1}，电子波长约为 120 pm，镍金属晶体中原子间的核间距约为 240 pm。

英国物理学家 G. P. Thomson（汤姆生）采用多晶金属薄膜进行电子衍射实验，也得到了

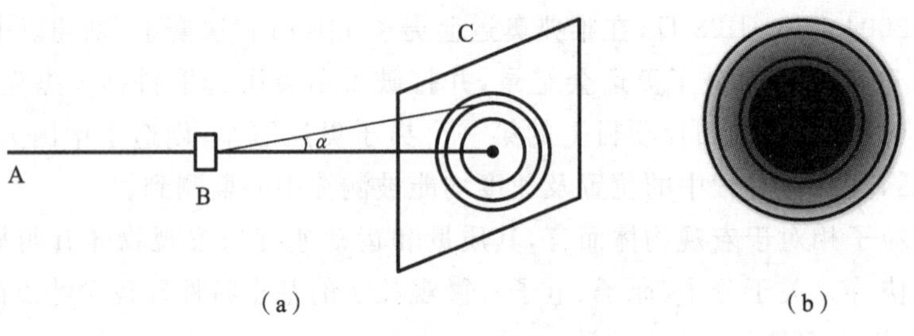

图 6.4　电子衍射环纹示意图

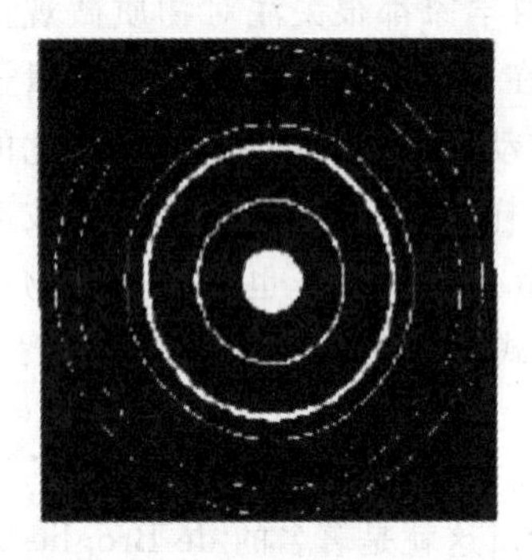

图 6.5　金晶体的电子衍射图像

衍射图像。图 6.5 是电子射线通过金(Au)晶体时的衍射环纹照片。

衍射是波动的典型特征。Davisson 和 Thomson 的电子衍射实验是电子波存在的确实证据。为此,他们两人共同获得了 1937 年的 Nobel 物理学奖。

2. 不确定原理与微观粒子运动的统计规律

德国物理学家 W. K. Heisenberg(海森堡)在研究光谱线强度时,对旧量子论中"电子轨道"的概念产生了怀疑。在 Einstein 相对论的启发下,经过严格的理论分析和推导,论证了微观粒子与宏观物体的运动规律不相同。1927 年,Heisenberg 提出了不确定原理:对运动中的微观粒子来说,不能同时准确确定它的位置和动量。其关系式为

$$\Delta x \cdot \Delta p \geqslant \frac{h}{4\pi} \tag{6.6}$$

式中,Δx 为微观粒子位置(或坐标)的不确定度;Δp 为微观粒子动量的不确定度。该式表明,微观粒子位置与动量的不确定度乘积大约等于 Planck 常量的数量级。换句话说,微观粒子位置的不确定度 Δx 越小,则其动量的不确定度 Δp 就越大。例如:当原子中电子的运动速度为 $10^6\ \mathrm{m \cdot s^{-1}}$ 时,若要使其位置的测量精确到 10^{-10} m,利用不确定原理求得的电子速率的测不准量 Δv 肯定不小于 $5.8\times10^5\ \mathrm{m \cdot s^{-1}}$。即 Δv 的数量级与电子运动速度 v 的数量级十分接近,说明 v 的测定值极为不准确。也就是说,电子的位置若能准确地测定,其动量就不可能被准确地测定,原子中的电子没有确定的轨道。据此,揭示了 Bohr 原子结构理论的缺陷(电子轨道和动量是确定的)。

不确定原理恰好反映了微观粒子的波粒二象性,它意味着微观粒子的运动规律是可以被研究的。微观粒子所具有的波动性可以与粒子行为的统计性规律联系在一起,以"概率波"和"概率密度"来描述原子中电子的运动特征。微观粒子的波动性是大量微粒运动(或者是一个粒子的千万次运动)所表现出来的统计性质,可以说物质的运动是具有统计意义的概率波;在空间某个区域内波强度(即衍射强度)大的地方,粒子出现的机会多,波强度小的地方粒子出现的机会少。从数学角度上看,这里所说的机会就是概率,也就是说,在空间区域内任一点波的强度与粒子出现的概率成正比。

6.2.2　波函数

量子力学在描述原子核外电子的运动规律时,不可能像牛顿力学描述宏观物体那样,明确

指出物体某瞬间处于什么位置，而只能描述某瞬间电子在某位置上出现的概率。要研究微观粒子的运动规律，就要去寻找一个函数，用该函数的图像与粒子的运动规律建立联系，这种函数就是微观粒子运动的波函数 ψ，它是微观粒子的波动方程(Schrödinger(薛定谔)方程)的解。量子力学告诉我们，电子出现的概率与描述电子运动情况的"波函数"(ψ)数值的平方有关，而波函数本身是原子周围空间位置(用空间坐标 x、y、z 表示)的函数。对于最简单的氢原子，描述其核外电子运动的波动方程是一个二阶偏微分方程，即 Schrödinger(薛定谔)方程，形式如下：

$$\frac{\partial^2\psi}{\partial x^2}+\frac{\partial^2\psi}{\partial y^2}+\frac{\partial^2\psi}{\partial z^2}+\frac{8\pi^2 m}{h^2}(E-V)\psi=0 \tag{6.7}$$

式中，m 为电子的质量；E 为电子的总能量；V 为电子的势能。

波函数因为与原子核外电子出现在原子周围某位置的概率有关，所以又被形象地称为"原子轨道"，使人感觉原子核外电子好像就在这种"原子周围的轨道"上围绕原子核运动。"轨道"一词带有"道路"的含义，而实际上原子核外的电子并非沿着某条"道路"运动，因此，用"原子轨道"一词来代替物理学名词"波函数"，看来并非很合适。但由于电子这样的微观粒子的运动情况与人类所熟悉的宏观物体的运动情况有本质的不同，故用"原子轨道"这个比较形象直观的名词有助于理解"波函数"这个抽象的概念。

尽管薛定谔方程是描述最简单的原子的核外电子运动的方程，但是对薛定谔方程的求解仍旧是一项非常复杂的工作。本书略去复杂的求解过程，只简单说明一些求解所得的主要结果。

1. 波函数和量子数

求解薛定谔方程不仅可得到氢原子中电子能量 E 的计算公式，而且可以自然地导出三个量子数：主量子数 n，角量子数 l 和磁量子数 m。这就是说，波函数 ψ 与上述三个量子数有关。现简单介绍 3 个量子数如下。

(1) n 为主量子数，可取的数值为 1,2,3,…,n 是确定电子离原子核远近(平均距离)和能级高低的主要参数，n 越大，表示电子离核的平均距离越远，所处状态的能级越高。

(2) l 为角量子数，可取的数值为 0,1,2,…,$(n-l)$，共可取 n 个值。l 所取的数值受 n 的限制。例如，当 $n=1$ 时，l 只能取 0；当 $n=2$ 时，l 可取 0 或 1 两个数值；当 $n=3$ 时，l 分别可取 0、1 或 2 三个数值。角量子数 l 反映或决定了波函数(即原子轨道，简称轨道)的形状。$l=0$，1,2,3 的轨道分别称为 s、p、d、f 轨道。

(3) m 为磁量子数，可取的数值为 0，±1，±2，±3，…，±1，共可取 $2l+1$ 个数值，m 的取值受 l 的限制，m 反映或决定了波函数(轨道)在空间中的伸展取向。例如，当 $l=1$ 时(p 轨道)，m 可取 $2\times1+1=3$ 个数值，即可取值 -1、0 和 $+1$，对应 p_x，p_y，p_z 三种取向。

当 3 个量子数的各自数值确定时，波函数的函数式也就随之而定。例如，当 $n=1$ 时，l 只可取 0，m 也只可取一个数值 0；n、l、m 3 个量子数组合形式有一种，即(1,0,0)，此时波函数的函数式也只有一种，就是氢原子基态波函数，见式(6.9)；当 $n=2,3,4$ 时，n、l 和 m 3 个量子数组合的形式分别有 4、9 和 16 种，并可得到相应数目的波函数或原子轨道。氢原子轨道与 n、l、m 3 个量子数的关系列于表 6.2 中。

表 6.2 氢原子轨道与三个量子数的关系

主量子数 n	角量子数 l	磁量子数 m	轨道名称	(简并)轨道数
1	0	0	1s	1
2	0	0	2s	1
2	1	±1	2p	3
3	0	0	3s	1
3	1	$0,\pm1$	3p	3
3	2	$0,\pm1,\pm2$	3d	5
4	0	0	4s	1
4	1	$0,\pm1$	4p	3
4	2	$0,\pm1,\pm2$	4d	5
4	3	$0,\pm1,\pm2,\pm3$	4f	7

用上述 3 个量子数 n,l,m 可以确定原子轨道,除此之外,量子力学中还引入第 4 个量子数,称为自旋量子数 m_s(从研究原子光谱线的精细结构中可得到)。m_s 可以取的数值只有 $+1/2$ 和 $-1/2$,电子的两种自旋状态通常用向上箭头↑和向下箭头↓来表示。如果两个电子处于不同的自旋状态,则称为自旋相反,用符号或↑↓或↓↑表示;处于相同的自旋状态,则称为自旋平行,用符号↓↓或↑↑表示。

综上所述,原子轨道用 n、l、m 3 个量子数确定,而原子中电子的运动状态需用 n、l、m 和 m_s 4 个量子数来确定。

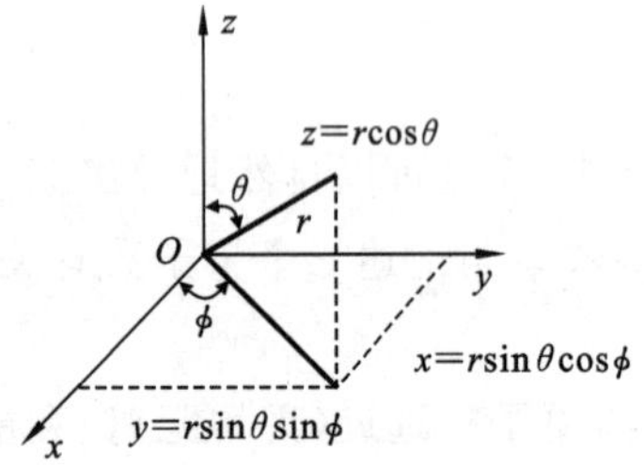

图 6.6 直角坐标和球坐标转换

2. 波函数(原子轨道)的角度分布图

空间位置不但可用直角坐标 x、y、z 来描述,还可用球坐标 r、θ、ϕ 来表示。原子核外电子运动状态的波函数用球坐标(r、θ、ϕ)来表示更为方便。

直角坐标和球坐标的转换关系如图 6.6 所示。

经坐标变换后,用直角坐标所描述的波函数 $\psi(x,y,z)$ 就可以转化为以球坐标描述的波函数 $\psi(r,\theta,\phi)$(表 6.3)。

表 6.3 氢原子的波函数(a_0=Bohr 半径)

轨道	$\psi(r,\theta,\phi)$	$R(r)$	$Y(\theta,\phi)$
1s	$\sqrt{\frac{1}{\pi a_0^3}}\mathrm{e}^{-r/a_0}$	$2\sqrt{\frac{1}{a_0^3}}\mathrm{e}^{-r/a_0}$	$\sqrt{\frac{1}{4\pi}}$
2s	$\frac{1}{4}\sqrt{\frac{1}{2\pi a_0^3}}\left(2-\frac{r}{a_0}\right)\mathrm{e}^{-e/2a_0}$	$2\sqrt{\frac{1}{8a_0^3}}\left(2-\frac{r}{a_0}\right)\mathrm{e}^{-r/2a_0}$	$\sqrt{\frac{1}{4\pi}}$
$2p_z$	$\frac{1}{4}\sqrt{\frac{1}{2\pi a_0^3}}\frac{r}{a_0}\mathrm{e}^{-r/2a_0}\cos\theta$	$2\sqrt{\frac{1}{24a_0^3}}\frac{r}{a_0}\mathrm{e}^{-r/2a_0}$	$\sqrt{\frac{3}{4\pi}}\cos\theta$
$2p_x$	$\frac{1}{4}\sqrt{\frac{1}{2\pi a_0^3}}\frac{r}{a_0}\mathrm{e}^{-r/2a_0}\sin\theta\cos\phi$		$\sqrt{\frac{3}{4\pi}}\sin\theta\cos\phi$
$2p_y$	$\frac{1}{4}\sqrt{\frac{1}{2\pi a_0^3}}\frac{r}{a_0}\mathrm{e}^{-r/2a_0}\sin\theta\sin\phi$		$\sqrt{\frac{3}{4\pi}}\sin\theta\sin\phi$

波函数 $\psi(r,\theta,\phi)$ 可以用径向分布函数 R 和角度分布函数 Y 的乘积来表示：

$$\psi(r,\theta,\phi)=R(r)Y(\theta,\phi) \tag{6.8}$$

式中，$R(r)$ 是波函数的径向部分，其自变量 r 为电子到原子核的距离；$Y(\theta,\phi)$ 是函数的角度部分，它是两个角度变量 θ 和 ϕ 的函数。

例如，氢原子基态波函数可表示为

$$\psi_{1s}=\sqrt{\frac{1}{\pi a_0^3}}\mathrm{e}^{-\frac{r}{a_0}}=R_{1s}\cdot Y_{1s}=2\sqrt{\frac{1}{a_0^3}}\mathrm{e}^{-\frac{r}{a_0}}\cdot\sqrt{\frac{1}{4\pi}} \tag{6.9}$$

若对角度分布函数 $Y(\theta,\phi)$ 随 θ、ϕ 角度变化规律作图，即可获得波函数（原子轨道）的角度分布图，如图 6.7 和图 6.8 所示。

以下分别对 s 轨道、p 轨道和 d 轨道加以简要说明。

(1) s 轨道：角量子数 $l=0$ 的原子轨道称为 s 轨道，此时主量子数 n 可以取 1,2,3,…对应于 $n=1,2,3$ 的 s 轨道分别被称为 1s 轨道、2s 轨道、3s 轨道。各 s 轨道的角度分布函数都和 1s 轨道的相同为 $Y_s=\left(\frac{1}{4\pi}\right)^{1/2}$，是一个与角度（$\theta$、$\phi$）无关的常数，所以 s 轨道的角度分布是球形对称的（图 6.7）。

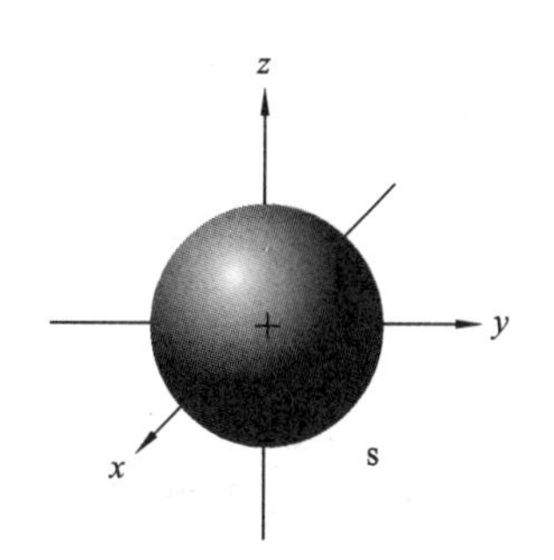

图 6.7　s 原子轨道角度分布示意图

(2) p 轨道：角量子数 $l=1$ 的原子轨道称为 p 轨道，此时主量子数 n 可以取 2,3,…。对应的轨道分别是 2p 轨道、3p 轨道等。从 p 轨道的角度分布（图 6.8）可见，p 轨道是有方向性的，根据空间取向可分成三种 p 轨道：p_x、p_y 和 p_z 轨道。

所有 p_z 轨道波函数的角度部分为

$$Y_{p_z}=\left(\frac{3}{4\pi}\right)^{1/2}\cos\theta \tag{6.10}$$

若以 Y 对 θ 作图，可得两个相切于原点的球面，如图 6.8 所示，即为 p_z 轨道的角度分布图。

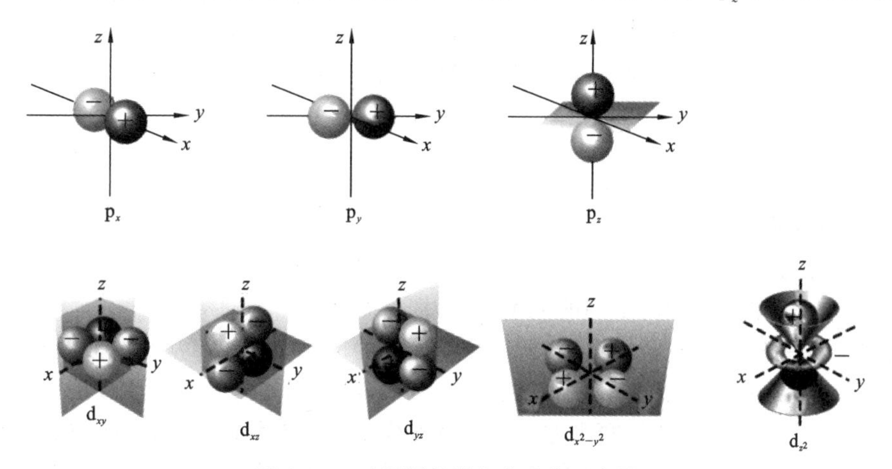

图 6.8　p、d 原子轨道角度分布示意图

根据 $Y_{p_z}=\left(\frac{3}{4\pi}\right)^{1/2}\cos\theta$，先列出不同 θ 角时的 Y 值，如表 6.4 所示，再从原点出发引出不同 θ 角时的直线，并令直线的长度等于该角度时的 Y_{p_z} 值。例如，$\theta=30°$ 时，Y_{p_z} 值为 0.42，在对

应该角度的直线上取 0.42 个单位的线段，并标出端点。连接不同 θ 角所对应的线段的端点，就可以得到如图 6.9 所示的两个相切于原点的圆。因 Y_{p_z} 值与 ϕ 角无关，可将该圆绕 z 轴旋转 180°，可得两个相切的球面。

表 6.4 θ 角度与 Y_{p_z} 的对应值

θ	0°	30°	60°	90°	120°	150°	180°
$\cos\theta$	1.00	0.87	0.50	0	−0.5	−0.87	−1.00
Y_{p_z}	0.49	0.42	0.24	0	−0.24	−0.42	0.49

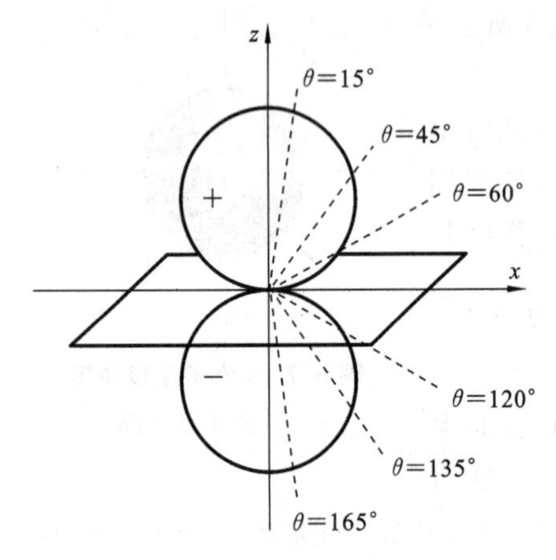

图 6.9 p_z 原子轨道角度分布示意图

图 6.9 中球面上每个点至原点的距离，代表在该角度方向上 Y_{p_z} 数值大小；正、负号表示波函数角度部分 Y_{p_z}，在这些角度上为正值或负值。整个球面表示 Y_{p_z} 随 θ 角变化的规律。由于在 z 轴上 θ 角为 0°，$\cos\theta=1$，所以 Y_{p_z} 在沿 z 轴的方向出现极大值，也就是说 p_z 轨道的极大值沿 z 轴取向。从图 6.8 可见，p_x、p_y 和 p_z 轨道角度分布的形状相同，只是空间取向不同，它们的极大值分别沿 x、y 和 z 3 个轴取向。

(3) d 轨道：角量子数 $l=2$ 的原子轨道称为 d 轨道，此时主量子数 n 可以取 3,4,…。对应的轨道分别是 3d 轨道、4d 轨道等。从 d 轨道的角度分布图(图 6.8)可见，d 轨道也是有方向性的，根据空间取向可分成 5 种 d 轨道：d_{z^2}、$d_{x^2-y^2}$、d_{xy}、d_{yz} 和 d_{xz}。

5 种 d 轨道的角度分布图中，d_{z^2} 和 $d_{x^2-y^2}$ 两种轨道 Y 的极大值都在沿 z 轴和 x、y 轴的方向上，d_{xy}、d_{yz} 和 d_{xz} 等 3 种轨道 Y 的极大值都在沿两个轴间(x 和 y，y 和 z，x 和 z) 45°夹角的方向上。除 d_{z^2} 轨道外，其余 4 种轨道的角度分布图的形状相同，只是空间取向不同(图 6.8)。

注意，上述这些原子轨道的角度分布图在说明化学键的形成中有着重要意义。图 6.8 中的正、负号表示波函数角度函数的符号，它们代表角度函数的对称性。

6.2.3 电子云

1. 电子云与概率密度

虽然波函数 ψ 本身不能与任何可以观察到的物理量相联系，但波函数平方 ψ^2 可以反映电子在空间某位置上单位体积内出现的概率大小，即概率密度。

电子与光子一样具有波粒二象性，所以可与光波的情况做比较。从光的波动性分析，光的强度与光波的振幅平方成正比，从光的粒子性来考虑，光的强度与光子密度成正比。若将波动性和微粒性统一起来，则光的振幅平方与光子密度成正比。借用此概念，电子波的波函数平方与电子出现的概率密度就有正比例关系。若 ρ 为电子在空间某处出现的概率密度，因为 $\psi^2\propto\rho$，所以波函数的平方 ψ^2 可用来反映在空间某位置上单位体积内电子出现的概率大小，即电子的概率密度。例如，由式(6.9)知道氢原子基态波函数的平方为

$$\psi_{1s}^2=\frac{1}{\pi a_0^3}e^{-2r/a_0} \tag{6.11}$$

式(6.11)说明 1s 电子出现的概率密度是电子到原子核距离 r 的函数。r 越小，表示电子离原子核越近，出现的概率密度越大；反之，r 越大，表示电子离原子核越远，则概率密度越小。若以黑点的疏密程度来表示空间各点的概率密度的大小，ψ^2 大的地方，黑点分布较密集，表示电子出现的概率密度较大；ψ^2 小的地方，黑点分布较稀疏，表示电子出现的概率密度较小。这种以黑点分布疏密程度表示概率密度分布的图形称为电子云。氢原子基态电子云呈球形(图 6.10)。

当氢原子处于激发态时，虽也可按上述规则画出各种电子云的图形(如 2s、2p、3s、3p、3d…)，但要复杂得多。为了使问题简化，通常分别从电子云的径向分布图和角度分布图来反映电子云。

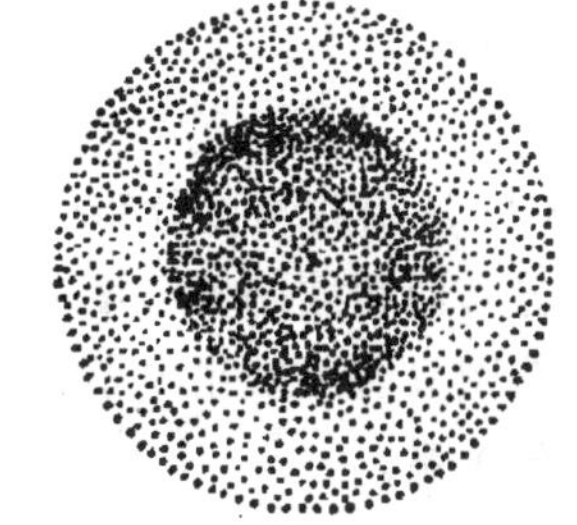

图 6.10　氢原子 1s 电子云图

电子云的角度分布图是波函数角度部分的平方 Y^2 随 θ、ϕ 角变化关系的图形(图 6.11)，其画法与波函数角度分布图相似。这种图形反映了电子出现在原子核外各个方向上的概率密度的分布规律，其特征如下。

(1) 从形状上看，s、p、d 电子云角度分布图的形状与波函数角度分布图相似，但电子云角度分布图较“瘦”些。

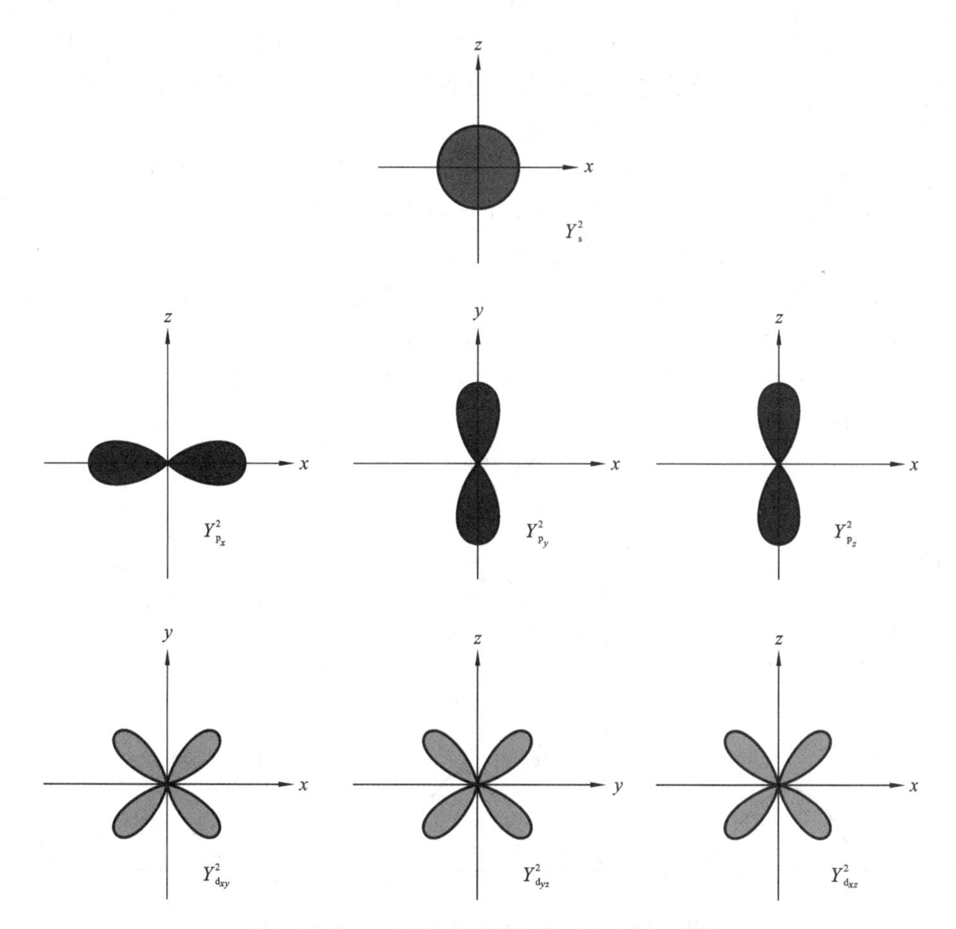

图 6.11　s、p、d 原子轨道电子云 Y^2 分布示意图

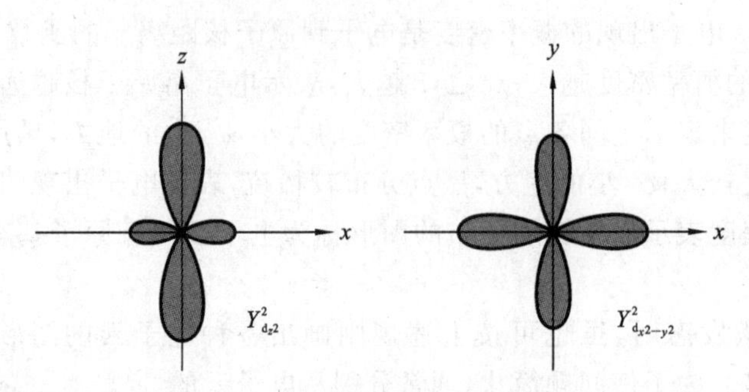

续图 6.11

(2) 波函数角度分布图中有正、负之分，而电子云角度分布图则无正、负的区别。电子云角度分布图和波函数角度分布图只与 l、m 两个量子数有关，而与主量子数 n 无关。电子云角度分布图只能反映出电子在空间不同角度所出现的概率密度，并不反映电子出现概率与离核远近的关系。

2. 电子云径向分布图

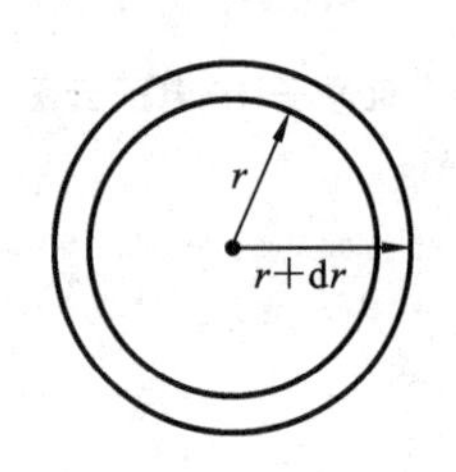

图 6.12　电子云的径向分布示意图

电子云径向分布图反映离核距离为 r，厚度为 dr 的薄球壳中（体积为 $4\pi r^2 dr$）电子出现的概率的大小，如图 6.12 所示。电子云径向分布图能够反映电子出现概率的大小与离核远近的关系，不能反映概率与角度的关系。

$D(r)$ 为纵坐标，半径 r 为横坐标，所作的图称为径向分布函数图。图 6.13 为氢原子的各种状态的径向分布函数图，可以看出，当主量子数增大时，例如，从 1s、2s 变化到 3s 轨道，电子离核的距离就越来越远。主量子数 n 为 3 的情况下，角量子数可取不同的值，对应地存在 3s、3p、3d 轨道。1s 有 1 个峰，2s 有 2 个峰，3s 有 3 个峰……，ns 有 n 个峰；2p 有 2 个峰，3p 有 3 个峰，np 有（$n-1$）个峰；3d 有 1 个峰……，nd 有（$n-2$）个峰。径向分布函数曲线的峰数 $N_{峰}$ 与主量子数 n 和角量子数 l 有关：

$$N_{峰}=n-l \tag{6.12}$$

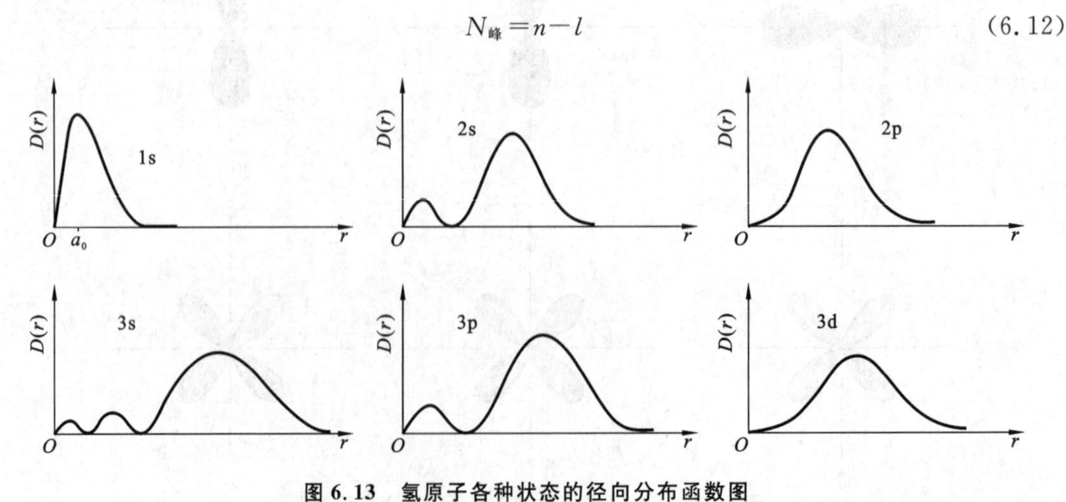

图 6.13　氢原子各种状态的径向分布函数图

6.3　多电子原子的电子分布式和周期系

6.3.1　多电子原子轨道的能级

氢原子轨道的能量由主量子数 n 决定，但在多电子原子中，轨道能量除取决于主量子数 n 以外，还与角量子数 l 有关。根据光谱实验结果，可归纳出以下3条规律。

(1) 当角量子数 l 相同时，随着主量子数 n 增大，轨道能量升高。例如：$E_{1s}<E_{2s}<E_{3s}$。

(2) 当主量子数 n 相同时，随着角量子数 l 增大，轨道能量升高。例如：$E_{ns}<E_{np}<E_{nd}<E_{nf}$。

(3) 当主量子数和角量子数都不同时，有时会出现能级交错现象。例如：在某些元素中，$E_{4s}<E_{3d}$、$E_{5s}<E_{4d}<E_{6s}<E_{4f}<E_{5d}$ 等。

n，l 都相同的轨道，能量相同，称为等价轨道或简并轨道。所以同一层的 p、d 和 f 亚层分别有3、5、7个等价轨道。

影响多电子原子能级的因素较复杂，原子序数变化也会影响其能级，1962年，F. A. Cotton(科顿)给出了原子轨道能级图(图6.14)。

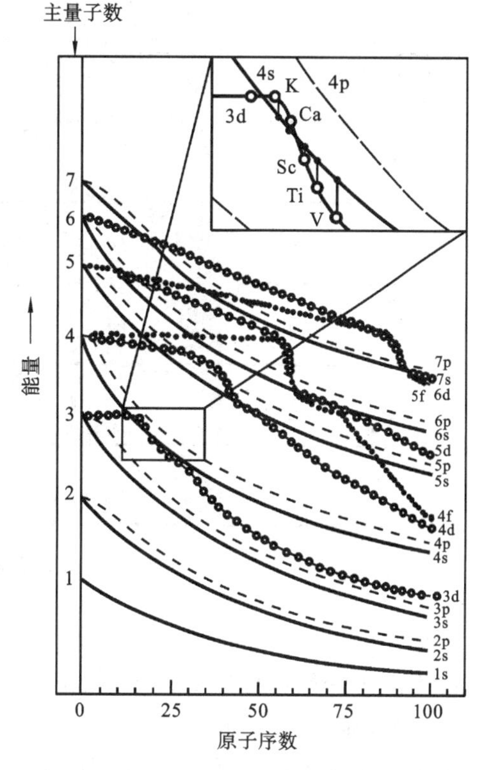

图6.14　原子轨道的能量与原子序数的关系图

随着原子序数的递增，原子轨道能级高低的变化规律还会发生改变。从图6.14中可以明显看出，从7号元素氮(N)开始至20号元素钙(Ca)，元素的3d轨道能级高于4s轨道能量，出现了交错现象。然而，从21号元素钪(Sc)开始，3d能量急剧下降，3d轨道能量又低于4s轨道能量。以上表明，3d和4s轨道能级交错并不是在所有元素之中都发生。其余如4d和5s轨道、5d和6s轨道等，也有类似交错的情况。

6.3.2　核外电子分布原理和核外电子分布方式

1. 核外电子分布的三个原理

原子核外电子的分布情况可用光谱实验数据确定。各元素原子核外电子分布的一般规律遵循三个原理：W. Pauli(泡利)不相容原理、能量最低原理及F. Hund(洪特)规则。

泡利不相容原理：同一个原子的核外电子不可能4个量子数完全相同，它限制了在同一原子内的任意原子轨道最多只能容纳两个电子，而且它们自旋相反。依据此原理可知，第 n 电子层最多可容纳电子的数目为 $2n^2$。

能量最低原理：原子核外的电子总是尽可能优先占据到能级较低的轨道，以期使系统能量处于最低值。该原理说明在 n 或 l 不同的轨道中电子的分布规律。

为了表示不同元素原子的电子在核外分布的规律，美国著名化学家 L. C. Pauling（鲍林）根据大量光谱实验总结出多电子原子各轨道能级从低到高的近似顺序：1s;2s,2p;3s,3p;4s,3d,4p;5s,4d,5p;6s,4p,5d,6p;7s,5f,6d,7p……。这个顺序可以总结为当出现 d 轨道时，依照 ns、$(n-1)$d、np 顺序分布；d、f 轨道均出现时，依照 ns、$(n-2)$f、$(n-1)$d、np 顺序分布。

为便于非化学专业学生学习，编者对能级近似图做了适当改进，见图 6.15。

电子（亚）层	l=0	l=1	l=2	l=3
n=7	7s 序16	7p 序19		
n=6	6s 序12	6p 序15	6d 序18	
n=5	5s 序9	5p 序11	5d 序14	5f 序17
n=4	4s 序6	4p 序8	4d 序10	4f 序13
n=3	3s 序4	3p 序5	3d 序7	
n=2	2s 序2	2p 序3		
n=1	1s 序1			

图 6.15　原子轨道近似能级图（改进版）

根据此顺序可以确定各原子的电子在核外分布的一般规律：能量相近的能级划为一组，称为能级组，七个能级组对应于周期表中七个周期。

洪特规则：主量子数 n 和角量子数 l 都相同的轨道中，电子尽先占据磁量子数不同的轨道，而且自旋量子数正、负号相同，即自旋平行。洪特规则反映了在 n、l 相同的轨道中电子的分布规律。例如，碳原子核外电子分布为 $1s^2$、$2s^2$、$2p^2$，其中 2 个 p 电子应分别占据不同的 p 轨道，且自旋平行，可用图 6.16 表示。

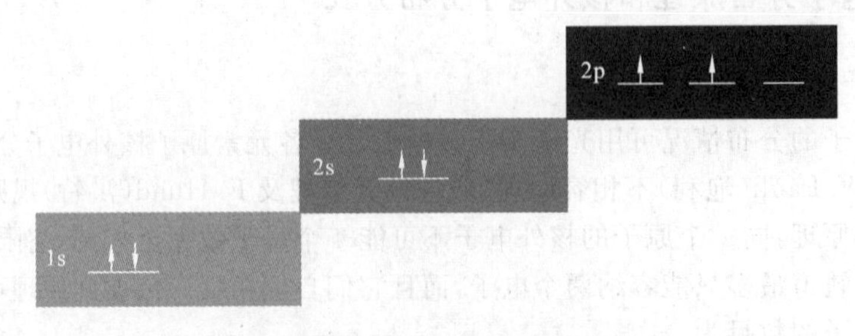

图 6.16　碳原子外层电子分布图

洪特规则虽然是一个经验规律，但运用量子力学理论也可证明，电子按洪特规则排列能使原子的系统能量最低。

洪特规则的补充（洪特规则特例）：等价轨道在全充满状态（p^6、d^{10}、f^{14}）。半充满状态（p^3、d^5、f^7）或全空状态（p^0、d^0、f^0）时比较稳定。

按上述电子分布的三个基本原理和近似能级顺序，可以确定大多数元素原子的电子在核外分布的方式。

2. 核外电子分布式和外层电子分布式

多电子原子核外电子分布的表达式即电子分布式，又称电子构型。例如，钛（Ti）原子有 22 个电子。按上述三个原理和近似能级顺序，电子分布式 Ti：$1s^2 2s^2 2p^6 3s^2 3p^6 4s^2 3d^2$。

但在书写电子分布式时，一般习惯将同层的轨道连在一起，所以把 3d 轨道写在 4s 前面，即钛原子的电子分布式 Ti：$1s^2 2s^2 2p^6 3s^2 3p^6 3d^2 4s^2$。

又如，锰原子中有 25 个电子，其电子分布式 Mn：$1s^2 2s^2 2p^6 3s^2 3p^6 3d^5 4s^2$。

由于必须服从洪特规则，所以 3d 轨道上的 5 个电子应分别分布在 3d 轨道的 5 个不同等价轨道上，而且自旋平行。此外，铬、钼、铜、银、金等原子的（$n-1$）d 轨道上的电子都处于半充满状态或全充满状态（见书末元素周期表）。例如，Cr 和 Ca 的电子分布式分别如下：

Cr：$1s^2 2s^2 2p^6 3s^2 3p^6 3d^5 4s^1$；Ca：$1s^2 2s^2 2p^6 3s^2 3p^6 4s^2$　或　Cr：[Ar]$3d^5 4s^1$；Ca：[Ar]$4s^2$

注：对于原子序数大于 18 的元素，其原子的电子分布式可表达为“[稀有气体]＋价电子”的构型，即用该元素前一周期的稀有气体的元素符号表示原子内层电子，如用[Ar]代替 $1s^2 2s^2 2p^6 3s^2 3p^6$，[Ar]称为“原子实”。

由于化学反应中通常只涉及外层电子的改变，所以一般不必写完整的电子分布式，只需写出外层电子分布式即可。外层电子分布式又称为外层电子构型。对于主族元素即为最外层电子分布的形式。例如，氯原子的外层电子分布式为 $3s^2 3p^5$。对于副族元素则是指最外层 s 电子和次外层 d 电子的分布形式。例如，上述钛原子和锰原子的外层电子分布式分别为 $3d^2 4s^2$ 和 $3d^5 4s^2$。对于镧系和锕系元素一般除指最外层次外层的电子以外，还需考虑处于倒数第三层的 f 电子。

应当指出，当原子失去电子成为阳离子时，一般是能量较高的最外层的电子先失去，而且往往引起电子层数的减少。例如，Mn^{2+} 的外层电子分布式是 $3s^2 3p^6 3d^5$，而不是 $3s^2 3p^6 3d^3 4s^2$ 或 $3d^3 4s^2$，也不能只写成 $3d^5$。又如，Ti^{4+} 的外层电子分布式是 $3s^2 3p^6$。

然而，原子成为阴离子时，原子所得的电子总是分布在它的最外电子层上。例如，Cl^- 的外层电子分布式是 $3s^2 3p^6$。

我国化学家徐光宪根据原子轨道能量与主量子数 n 及角量子数 l 的相互关系，归纳得到能级顺序的“$n+0.7l$”的近似规律。他认为 $n+0.7l$ 越大，原子轨道能量越高。并把 $n+0.7l$ 的首位数相同的原子轨道归纳为一个能级组，如 6s、4f、5d 和 6p 轨道的 $n+0.7l$ 分别为 6.0、6.1、6.4 和 6.7，因而都归为第 6 能级组；得出与鲍林近似能级图相同的能级分组结果。

同时，徐光宪还提出离子外层电子的能量高低次序，可根据 $n+0.4l$ 来判断。例如，4s、3d 轨道的 $n+0.4l$ 分别为 4.0 和 3.8，即离子中 $E_{4s}>E_{3d}$。故 Mn^{2+} 由 Mn 原子失去 $4s^2$ 电子而得到，这很好地说明了原子总是先失去最外层电子的客观规律。

徐光宪

6.3.3 原子结构与性质的周期性规律

原子的基本性质如原子半径、氧化态、电离能、电负性等都与原子的结构密切相关,因而也呈现明显的周期性变化规律。

1. 原子结构与元素周期律

原子核外电子分布的周期性是元素周期律的基础。而元素周期表是周期律的表现形式。周期表有多种形式,现在常用的是长式周期表(见书末元素周期表)。

门捷列夫

原子核外电子分布与元素周期表中周期的划分有内在联系。Pauling 近似能级图中能级组的序号对应周期序数。如第 1 能级组对应第一周期,第 2、3 能级组对应第二、三周期,以此类推,如图 6.17 所示。每个周期开始,出现一个新的主层,出现一个新的量子数 n。元素在周期表中所处的周期数等于该元素基态原子的最高电子层数。每个周期元素的数目等于相应电子层中原子轨道能容纳的电子总数,如表 6.5 所示。

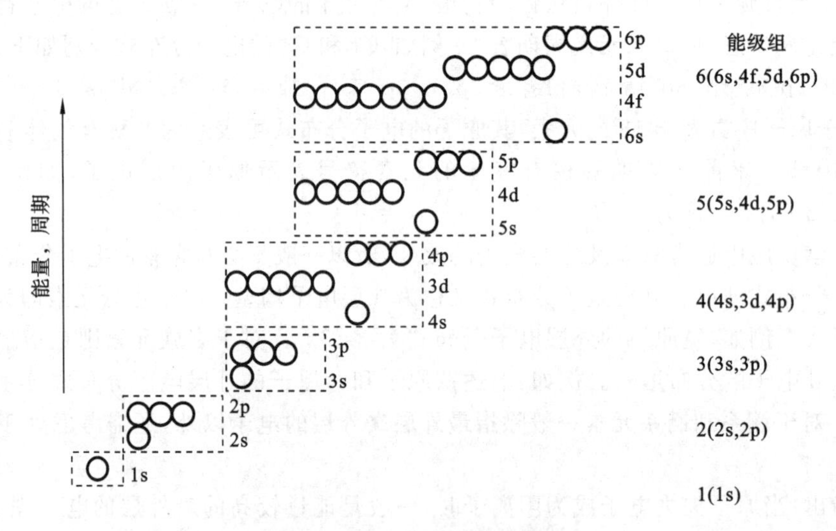

图 6.17 Pauling 能级组图

表 6.5 能级组与周期的关系

周期	特点	能级组	对应的能级	原子轨道数	元素种数
一	特短周期	1	1s	1	2
二	短周期	2	2s2p	4	8
三	短周期	3	3s3p	4	8
四	长周期	4	4s3d4p	9	18
五	长周期	5	5s4d5p	9	18
六	特长周期	6	6s4f5d6p	16	32
七	特长周期	7	7s5f6d7p	16	32

长式周期表从左至右共有 18 列(图 6.17),第 1,2,13,14,15,16 和 17 列为主族,用 A 表示主族,前面用罗马数字表示族序数,即ⅠA,ⅡA,ⅢA,ⅣA,ⅤA,ⅥA,ⅦA。族的划分与原子的价电子数目和价电子分布密切相关。同族元素的价电子数目相同。主族元素族的序数等于价电子总数。

第 18 列为稀有气体,稀有气体(He 除外)最外层为 8e 的稳定结构,通常称为零(0)族元素。

第 3,4,5,6,7,11 和 12 列为副族,用 B 表示副族,分别称为ⅢB,ⅣB,ⅤB,ⅥB,ⅦB,ⅠB 和ⅡB。前 5 个副族的价电子数等于族序数。ⅠB,ⅡB 是根据 ns 轨道上电子数划分的。第 8,9,10 列元素称为Ⅷ族,价电子分布式为$(n-1)d^{6\sim10}\ ns^{0\sim2}$。

根据原子的外层电子构型可将长式周期表分成 5 个区,即 s 区、p 区、d 区、ds 区和 f 区。图 6.18 反映了原子外层电子构型与周期表分区的关系。s 区和 p 区为主族元素,d 区和 f 区为过渡元素。

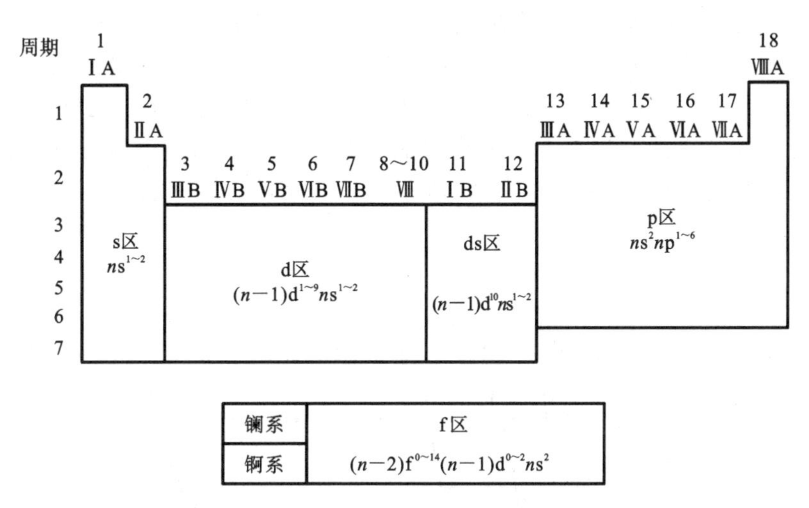

图 6.18　原子外层电子构型与周期表族和区的划分

2. 元素的氧化态

在同一周期中,主族元素从左至右元素最高氧化态逐渐升高,并等于元素的最外层电子数即族数。

副族元素的原子中,除最外层 s 电子外,次外层 d 电子也可参与反应。因此,d 区副族元素最高氧化态一般等于最外层的 s 电子数和次外层 d 电子数之和(但不大于 8)。其中第Ⅲ至第Ⅶ副族元素与主族相似,同周期从左至右最高氧化态也逐渐升高,并等于所属族的族数。

第Ⅷ族中除钌(Ru)和锇(Os)外,其他元素未发现有氧化态为+8 的化合物。ds 区第ⅡB 族元素的最高氧化态为+2,即等于最外层的 s 电子数。而第ⅠB 族中 Cu、Ag、Au 的最高氧化态分别为+2、+1、+3。此外,副族元素与 p 区一样。其主要特征是大多有可变氧化态(表 6.6)。

3. 电离能

金属元素易失去电子变成阳离子,非金属元素易得到电子变成阴离子。因此常用金属性表示在化学反应中原子失去电子的能力,非金属性表示在化学反应中原子得到电子的能力。

表 6.6　第四周期副族元素的主要氧化态

族	ⅢB	ⅣB	ⅤB	ⅥB	ⅦB	Ⅷ			ⅠB	ⅡB
元素	Sc	Ti	V	Cr	Mn	Fe	Co	Ni	Cu	Zn
氧化态	+3	+3 +4	+3 +4 +5	+2 +3 +6	+2 +4 +6 +7	+2 +3	+2 +3	+2 +3	+1 +2	+2

元素的原子在气态时失去电子的难易，可以用电离能来衡量。气态原子失去一个电子成为气态+1 价离子所需吸收的能量称为该元素的第一电离能 I_1，常用单位 $kJ \cdot mol^{-1}$。气态+1 价离子再失去一个电子成为气态+2 价离子所需吸收的能量叫第二电离能 I_2，以此类推，电离能的大小反映了原子失电子的难易，电离能越大，失电子越难。电离能的大小与原子的核电荷数、半径及电子构型等因素有关，图 6.19 表示出各元素的第一电离能随原子序数周期性的变化情况。

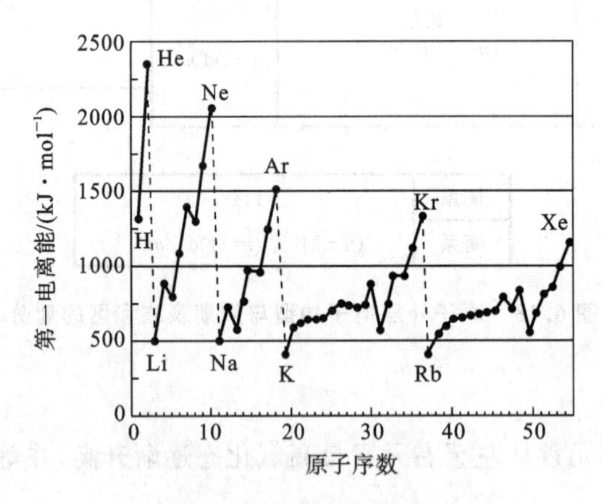

图 6.19　电离能的周期性

对主族元素来说，第ⅠA 族元素的电离能最小。同一周期原子的电子层数相同，从左至右，随着原子核电荷数增加，原子核对外层电子的吸引力也增加，原子半径减小，电离能随之增大，所以元素的金属性逐渐减弱。同一主族的原子最外层电子构型相同，从上到下，电子层数增加，原子核对外层电子吸引力减小，原子半径随之增大，电离能逐渐减小，元素的金属性逐渐增强。

副族元素电离能的变化缓慢，规律性不明显。因为周期表从左到右，副族元素新增加的电子填入$(n-1)$d 轨道，而最外电子层基本相同。

4. 电负性

电负性为衡量分子中各原子吸引电子能力的标度，此概念由鲍林(Pauling)于 1932 年提出。

电负性数值越大的原子在分子中吸引电子的能力越强，电负性越小的原子在分子中吸引电子的能力越弱。元素的电负性较全面地反映了元素的金属性和非金属性的强弱。一般金属元素(除铂系外)的电负性数值小于 2.0，而非金属元素电负性数值(除 Si 外)则大于 2.0。鲍林从热化学数据推算得出的电负性数值，列于图 6.20 中。

	ⅠA	ⅡA	ⅢB	ⅣB	ⅤB	ⅥB	ⅦB	Ⅷ			ⅠB	ⅡB	ⅢA	ⅣA	ⅤA	ⅥA	ⅦA	0
1	H 2.1																	He
2	Li 1.0	Be 1.5											B 2.0	C 2.5	N 3.0	O 3.5	F 4.0	Ne
3	Na 0.9	Mg 1.2											Al 1.5	Si 1.8	P 2.1	S 2.5	Cl 3.0	Ar
4	K 0.8	Ca 1.0	Sc 1.3	Ti 1.5	V 1.6	Cr 1.6	Mn 1.5	Fe 1.8	Co 1.9	Ni 1.9	Cu 1.9	Zn 1.6	Ga 1.6	Ge 1.8	As 2.0	Se 2.4	Br 2.8	Kr
5	Rb 0.8	Sr 1.0	Y 1.2	Zr 1.4	Nb 1.6	Mo 1.8	Tc 1.9	Ru 2.2	Rh 2.2	Pd 2.2	Ag 1.9	Cd 1.7	In 1.7	Sn 1.8	Sb 1.9	Te 2.1	I 2.5	Xe
6	Cs 0.7	Ba 0.9	La～Lu 1.0～1.2	Hf 1.3	Ta 1.5	W 1.7	Re 1.9	Os 2.2	Ir 2.2	Pt 2.2	Au 2.4	Hg 1.9	Tl 1.8	Pb 1.9	Bi 1.9	Po 2.0	At 2.2	Rn
7	Fr 0.7	Ra 0.9	Ac 1.1	Th 1.3	Pa 1.4	U 1.4	Np～No 1.4～1.3											

图 6.20　元素的电负性数值

从图 6.20 中可以看出，主族元素的电负性具有较明显的周期性变化，同一周期从左到右电负性数值递增，从上到下电负性数值递减。而副族的电负性值则较接近，变化规律不明显。f 区的镧系元素的电负性值更为接近。反映在金属性和非金属性上，主族元素也显示了较明显的周期性变化规律，而副族元素的变化规律则不明显。

此外，元素的原子半径也呈现出周期性的变化，并且主族元素的变化比副族元素更为明显(图 6.21)。主族元素：从左到右半径减小；从上到下半径增大。过渡元素：从左到右半径缓慢减小；从上到下半径略有增大。以第二周期为例，从左到右可以看出电负性(及电离能)逐渐增大，而原子半径逐渐减小。这表明衡量元素金属性与非金属性的电离能和电负性与原子半径有着内在的联系。

6.3.4　电子跃迁

根据量子力学的结果，我们知道原子核外的电子在各自的原子轨道上运动着。处于不同轨道上的电子的能量不同，通常称为电子能级不同，也称为轨道能级不同。当原子中所有电子都处于最低能量的轨道上时，就说该原子处于基态。如果原子中某些电子处于能量较高的轨道，则说明原子处于激发态。显然，原子的基态只有一个，但可以有许多个能量高低不同的激发态，分别被称为第一激发态、第二激发态……。

处于低能量轨道的电子，如果接受外界提供的适当的能量，就可以跃迁到高能量的轨道上，两轨道能量之差等于电子所接受的外界能量。反过来，如果处在高能量轨道上的电子返回低能量轨道，则向外界释放能量。电子在不同能级的轨道之间发生跃迁时所吸收或释放的能

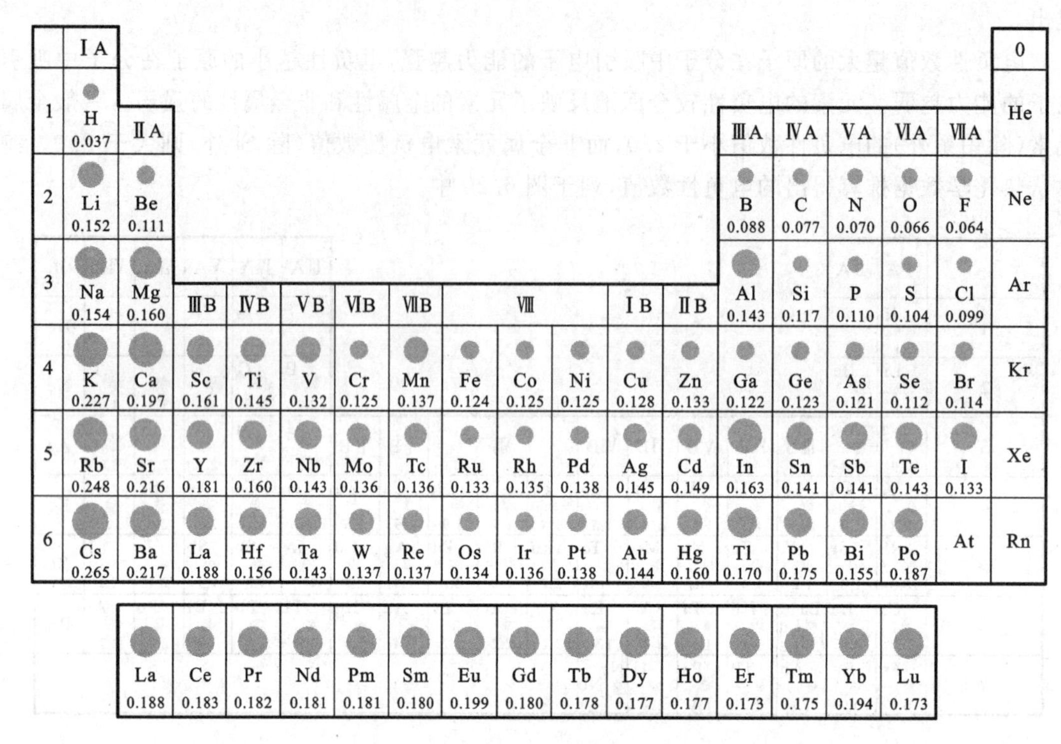

图 6.21　元素的原子半径(单位:nm)

量都是以电磁波的形式进行。所以,ν 代表吸收或释放的电磁波的频率,$\Delta\varepsilon$ 代表不同能级之间的能量差,则:

$$\Delta\varepsilon = h\nu \tag{6.13}$$

对于不同种类的原子来说,电子能级是不相同的。如果能够测量出电子从一个能级跃迁到另一个能级时所吸收或释放的电磁波的频率,就可据此分析原子的种类。上述分析方法称为原子光谱法。

本章总结

(1) 重要概念:波函数、量子数与电子云;波函数角度分布与电子云角度分布;原子和离子的电子分布式与外层电子分布式;能级组与周期系;电离能及电负性。

(2) 微观粒子特性及量子数:围绕原子核运动的电子具有能量量子化、波粒二象性和统计性的特性,其运动规律用波函数(原子轨道)描述。波函数(原子轨道)由三个量子数确定,主量子数 n、角量子数 l 和磁量子数 m 分别确定原子轨道的能量、基本形状和空间取向,多电子原子轨道的能量还与 l 有关。主量子数 n、角量子数 l、磁量子数 m 和自旋量子数 m_s 4 个量子数确定电子的运动状态。

(3) 波函数与电子云:波函数的平方表示电子在核外空间某单位体积内出现的概率大小,即概率密度。用黑点疏密的程度描述原子核外电子的概率密度分布规律的图形称为电子云。

(4) 多电子原子的轨道能量由 n、l 决定,并随 n、l 的增大而升高。n、l 都不同的轨道,能级可出现交错。

(5) 多电子原子核外电子分布一般遵循三个基本规则,以使系统的能量最低。

(6) 元素周期表周期、族及区的划分,与原子核外电子分布有着密切的联系。

(7) 元素的性质随原子外层电子构型的周期性变化而变化,主要表现如下。

① 元素的氧化态:对于主族元素,同周期从左至右最高氧化态逐渐升高,并等于最外层电子数,即等于所属族的族数。对于副族元素,第ⅢB 族至第Ⅷ族同周期从左至右最高氧化态也逐渐升高,一般等于最外层 s 电子和次外层 d 电子数之和,并等于所属族的族数,第ⅠB、第ⅡB 族和第ⅢB 族有例外。

② 原子的电离能:主族元素的原子电离能按周期表呈现规律性变化。同一周期中的元素,从左到右,原子的电离能逐渐变大,元素的金属性逐渐减弱。同一主族的元素,从上到下,原子的电离能逐渐变小,元素的金属性逐渐增强。

③ 元素的电负性:主族元素的电负性数值具有明显的周期性变化规律。而副族元素的电负性数值则彼此较接近。元素的电负性数值越大,表明原子在分子中吸引电子的能力越强(与氧化性有关),反之电负性数值越小,吸引电子能力越弱(与还原性有关)。

(8) 原子核外电子在不同能级间跃迁,吸收或发射一定波长的电磁波而产生的光谱,称为原子光谱。

习　题

扫码做题

一、填空题

1. 某元素原子的最外层有 2 个电子,其主量子数 $n=4$,在次外层 $l=2$ 的原子轨道电子数为零。则该元素的原子序数为________,原子核外电子的分布式为________。
2. 第 34 号元素的原子价电子构型为________;第 75 号元素的原子价电子构型为________。
3. 原子序数为 48 的元素,其原子核外电子分布式为________,价电子对应的主量子数 n 为________,角量子数 l 为________,磁量子数 m 为________。
4. 按照量子数间的取值关系,当 $n=4$ 时,l 可取的值是________,m 的最大取值应当是________,3d 轨道的磁量子数 m 的取值是________,$3p_z$ 的角量子数 $l=$________。
5. 氢原子的 2s 能级与 2p 能级相比,________,4s 能级比 3d 能级________。
6. 填充下列表格:

原子序数	原子外层电子构型	未成对电子数	周期数	族数	所属区
11					
24					
33					
47					

二、问答题

1. 微观粒子运动有何特点?
2. n,l,m 三个量子数的组合方式有何规律?这三个量子数各有何物理意义?

3. 波函数与概率密度有何关系？电子云图中黑点疏密程度有何含义？
4. 核外电子分布遵循哪些原则？
5. 比较波函数的角度分布图与电子云角度分布图的特征。
6. 多电子原子的轨道能级与氢原子的有什么不同？
7. 多电子原子外层电子构型可分为几类？如何表示？举例说明。
8. 在长式周期表中 s 区、p 区、d 区、ds 区和 f 区元素各包括哪几个族？每个区所有的族数与 s、p、d、f 轨道可分布的电子数有何关系？
9. 何为电负性？元素电负性在周期表中有何变化规律？

第 7 章　化学键与分子间作用力

7.1 概　　述

化学键表示分子内部或晶体中相邻的原子(或离子)间存在的强烈的吸引作用,主要分为离子键、共价键和金属键三种类型。本章主要结合各种化学键及分子间作用力讨论分子的构型及晶体的结构,并介绍它们与物质的物理、化学性质之间的关系。

电负性较小的活泼金属元素的原子与电负性较大的活泼非金属元素的原子相互靠近,其间发生电子转移,即得失电子,形成阴、阳离子,阴、阳离子因静电引力而结合形成离子键。电负性相差不是很大的不同元素(一般为非金属与非金属,也有金属与非金属)的原子之间,或者同种非金属元素的原子之间,通常以共用电子对成键,形成共价键。

7.2 价 键 理 论

经典物理学用正、负电荷互相吸引来解释"离子键"的形成,而化学中更普遍的是用量子力学来解释"共价键"的形成,即价键理论。

1916 年,美国化学家 Lewis(路易斯)提出了电子配对理论,即分子是通过原子间共用电子对而形成的,称为经典价键理论。Lewis 认为分子中的每个原子都有形成稀有气体电子结构的趋势,以便使得分子本身稳定。像 H_2、H_2O 和 NH_3 等分子中原子的电负性相同或差值较小,它们之间通过共用电子对形成共价键而形成稳定的分子。但经典价键理论的适应性不强,在解释 BF_3、PCl_5 这样的分子中原子并没有全部达到稀有气体结构,但分子依然稳定时,遇到了困难。

1927 年,德国化学家 Heitler(海特勒)和 London(伦敦)应用量子力学求解 H_2 分子的薛定谔方程后,揭示了两个 H 原子之间化学键的本质。后来,美国化学家 Pauling(鲍林)加以发展,将量子力学对 H_2 分子的研究结果推广到其他分子系统中,建立了以量子力学为基础的价键理论,简称 VB 法。这就使价键理论从经典价键理论发展成为现代价键理论。

鲍林

7.2.1 共价键的形成

价键理论认为共价键的形成有两个基本要点:

(1) 原子中自旋相反的未成对电子在相互接近时,可以结成电子对。此时体系释放出能量,使体系的能量降低,即形成化学键。这也说明了共价键形成符合能量最低原理。一个原子有几个未成对电子,就可以与几个自旋相反的未成对电子配对形成几个共价键。

(2) 形成共价键时,未成对电子所在的原子轨道必须在能量相近、对称性一致的前提下重叠，相应的原子轨道重叠程度越大，两原子核间概率密度越大，形成的共价键越稳定。这也说明了共价键的形成遵循原子轨道最大重叠原理。

7.2.2 共价键的特征

1. 共价键具有饱和性

形成共价键的原子必须具有未成对的电子，且电子的自旋相反。一个原子有几个未成对电子(包括激发后形成的未成对电子)，就可以与几个自旋相反的未成对电子配对，从而形成共价键，所以原子能形成的共价键数目受未成对电子数目的限制。这就是共价键的饱和性。

例如，H—H(或 H_2)、Cl—Cl(或 Cl_2)、H—Cl(或 HCl)等分子中，2 个原子各有 1 个未成对电子，可相互配对形成 1 个共价键。而 N≡N(或 N_2)分子是 2 个氮原子共用 3 对电子，以三重键结合，相当于 3 个共价键。

不具有未成对电子的原子不能成键，所以稀有气体(如 He)通常以单原子分子存在。因此，原子所能提供的未成对电子数一般就是该原子所能形成的共价键的数目，称为共价数。

2. 共价键具有方向性

自旋相反的未成对电子相互接近时，原子轨道总是沿着重叠最大的方向进行重叠，重叠部分越大，共价键越牢固，这就是原子轨道的最大重叠条件。除 s 轨道外，p、d、f 等原子轨道都有一定的空间取向，那么在形成共价键时，只有沿着一定的方向重叠，才能满足原子轨道的最大重叠条件。所以共价键具有方向性。

例如，HCl 分子中氢原子的 1s 轨道与氯原子的 $3p_x$ 轨道只有沿着 x 轴方向才能实现最大重叠，形成稳定的共价键，如图 7.1(a)所示。若 1s 轨道与 $3p_x$ 轨道沿着 z 轴方向重叠，则不能达到最大程度的重叠，不能形成共价键，如图 7.1(b)所示。

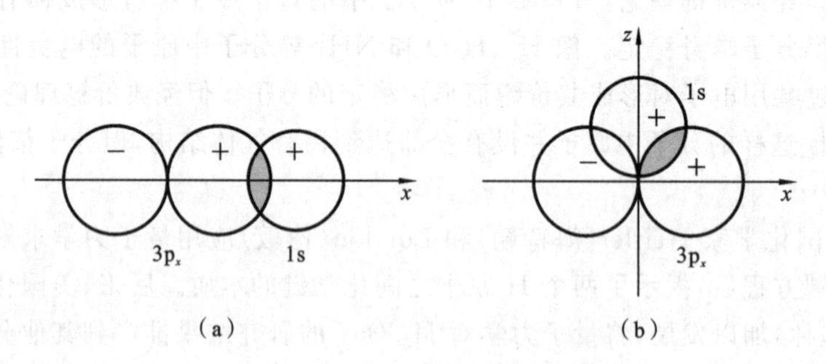

图 7.1 HCl 分子的共价键示意图

7.2.3 共价键的键型

1. σ 键和 π 键

原子轨道形状不同，致使重叠方式不同，从而形成不同类型的共价键。根据重叠方式不同，共价键主要可以分为 σ 键和 π 键。

原子轨道沿成键两原子的核间连线(即“键轴”)方向按“头碰头”方式进行重叠，形成 σ 键。如 H_2 分子是 s-s 轨道重叠、HCl 分子是 p_x-s 轨道重叠、Cl_2 分子是 p_x-p_x 轨道重叠，它们都是以头碰头的形式重叠形成了 σ 键，如图 7.2(a)所示。

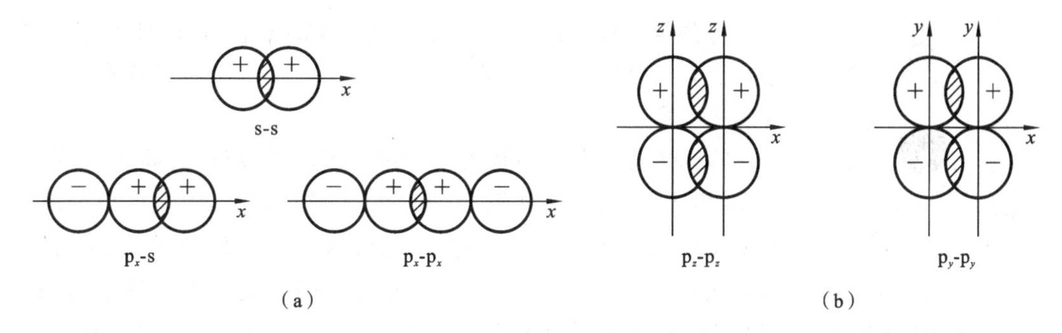

图 7.2　σ 键和 π 键重叠方式示意图

原子轨道沿成键两原子的核间连线方向按“肩并肩”方式进行重叠，形成 π 键，如图 7.2(b)所示。如 N_2 分子中的 2 个氮原子共用 3 对电子成键，2 个氮原子的 p_x 轨道沿着 x 轴方向，以“头碰头”的方式重叠，形成 1 个 σ 键。同时，与 x 轴垂直的 p_y-p_y 轨道、p_z-p_z 轨道就只能在 y 轴和 z 轴方向以平行的“肩并肩”方式进行重叠，形成了 2 个 π 键，如图 7.3 所示。

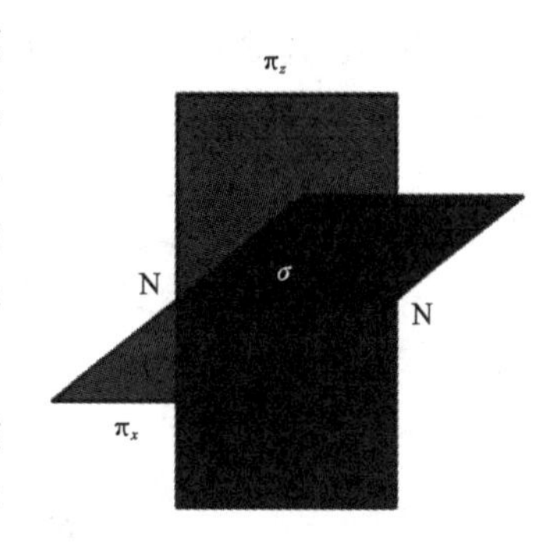

图 7.3　N_2 分子的三键

一般来说，共价单键在成键时为达到最大重叠，都是沿键轴方向“头碰头”形成 σ 键。即共价单键都是 σ 键；共价双键中有一个键是 σ 键，另一个键是 π 键；共价三键中有一个是 σ 键，另两个键都是 π 键。

2. 配位键

通常共价键中共用的电子对是由两个原子分别提供一个单电子，但也有由一个原子单独提供一对电子，被两个原子共用，这样的共价键称为配位键。配位键用“→”表示，以便与“—”表示共用电子对是由两个原子分别提供的进行区分。例如，在 CO 分子中，C 原子的两个成单 2p 电子与 O 原子的两个成单 2p 电子形成两个共价键。此外，O 原子的一对已成对 2p 电子所在轨道与 C 原子的一个 2p 空轨道重叠，形成一个配位 π 键。由此可见，配位键形成的条件是一个原子提供孤对电子，另一个原子提供可与孤对电子所在轨道重叠的空轨道，以便接受孤对电子。在配位化合物中，经常涉及配位键。

7.3　杂化轨道理论

价键理论成功地说明了共价分子的形成，阐明了共价键的本质及饱和性、方向性等特点，但难以合理解释多原子分子的空间构型(即几何构型)。随着近代实验技术的发展，确定了许多分子的空间构型。为了合理地解释分子中各原子在空间的分布情况，1931 年 Pauling(鲍林)在原有价键理论基础上，提出共价键的杂化轨道理论，以对分子的空间构型及成键情况进行解释。

7.3.1　杂化轨道理论的概念

以甲烷(CH_4)分子为例讨论其各原子的空间分布情况。实验测得，甲烷(CH_4)分子是正

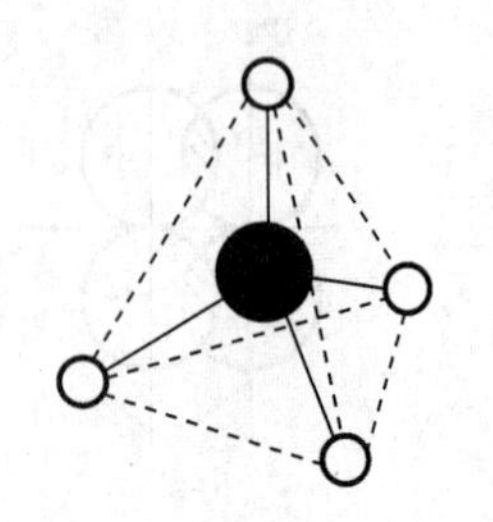

图 7.4 甲烷(CH_4)分子空间构型示意图

四面体的空间构型,C 原子位于正四面体的中心,4 个 H 原子占据 4 个顶点,4 个 C—H 键的键能、键长、键角(109.5°)都是完全等同的,如图 7.4 所示。

C 原子的价电子结构为 $2s^2 2p^2$。按价键理论,若将 C 原子的 1 个 2s 电子激发到 2p 轨道上,有 4 个未成对电子,如图 7.5(a)所示。其中 1 个 2s 电子,3 个 2p 电子,它可以与 4 个 H 原子的 1s 电子配对形成 4 个 C—H 键。在这 4 个 σ 键中,3 个键是由 C 原子的 2p 轨道和 H 原子的 1s 轨道重叠形成的,这 3 个键是等同的。而另外 1 个 σ 键是由 C 原子的 2s 轨道与 H 原子的 1s 轨道形成的,它与上述 3 个键不同。总之,4 个 C—H 键是不等同的,这与实验测得的结果不相符,用前面学习过的价键理论无法解释。

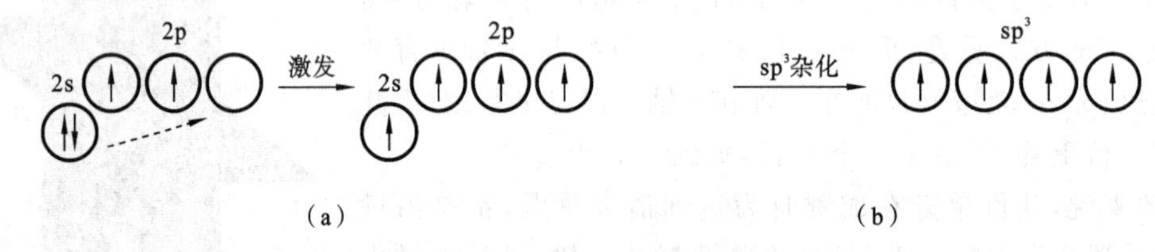

图 7.5 CH_4 分子 C 原子中的电子激发和杂化

Pauling(鲍林)假设,CH_4的中心 C 原子在形成化学键时,价电子层的 4 个原子轨道并不维持原来的形状,而是发生“杂化”,得到 4 个等同的轨道,如图 7.5(b)所示。4 个等同的轨道再与 H 原子的 1s 轨道成键。所谓杂化就是指在形成分子时,由于原子的相互影响,中心原子的若干不同类型能量相近的原子轨道重新组合成一组新的原子轨道。这种轨道重新组合的过程称为杂化,所形成的新轨道称为杂化轨道。

7.3.2 杂化轨道的类型

根据组成杂化轨道的原子轨道的种类和数目的不同,可以把杂化轨道分成不同的类型。

1. s-p 型杂化

只有 s 轨道和 p 轨道参与的杂化称为 s-p 型杂化,主要有以下三种类型:

(1) sp 杂化:由 1 个 *n*s 轨道和 1 个 *n*p 轨道形成。新轨道的形状不同于杂化前的 s 轨道和 p 轨道。每个杂化轨道含有 1/2 的 s 轨道成分和 1/2 的 p 轨道成分。2 个杂化轨道在空间的伸展方向呈直线形,夹角为 180°。以 $BeCl_2$ 分子为例。当 Be 原子与 Cl 原子形成 $BeCl_2$ 分子时,基态 Be 原子 $2s^2$ 轨道中的 1 个电子激发到 2p 轨道,1 个 2s 轨道和 1 个 2p 轨道杂化,形成 2 个 sp 杂化轨道,杂化轨道间夹角为 180°。Be 原子的 2 个 sp 杂化轨道与 2 个 Cl 原子的 p 轨道重叠形成 σ 键,$BeCl_2$ 分子的构型是直线形,如图 7.6 所示。

(2) sp^2 杂化:由 1 个 *n*s 轨道和 2 个 *n*p 轨道组合而成。每个杂化轨道含有 1/3 的 s 轨道成分和 2/3 的 p 轨道成分,杂化轨道间夹角为 120°,空间构型为平面三角形。以 BF_3 分子为例。B 原子的基态价电子结构为 $2s^2 2p^1$,当 B 原子与 F 原子形成 BF_3 分子时,基态 B 原子 $2s^2$

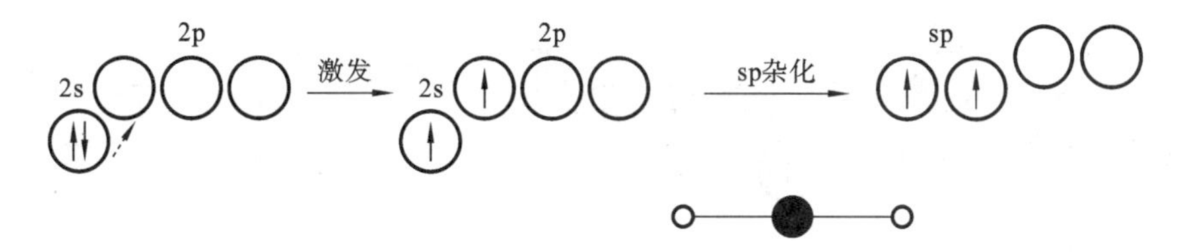

图 7.6　sp 杂化和 $BeCl_2$ 分子的空间构型

中的 1 个电子激发到一个空的 2p 轨道，这样 1 个 2s 轨道和 2 个 2p 轨道杂化，形成 3 个等同的 sp^2 杂化轨道，它们分别指向平面三角形的三个顶点，成平面三角形分布，如图 7.7 所示。

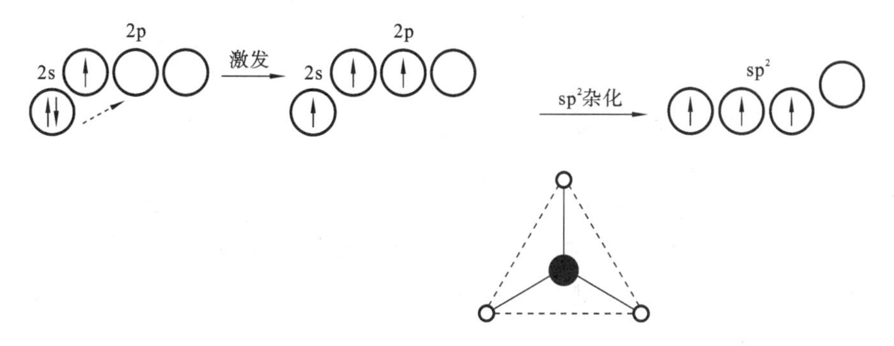

图 7.7　sp^2 杂化和 BF_3 分子的空间构型

（3）sp^3 杂化：由 1 个 ns 轨道和 3 个 np 轨道组合而成。每个杂化轨道含有 1/4 的 s 轨道成分和 3/4 的 p 轨道成分，sp^3 杂化轨道间夹角为 109.5°，空间构型为四面体形。以 CH_4 分子为例，处于激发状态的 C 有 4 个未成对电子，各占 1 个原子轨道，即 1 个 2s 轨道和 3 个 2p 轨道。这 4 个原子轨道在成键过程中发生杂化，重新组成 4 个新的能量完全相同的 sp^3 杂化轨道，如图 7.5 所示。这 4 个 sp^3 杂化轨道对称地分布在 C 原子周围，互成 109.5°角。C 原子的这 4 个 sp^3 杂化轨道各自和 1 个 H 原子的 1s 轨道重叠，形成 4 个 sp^3-s 的 σ 键，从而构成 CH_4 分子，所以 CH_4 分子的空间构型是正四面体，如图 7.4 所示。由于杂化原子轨道的角度分布在上述 4 个方向大大增加，故可使成键的原子轨道重叠部分增大，成键能力增强，所以 CH_4 分子相当稳定。这与实验事实一致。

2. s-p-d 型杂化

ns 轨道、np 轨道和 nd 轨道共同参与的杂化称为 s-p-d 型杂化，常见的有以下 2 种。

（1）sp^3d 杂化：由 1 个 ns 轨道、3 个 np 轨道和 1 个 nd 轨道组合而成。它的特点是 5 个杂化轨道在空间呈三角双锥构型，杂化轨道间夹角为 90° 和 120°。以 PCl_5 分子为例，P 原子的外层电子构型为 $3s^23p^3$，当 P 原子与 Cl 原子形成 PCl_5 分子时，基态 P 原子 3s 轨道上的 1 个电子激发到空的 3d 轨道。同时，1 个 3s 轨道、3 个 3p 轨道和一个 3d 轨道杂化，形成 5 个 sp^3d 杂化轨道。P 原子的 5 个 sp^3d 杂化轨道在空间呈三角双锥形分布，与 5 个 Cl 原子的 p 轨道重叠形成 5 个 σ 键，故 PCl_5 分子的构型是三角双锥形。平面内的 3 个 P—Cl 键键角为 120°，另外 2 个 P—Cl 键与平面垂直，夹角为 90°，如图 7.8 所示。

（2）sp^3d^2 杂化：由 1 个 ns 轨道、3 个 np 轨道和 2 个 nd 轨道组合而成。它的特点是 6 个

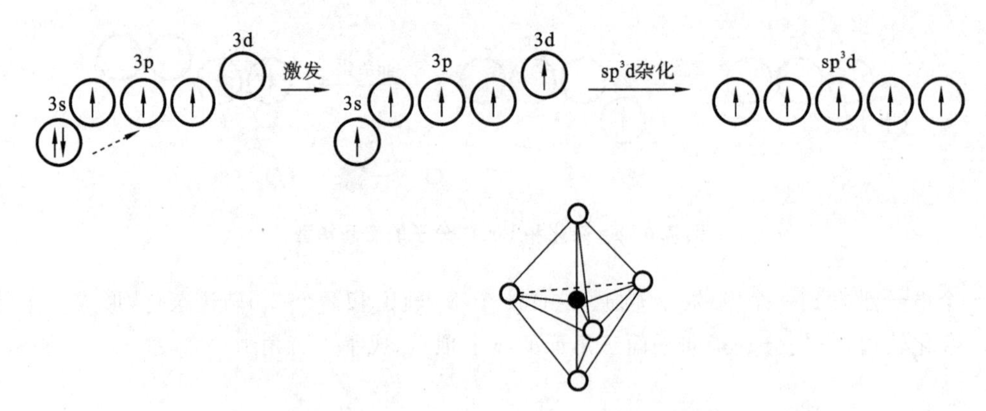

图 7.8　sp^3d 杂化和 PCl_5 分子的空间构型

杂化轨道在空间呈正八面体构型，杂化轨道间夹角为 90° 和 180°。以 SF_6 分子为例。S 原子的外层电子构型为 $3s^23p^4$。由于 S 原子有空的 3d 轨道，在形成 SF_6 分子时，1 个 3s 电子和 1 个已成对的 3p 电子分别激发到空的 3d 轨道。同时 1 个 3s 轨道、3 个 3p 轨道和 2 个 3d 轨道杂化，形成 6 个 sp^3d^2 杂化轨道。S 原子的 6 个 sp^3d^2 杂化轨道在空间呈正八面体分布，与 6 个 F 原子中 2p 轨道重叠共形成 6 个 σ 键，故 SF_6 分子的构型是正八面体，如图 7.9 所示。

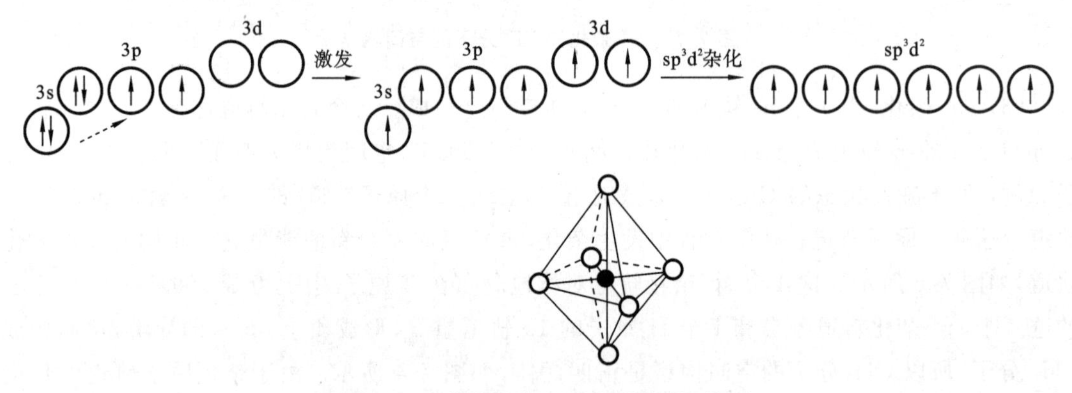

图 7.9　sp^3d^2 杂化和 SF_6 分子的空间构型

杂化轨道成键时，要满足原子轨道最大重叠原理，即轨道重叠越多，形成的化学键越稳定。因为杂化轨道电子云分布更集中，所以杂化轨道的成键能力比未杂化的各原子轨道的成键能力强，形成的分子也更稳定。

3. 不等性杂化

上述杂化方式中均形成的是一组能量简并的轨道，参与杂化的原子轨道在每个杂化轨道中的贡献相等，或者说每个杂化轨道中的成分相同，形状也完全一样，这种杂化属于等性杂化。若形成的杂化轨道是一组能量不相等的轨道，就是不等性杂化了。以 NH_3 和 H_2O 分子结构为例说明，它们都属于 sp^3 不等性杂化。

实验测得 NH_3 的分子构型是三角锥形，键角为 107.3°。N 原子的外层电子结构是 $2s^22p^3$，在最外层 2 个 2s 电子已成对，称孤对电子。按价键理论，这一对孤对电子不参与成键，3 个未成对的 p 电子的轨道互成 90°角，可与 3 个 H 原子的 1s 电子配对成键，那么键角应为 90°，但这与事实不符。根据杂化轨道理论，N 原子在与 H 原子的成键过程中可能发生杂化，形成 4 个 sp^3 杂化轨道。如果是 sp^3 等性杂化，键角应为 109.5°，也与事实不符。由此提出了不等性杂化的概念。在 NH_3 分子中有 1 个 sp^3 杂化轨道被未参与成键的孤对电子占据，由于孤对电子对于 N—H 键成键电子的排斥作用，导致键角被压缩为 107.3°，略小于 109.5°，这与实验结果相符，如图 7.10 所示。

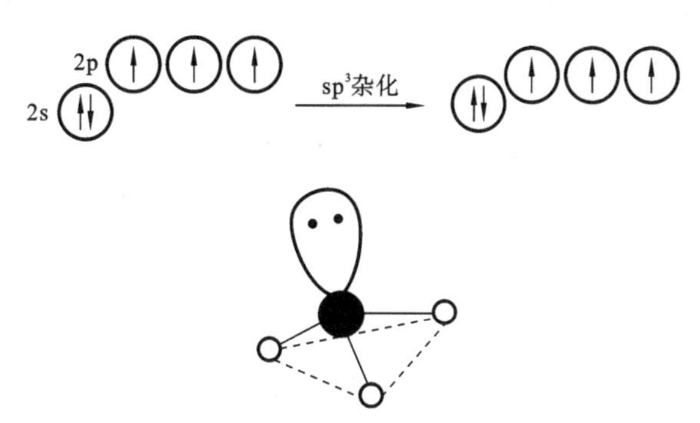

图 7.10　NH_3 分子的不等性杂化和分子的空间构型

实验测得 H_2O 分子构型是 V 形，H—O—H 的键角为 104.5°，O 原子的外层电子结构为 $2s^2 2p^4$。根据杂化轨道理论，O 原子的 1 个 2s 轨道和 3 个 2p 轨道采取 sp^3 杂化，但形成的 4 个 sp^3 杂化轨道能量并不一致，为 sp^3 不等性杂化。被 2 对孤对电子所占据的 2 个杂化轨道的能量较低，被 2 个单电子所占据的 2 个杂化轨道的能量较高，这 2 个杂化轨道与 2 个 H 原子的 1s 轨道形成 2 个共价键，而且受 2 对孤对电子的排斥较大，键角被压缩为 104.5°，略小于 107.3°，如图 7.11 所示。

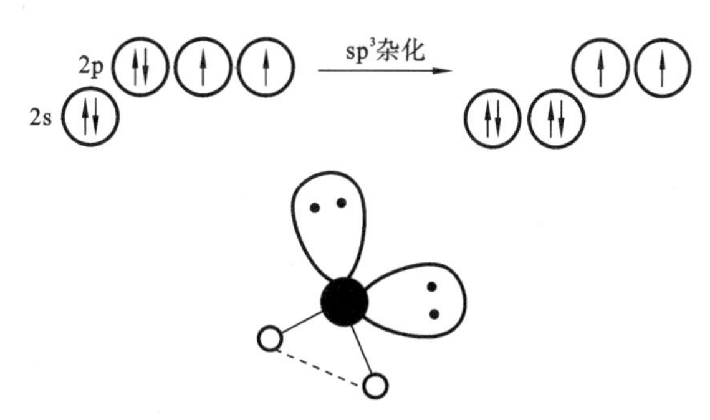

图 7.11　H_2O 分子的不等性杂化与 H_2O 分子的空间构型

用杂化轨道理论讨论问题，通常是在已知分子几何构型，尤其是在已知键角的基础上进行的。也就是说，通过实验测得分子的空间构型，并测得键角等键参数后，可以利用杂化轨道理论解释该分子的空间构型。但是若想用杂化轨道理论预测分子的空间构型则比较困难。

7.4　分子间作用力

前面介绍的共价键属于化学键，是原子间的强相互作用，其键能为 100～800 $kJ \cdot mol^{-1}$。

分子之间弱的相互作用称为分子间作用力，其结合能比化学键能小1～2个数量级，为几到几十 $kJ \cdot mol^{-1}$。

7.4.1 范德华力

水蒸气可以凝结成水，水又可以凝固成冰，在这过程中化学键并没有发生变化，这就表明分子间还存在着一种相互吸引作用。任何分子都有正、负电荷中心，非极性分子的正、负电荷中心重合在一起，极性分子的正、负电荷中心不重合。分子间具有吸引作用的根本原因是分子具有极性和变形性。早在1873年，荷兰物理学家J. D. van der Waals（范德华）就注意到这种分子间作用力的存在，后人将其称为van der Waals force（范德华力）。范德华力是决定物质的熔沸点、熔化热、汽化热、蒸气压、溶解度、表面张力以及黏度等物理性质的主要因素。范德华力依据来源不同分为3种力——取向力、诱导力和色散力。

1. 取向力

取向力指极性分子间的作用力。极性分子是一种偶极子，具有正极和负极。当两个极性分子相互靠近时，同极相斥，异极相吸，使分子发生相对转动后按一定的取向排列，极性分子间由静电引力互相吸引。当分子相互接近到一定距离后，排斥力和吸引力达到相对平衡，从而使体系能量最低，比较稳定。这种固有偶极之间的静电引力称为取向力。分子的极性越大，取向力也越大；温度升高会降低分子定向排列的趋势，取向力减弱。

2. 诱导力

诱导力是发生在极性分子与非极性分子间以及极性分子与极性分子间的作用力。当极性分子与非极性分子相互接近时，极性分子的固有偶极所产生的电场使其附近的非极性分子的电子云发生变形，即电子云偏向极性分子偶极的正极，使非极性分子正负电荷中心不再重合，从而形成诱导偶极。极性分子的固有偶极与非极性分子的诱导偶极间的作用力称为诱导力。极性分子的偶极矩越大，非极性分子变形性越大，诱导力越强。在极性分子之间，由于它们相互作用，每一个分子都会由于变形而产生诱导偶极，使极性分子极性增强，从而使分子之间的作用力进一步加强。

3. 色散力

在一段时间内从总体上看，非极性分子的正、负电荷中心重合，偶极矩为零。但由于分子中的核外电子不断运动和原子核不断振动，在每一瞬间总是会出现正、负电荷中心不完全重合的状态，这样就产生了瞬时偶极。极性分子同样也会产生瞬时偶极，靠近的两个分子之间由于同极相斥、异极相吸，瞬时偶极间处于异极相邻的状态。我们把瞬时偶极间产生的范德华力称为色散力。虽然瞬时偶极存在的时间极短，但偶极异极相邻的状态总是不断地重复出现，所以相互靠近的任何分子（不论是否为极性分子）之间，都存在着色散力。同族元素单质及其化合物，随分子量的增加，分子体积越大，瞬时偶极矩也越大，色散力越大。

总之，在非极性分子间只存在色散力；极性分子与非极性分子间存在诱导力和色散力；极性分子间存在取向力、诱导力和色散力，如图7.12所示。范德华力存在于一切分子之间，无方向性，无饱和性。大多数分子的范德华力是以色散力为主，只有极性很强的分子（如 H_2O 分子）才以取向力为主，如表7.1所示。

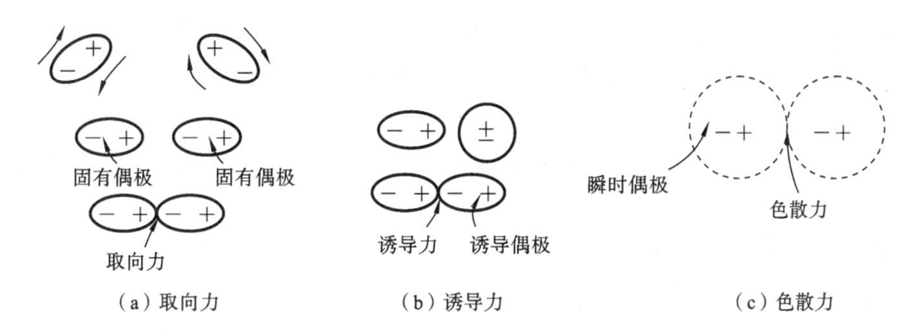

图 7.12　范德华力的产生

表 7.1　范德华力的存在类型

分子极性	取向力	诱导力	色散力
非极性分子-非极性分子			√
非极性分子-极性分子		√	√
极性分子-极性分子	√	√	√

7.4.2　氢键

1. 氢键的形成和特征

大多数同系列氢化物的熔、沸点随着分子量的增大而升高，而 H_2O、HF、NH_3 不符合以上递变规律，如图 7.13 所示。原因是这些分子间除了存在范德华力外，还存在着一种特殊的作用力——氢键，使得分子间发生了缔合。氢键是一种可以存在于分子之间也可以存在于分子内部的作用力。

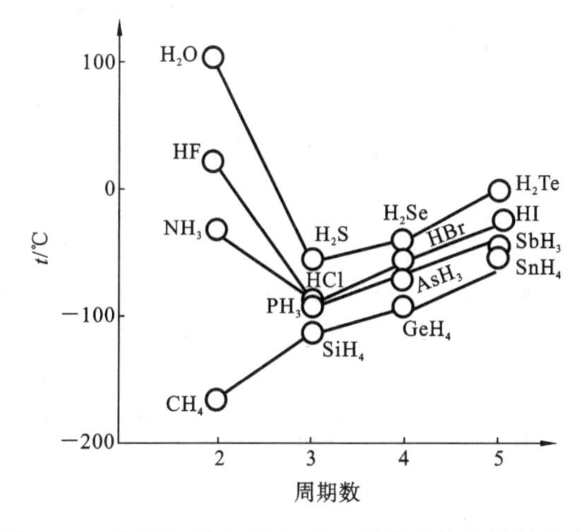

图 7.13　第ⅣA、ⅤA、ⅥA、ⅦA 族元素氢化物的沸点

以 H_2O 为例进行说明。当 H 原子与电负性大、原子半径小且具有孤对电子的 O 原子以共价键结合时，共用电子对强烈地偏向 O 原子一边，使 H 原子几乎成了“裸露”的质子。由于 H 原子半径很小，电荷密度大，还能吸引另一 H_2O 分子中的 O 原子中的孤对电子而形成氢

键。氢键通常用 … 表示，如 X—H…Y，这里的 X、Y 原子可以相同，也可以不同。电负性大、半径小且具有孤对电子的元素原子中 F、O、N 与 H 所形成的氢键最为突出。

实验表明，氢键比化学键弱得多而比范德华力稍强（在同一数量级），氢键具有方向性和饱和性。方向性是指 Y 原子与 X—H 形成氢键时，由于 X、Y 的电负性很大，故 X、Y 原子间的排斥作用也很大，这样就必须尽可能使 X、H、Y 3 个原子在同一直线上。饱和性是指每 1 个 X—H 只能与 1 个 Y 原子形成氢键。

2. 氢键对物质性质的影响

分子间形成氢键将对物质的聚集状态产生影响，所以物质的物理性质会发生明显的变化。分子间有氢键，会增强分子间的结合力，这样物质的熔点、沸点和汽化热比同系列氢化物要高。有氢键的液体一般黏度较大，如浓硫酸等，由于氢键形成易发生缔合现象，从而影响液体的密度。

由于氢键的存在，冰和水具有很多不寻常的性质。冰结构中的每个 H 都参与形成氢键，使得冰晶体含有很多空洞的结构，这样冰的密度小于水，浮在水面上，才使得水中的生物在冬季不被冻死。液态水升温时水中氢键断裂，这就需要更多的能量，因此水相对于其他液体来说，具有很大的比热容。而且即使是升温到 100 ℃，水中仍有足够多的氢键存在，使得水的蒸发热大于其他液体。

氢键不仅能存在于分子之间，也能存在于分子内部，形成分子内氢键。例如硝酸分子中存在分子内氢键，形成了多原子环状结构，如图 7.14 所示。硝酸的熔沸点较低，酸性比其他强酸稍弱，这些性质都与分子内氢键有关。

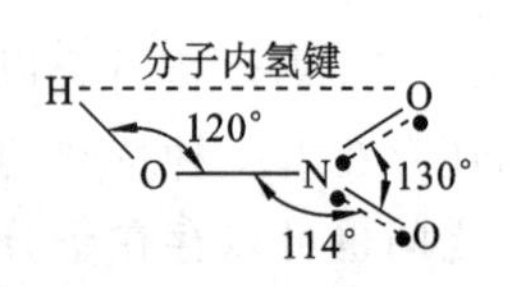

图 7.14　HNO_3 分子中的分子内氢键

人们认为氢键对于生命体来说非常重要，因为生物体内的蛋白质分子内或分子间都存在大量的氢键。在室温下，氢键容易形成和破坏，这在生理过程中非常重要。复杂的 DNA 双螺旋结构也是靠大量氢键相连而稳定存在的。由于氢键的存在，才有这些特殊而又稳定的大分子结构，也正是这些大分子支撑了生物体，担负着贮存营养、传递信息等一切生物功能。

7.5　晶体的结构与性质

固体可分为晶体和非晶体，晶体是由原子、分子或离子在空间按一定的规律周期性重复排列构成的固体物质，其外表特征是具有整齐规则的几何外形、具有固定的熔点和呈各向异性。质点的排列毫无规律的固体，称为非晶体，也称无定形体。自然界中的固体绝大多数是晶体，只有极少数非晶体。

根据晶体中那些周期性排列的质点的性质，晶体可分成四种基本类型，即分子晶体、离子晶体、原子晶体和金属晶体。

7.5.1　分子晶体

分子晶体是由极性分子或非极性分子通过范德华力或氢键聚集在一起的。例如，在干冰中有序排列的质点就是 CO_2 分子。构成分子晶体的粒子是分子，有的是极性分子，也有的是非极性分子。一般通过范德华力和氢键相结合。分子晶体中由于范德华力较弱，因此熔点和沸点低，在室温下多以气体形式存在；硬度小，挥发性大，易溶于非极性溶剂，在固态和熔化状态下不导电，因为电子不容易从一个分子传导到另一个分子。某些极性很强的分子晶体，如HCl，溶解在极性溶剂水中，由于发生解离而导电。

7.5.2　离子晶体

离子晶体中有序排列的粒子是阳离子和阴离子，阳、阴离子间以静电引力结合。例如，在NaCl晶体中有序排列的粒子是Na^+和Cl^-。阳、阴离子间的静电引力，即离子键的作用是很强的，因此离子晶体具有较高的熔点、沸点和硬度，无延展性。在离子晶体中，离子不能自由移动，所以离子晶体导电性差。离子晶体溶于水中或熔融后具有良好的导电性，这是通过离子的定向迁移作用实现的，而不是通过电子流动导电。

在离子晶体中阳、阴离子在空间排布不同，离子晶体的空间结构也不同。最简单的立方晶系AB型离子晶体，有以下几种典型结构，如图7.15所示。

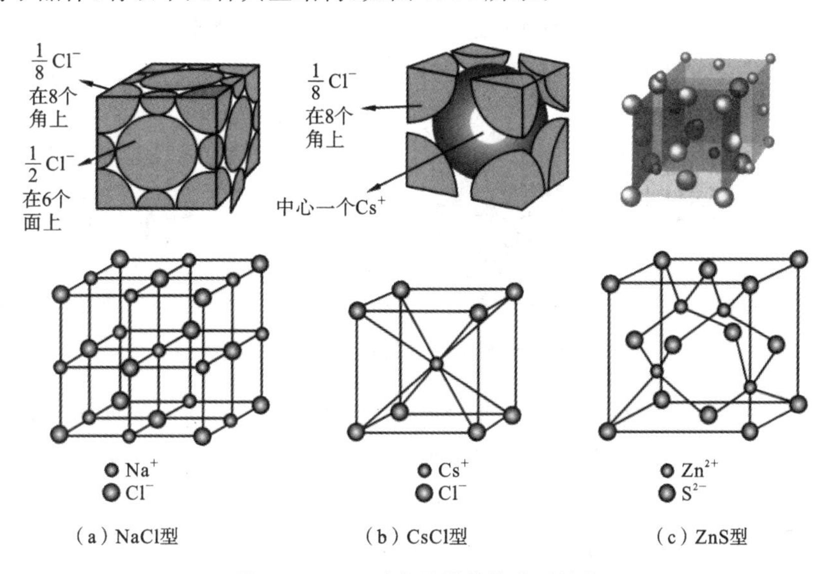

图7.15　AB型离子晶体的典型结构

7.5.3　原子晶体

原子晶体中有序排列的粒子是原子，原子与原子间以共价键结合，构成巨大的分子。例如，原子晶体的典型代表就是金刚石。在金刚石晶体中，每个C原子通过sp^3等性杂化成键，分别与相邻的4个C原子以共价键相连，每个C原子都处于与它直接相连的4个C原子所构成的正四面体中心。许许多多的C原子相互联结得到一个巨大的三维网络结构，如图7.16所示。在任何一种原子晶体中，原子间都是以共价键相互连接的。由于共价键很强，所以这类物质具有很高

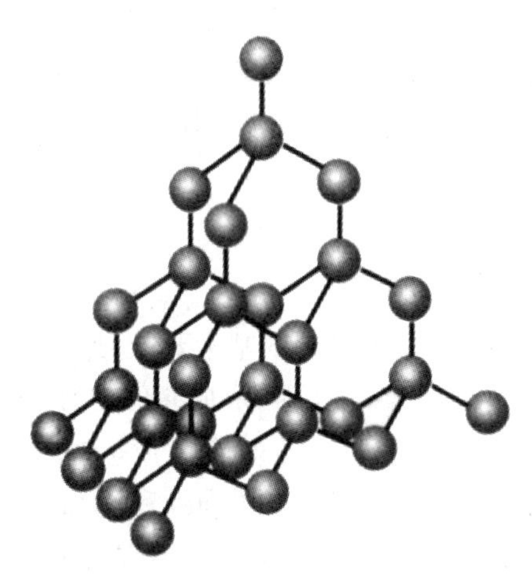

图7.16　金刚石的结构示意

的熔点，十分坚硬，通常导电性也差。在常见溶剂中不溶解，延展性差。但硅、碳化硅等具有半导体性质，可以有条件导电。

7.5.4　金属晶体

金属晶体中有序排列的质点是金属原子或金属离子，以金属键结合。金属原子半径较大，价电子数较少，原子核对价电子的吸引力较弱。故核外的价电子容易脱离下来成为自由电子，在金属晶体中自由流动。自由电子形成“电子的海洋”，失去电子的金属阳离子被吸引约束在自由电子的海洋中，这就是金属键的实质。金属键的强弱和自由电子的多少有关，也和离子半径、电子层结构等复杂的因素有关。

金属键的强度差别很大，故有的金属很软、熔点低，如钠和钾；有的金属很硬，熔点很高，如铬和钨。与离子键相同，金属键没有方向性也没有饱和性，故每个金属原子周围会有尽可能多的邻近金属原子紧密堆积在一起，以使体系能量最低，更加稳定。故金属晶格结构要求金属原子或金属离子紧密堆积，即球状的刚性金属原子一个挨一个地紧密堆积在一起。金属中常见的紧密堆积有六方密堆积、体心立方密堆积、面心立方密堆积等，如图 7.17 所示。

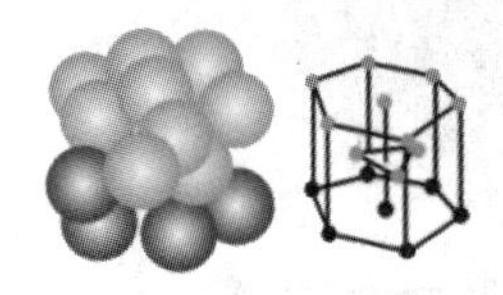

(a) 六方密堆积

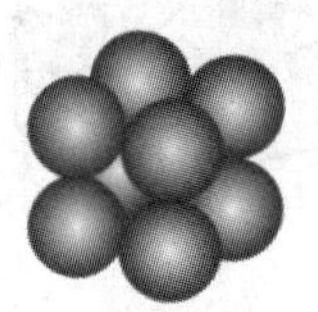

(b) 体心立方密堆积

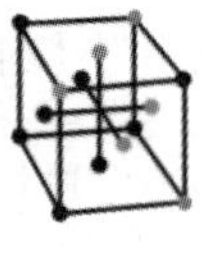

(c) 面心立方密堆积

图 7.17　金属晶体的常见紧密堆积类型

由于自由电子的存在和金属的紧密堆积结构，金属晶体具有共同的性质，如不透明，具有金属光泽，密度较大，有导电性和导热性等。当金属受外力发生形变时，金属紧密堆积结构允许在外力作用下使原子层滑动而不破坏金属键，故金属有良好的延展性。

上述四类晶体中，分子晶体以范德华力或氢键结合；离子晶体以离子键结合；原子晶体以共价键结合；金属晶体以金属键结合。在离子晶体中，阳、阴离子都带电，周围都有电场，某些阳、阴离子间(如 AgI 晶体里的 Ag^{+} 和 I^{-})相互极化作用很明显，此时离子键向共价键转变。大量实验测定结果也表明，多数晶体都不是纯的离子晶体、金属晶体或原子晶体，尤其是一些复杂的包含有机、无机配体或生物大分子的晶体结构中，原子和分子间的作用形式多种多样。

本章总结

价层电子对互斥理论

(1) 价键理论的基本要点：原子中自旋相反的未成对电子在相互接近时，可以形成电子对；形成共价键时，未成对电子所在的原子轨道必须在能量相近、对称性一致的前提下重叠。

(2) 共价键具有方向性和饱和性，根据原子轨道重叠方式不同分为 σ 键和 π 键；根据共用电子对的来源不同，将由一个原子提供孤对电子，另一原子提供空轨道而形成的共价键称为配位键。

(3) 杂化轨道理论的基本要点：在形成分子的过程中，若干不同类型能量相近的原子轨道重新组合成一组新轨道，即为杂化，所形成的新轨道称为杂化轨道。杂化前后轨道数目不变。根据杂化轨道中所含原子轨道的成分是否相同，杂化轨道又分为等性杂化轨道和不等性杂化轨道。

(4) 分子的极性和变形性是相互靠近的分子间产生吸引作用的根本原因。极性分子固有偶极之间的静电引力称为取向力。分子的极性越大，取向力也越大。极性分子的固有偶极与非极性分子的诱导偶极间的作用力称为诱导力。极性分子的偶极矩越大，非极性分子变形性越大，诱导力越强。任何分子的瞬时偶极间的作用力称为色散力。同族元素单质及其化合物，随分子量的增加，分子体积越大，瞬时偶极矩也越大，色散力越大。总之，极性分子间存在取向力、诱导力和色散力；极性分子和非极性分子间存在诱导力和色散力；非极性分子间只有色散力。这三种作用力的总称为范德华力。

氢键是由分子中的 H 和电负性大、半径小且有孤对电子的原子(F,O,N)形成的。氢键具有饱和性和方向性。氢键有分子间氢键和分子内氢键；分子间氢键一般使物质的熔、沸点升高，在水中溶解度增大，使液体黏度增大。分子内氢键使其熔、沸点较低，在水中溶解度减小。

(5) 晶体是由原子、分子或离子在空间按一定的规律周期性重复排列构成的固体物质。晶体具有规则的几何外形，呈各向异性，具有固定的熔点。晶体类型：分子晶体、离子晶体、原子晶体和金属晶体。

分子晶体是由极性分子或非极性分子通过范德华力或氢键结合而成的；范德华力较弱，既无方向性又无饱和性。分子晶体一般沸点较低，在室温下多以气体形式存在；硬度小，挥发性大，易溶于非极性溶剂，在固态和熔化状态下不导电。

离子晶体是阳、阴离子以离子键结合而成的，离子键没有方向性和饱和性。离子晶体具有较高的熔点、沸点和硬度，无延展性。离子晶体溶于水或熔融后具有良好的导电性。

原子晶体是原子和原子间以共价键结合而成的，具有很高的熔点，十分坚硬，通常导电性也差。在常见溶剂中不溶解，延展性差。但硅、碳化硅等具有半导体性质，可以有条件导电。

金属晶体是金属原子或离子以金属键结合而成的，金属键没有方向性和饱和性。金属键的强弱和自由电子的多少有关，也和离子半径、电子层结构等诸多因素有关，故强度差别很大。金属晶体的硬度也差别很大。金属晶体都不透明，具有金属光泽，密度较大，有导电性和导热性，有良好的延展性。

习　　题

扫码做题

问答题

1. 共价键的实质是什么？共价键为什么具有饱和性和方向性？
2. 什么是杂化轨道理论？原子为什么要以杂化轨道成键？
3. 什么是 σ 键和 π 键？它们有什么特点和区别？
4. 分子间作用力有哪几种？分子间作用力大小对物质的物理性质有何影响？
5. 什么是氢键？形成氢键的条件是什么？
6. 举例说明 s-p 型杂化轨道类型与分子空间构型之间的关系。

7. 请分析：C_2H_4 分子中，C 原子和 C 原子之间形成什么键？C 原子和 H 原子之间形成什么键？C 原子的杂化方式是什么？

8. 下列各物质的共价键类型是什么？

NH_3　　PCl_5　　C_2H_2　　SiO_2　　N_2　　CCl_4

9. 下列分子间存在哪种分子间作用力？

CCl_4　　H_2S　　CH_3Br　　NH_3　　H_2O 和 CH_4

10. 试解释 HBr 的沸点比 HCl 高，但又比 HF 低。

11. 根据下列分子或离子的空间构型，写出中心原子的杂化轨道类型。

分子或离子	空间构型	杂化类型
SiF_4	正四面体	
$HgCl_2$	直线形	
SO_2	V 形	
H_2S	V 形	
XeF_4	平面正方形	
BCl_3	平面三角形	
I_3^-	直线形	
NO_2^-	V 形	
$[SiF_6]^{2-}$	八面体	

12. 举例说明各类型晶体的组成、粒子间作用力和物理性质特征。

晶体类型	组成粒子	粒子间作用力	物理性质			例
			熔沸点	硬度	熔融导电性	
金属晶体						
原子晶体						
离子晶体						
分子晶体						

第 8 章　元素与化合物

8.1　概　　述

元素与化合物是化学研究的核心概念。目前已知的元素有 100 多种，其中包括 90 多种天然存在的元素和 20 多种人工合成的元素。元素根据原子内部的质子数(原子序数)进行分类，如常见的元素氢、氧、硅、铁等。按照元素的化学性质，元素可分为金属元素、非金属元素和过渡元素等。

化合物是由两种或更多种不同元素的原子以一定的比例结合而成的纯物质。化合物的形成通常伴随着化学反应。化合物的组成可以用化学式表示，如 H_2O 表示水，CO_2 表示二氧化碳等。

元素是构成化合物的基础，化合物的性质在很大程度上取决于元素的性质。化学反应是元素重新组合成化合物的过程，反应过程涉及元素的转化和化合物的生成。研究元素和化合物的性质和反应机制是理解化学变化的基础。

本章按元素周期表从左到右阐述各族元素的性质和所形成的化合物。

元素周期表中的主族元素在 s 区和 p 区，包括氢元素、碱金属元素、碱土金属元素、硼族元素、碳族元素、氮族元素、氧族元素、卤素及零族元素，这些元素的原子半径、电离能、电负性、氧化态等都呈现周期性变化的规律，因此主族元素的单质及其化合物的性质也呈现周期性变化的规律。

元素周期表中的副族元素为元素周期表中第 3、4、5、6、7、11 和 12 列的元素，包括镧系、锕系、钛族、钒族、铬族、锰族、铜族、锌族。与主族元素相比，副族元素的各种性质周期性变化规律不明显。

在元素周期表中，第Ⅷ族元素是特殊的一族，第Ⅷ族中的这些元素，从上到下存在着一般的垂直相似性(如铁、钌、锇)，但水平相似性 (如铁、钴、镍)更为突出，这决定了第Ⅷ族元素在元素周期表中位置的特殊性。因此，为了研究方便，通常把位于第四周期的铁、钴、镍三种元素称为铁系元素。由于镧系收缩，位于第五周期的钌、铑、钯与位于第六周期的锇、铱、铂的性质非常相似，这六种元素称为铂系元素。

8.2　主族元素及其化合物

8.2.1　氢元素及其化合物

氢是元素周期表中的第一个元素，排在第ⅠA 中，电子构型为 $1s^1$。由于氢原子的半径特别小，电负性为 2.2，高于碱金属的电负性，低于卤素的电负性，其单质的性质与第ⅠA 族的碱金属元素和第ⅦA族的卤素的性质都有很大的差别。

氢是唯一一种同位素有不同名称的元素。氢在自然界中存在三种同位素：氕(piē)(氢1，H)，氕的原子核只有1个质子，丰度达99.98%，是构造最简单的原子；氘(dāo)(氢2，重氢，D)的原子核由1个质子和1个中子组成，其丰度约为一般氢的1/1000，其质量为普通氢的2倍，少量存在于天然水中，用于核反应，并在化学和生物学研究工作中作示踪原子；氚(chuān)(氢3，超重氢，T)的原子核由1个质子和2个中子组成，并带有放射性，会发生β衰变，其半衰期为12.43年，自然界中含量极微，从核反应制得，主要用于热核反应。以人工方法合成的同位素有氢4、氢5、氢6、氢7。

氢单质(H_2)无色、无味、无臭，几乎不溶于水和有机溶剂，密度最小，具有很高的扩散速率和导热率。其导热率约为空气的5倍，在常见气体中导热率最高。将氢气冷却到20.38 K时，气态氢可被液化。在13.92 K时液态氢可凝固成固态，固态氢是六方分子堆积晶体，但在金箔存在下它会转变成一种四方变体结构。无论是在气态、液态还是固态下，氢都是绝缘体。由于第ⅠA族其他元素的单质都是金属，科学家提出了使氢金属化的问题。随着超高压技术的发展，在高压下可以观察到氢的金属化转变，它有更高的密度，可能是固态分子氢密度的几倍。但卸除压力后，并没有得到金属氢。

氢的核外价电子分布为$1s^1$，故H元素易与其他元素共价结合形成化合物，此外还可能失去电子成为H^+，得到电子成为H^-，也可以形成金属氢化物。

常见的氢的化合物可分为以下几种类型。

1. 分子型氢化物

p区元素的单质(稀有气体、铟、铊除外)与氢结合，生成共价型氢化物，如HX(X=F、Cl、Br、I)、H_2O、NH_3、PH_3，通常称为某化氢(除H_2O以外)。H和C可以形成烷烃、烯烃、芳香烃及其衍生物等系列有机化合物。

2. 离子型或类盐型氢化物

在元素周期表中，活泼性最强的碱金属和碱土金属能够与氢气在较高的温度下直接化合，氢获得一个电子成为H^-，生成离子型氢化物。

$$2Na + H_2 \xlongequal{} 2NaH$$

$$Mg + H_2 \xlongequal{} MgH_2$$

此类氢化物性质类似盐，大多数不稳定，受热易分解，是很好的还原剂和制氢试剂。

$$CaH_2 + 2H_2O \xlongequal{} Ca(OH)_2 + 2H_2$$

3. 金属型或过渡型氢化物

H_2可以与一些过渡金属(如镧系、锕系)元素形成氢化物，这些氢化物仍然保持金属的导电性，因此被称为金属型氢化物。H_2与这些金属作用时，可以形成整比化合物，如YH_3、LaH_3等，也可以形成非整比化合物，如$PdH_x(x<1)$。这是因为在这些氢化物中，氢既可以空位，也可以填隙。在适当的温度下，氢原子可以在金属中快速扩散，这一性质使得金属型氢化物成为良好的储氢材料。如$SmCo_5$、$LaNi_5$等合金就有很好的吸氢性能(储氢量可达到$(6\sim7)\times10^{22}$个氢原子/厘米^3)，单位体积中的氢含量超过了液态氢(4.2×10^{22}个氢原子/厘米^3)。$LaNi_5$吸放氢的反应如下：

$$LaNi_5 + 3H_2 \rightleftharpoons LaNi_5H_6$$

上述过程在吸氢时为放热反应，放氢时为吸热反应。于是，在压力稍高而温度低时此材料可以吸收氢，而当压力降低或温度升高时又将氢释放出来，从而实现吸氢放氢的反复过程，使氢气的储存和运输有了新的途径，为氢燃料的普遍使用提供了可能性。

氢在自然界蕴藏丰富，多以化合物形式存在，如煤、石油、天然气等碳氢化合物，自然界最丰富的氢资源存在于 H_2O 中。目前工业上主要以煤或天然气为原料制取氢气。在催化剂如 TiO_2 存在下，利用太阳能光解水是获取 H_2 的理想途径：

$$H_2O \xrightarrow{h\nu} H_2 + O_2$$

所得 H_2 再与 O_2 反应生成 H_2O，放出能量，这个过程清洁、无污染。这就是人们所期望的“氢经济”时代。

8.2.2　碱金属元素及其化合物

锂(Li)、钠(Na)、钾(K)、铷(Rb)、铯(Cs)、钫(Fr)这些元素的氢氧化物都是易溶于水的强碱(除 LiOH 的溶解度较小之外)，因此将这一族的金属元素称为碱金属元素。

碱金属元素是活泼性很强的金属元素，都是强还原剂，都能与水反应，置换出氢气。在反应中极易失去 ns^1 电子而呈+1 氧化态。因为碱金属元素的第二电离能 I_2(如：Na 元素 $I_1 = 496\ kJ \cdot mol^{-1}$；$I_2 = 4562\ kJ \cdot mol^{-1}$)特别大，所以不会有其他正氧化态。

碱金属 M 在无水、无氧条件下有可能出现 $M + e \longrightarrow M^-$，从而得到−1 氧化态，如钠化物。钠或钾钠合金在乙二胺(en)和甲胺混合溶剂中形成的溶液具有导电性，可以观察到相同的光谱带，说明这两种溶液中有相同的 Na^-。

$$2Na \xrightarrow{en + CH_3NH_2} Na^+ + Na^-$$

$$KNa \xrightarrow{en + CH_3NH_2} K^+ + Na^-$$

由于碱金属元素原子价电子数少，所以它们之间的作用力比绝大多数其他金属元素原子之间的作用力要小，又由于碱金属元素与同周期元素相比，其原子的体积最大，因此碱金属质地很软，熔、沸点低，升华热低，密度小。Li 的密度是所有金属中最小的，它的密度甚至比煤油还小，所以只能封在石蜡油中保存。钠、钾的密度比水小，可以存放在煤油中，也可以封在石蜡中。碱金属在常温下能形成液态合金，如钾钠合金(77.2% K 和 22.8% Na，熔点为 260.7 K)因具有较高的比热容而作为核反应堆的冷却剂；钠汞齐(熔点为 236.2 K)具有缓和的还原性，常在有机合成中用作还原剂。

碱金属元素在形成化合物时，以离子键结合为特征，也呈现一定程度的共价性。即使最典型的离子化合物 CsF 也有共价性。

(1) 气态双原子分子 $Na_2(g)$、$Cs_2(g)$ 以共价键结合，其半径称为共价半径，比其金属半径小。

(2) Li 化合物的共价成分最大，从 Li 到 Cs 的化合物，共价倾向逐渐减小。

(3) 某些碱金属的有机物也具有共价特征。例如四聚甲基锂 $Li_4(CH_3)_4$ 的结构式如图 8.1 所示。甲基以面桥基的形式与共面的三个锂原子形成四中心两电子键。

第ⅠA 族的碱金属单质具有软、轻、熔点较低的特点，这是由于这些碱金属原子半径大，而价电子只有 1 个，所形成的金属键相对较弱。如金属钠和钾可以用小刀切割；金属锂、钠、钾

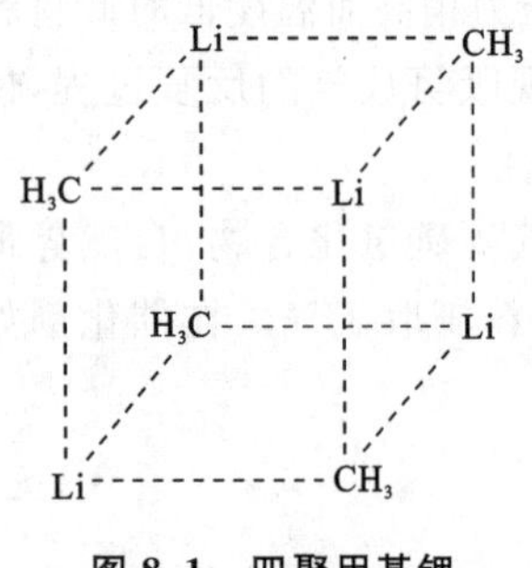

图 8.1　四聚甲基锂的结构式

的密度都比水小，它们和水作用时是浮在水面上的；它们的熔点都比较低，其中金属铯的熔点为 28.5 ℃，低于人的体温。

碱金属可以与 O_2、H_2O 直接反应，同一族元素随原子序数增大作用更强烈。新切开的金属钠表面呈银灰色光泽，但很快就被氧化变为淡黄色的氧化钠，所以 Na、K、Cs 等必须储存在煤油或石蜡油中。使用时可以用小刀切削去表面氧化膜，用多少取多少，剩余的一定要放回原处。存有金属钠的地方，一旦有火灾发生，绝对不能用水灭火，这样只能加大火势，需用沙子灭火。

在一定条件下，碱金属皆可生成过氧化物。Na 在加压氧气中燃烧可以进一步形成超氧化钠（NaO_2），K、Rb、Cs 在空气中燃烧就可以形成超氧化物（MO_2）。过氧化物中含有过氧离子（O_2^{2-}），其中 O 的氧化数为 −1。超氧化物中含超氧离子（O_2^-），其中 O 的氧化数为 −1/2。过氧化物和超氧化物都是强氧化剂，与 H_2O 或 CO_2 反应可放出氧气，可用于高空、深海、矿井、边防等缺氧的工作岗位，作为“氧源”供工作人员呼吸用，也可用于氧气面罩中。

例如：

$$Na_2O_2 + 2H_2O = 2NaOH + H_2O_2$$

$$H_2O_2 = H_2O + \frac{1}{2}O_2$$

$$Na_2O_2 + CO_2 = Na_2CO_3 + \frac{1}{2}O_2$$

$$2KO_2 + 2H_2O = 2KOH + H_2O_2 + O_2$$

$$H_2O_2 = H_2O + \frac{1}{2}O_2$$

$$4KO_2 + 2CO_2 = 2K_2CO_3 + 3O_2$$

碱金属容易失去电子而形成离子化合物，绝大多数第ⅠA 族元素的盐类易溶于水，如 NaCl、KBr、$NaNO_3$ 和 Na_2SO_4 等，也有少数是微溶盐，如：LiF、Li_2CO_3、Li_3PO_4、$NaSb(OH)_6$。

8.2.3　碱土金属元素及其化合物

由于钙（Ca）、锶（Sr）和钡（Ba）的氧化物在性质上介于“碱性的”碱金属氧化物和“土性的”（以前把黏土的主要成分，即难溶于水又难熔融的 Al_2O_3 称为“土”）难溶氧化物之间，所以称它们为碱土金属。后来把第ⅡA 族的其他元素铍（Be）、镁（Mg）和镭（Ra）也包括在内，统称为碱土金属元素，其中镭（Ra）是放射性元素。

碱土金属元素原子的价电子层结构为 ns^2，碱土金属元素 I_2 约为 I_1 的 2 倍（如 Ca 元素 I_1 = 738 kJ · mol^{-1}；I_2 = 1451 kJ · mol^{-1}），从表面上看，碱土金属元素原子失去 2 个电子形成 +2 氧化态比较困难，但由于 +2 氧化态离子化合物的晶格能大，在溶液中，M^{2+} 的水合能也大，足以补偿 I_2 所需要的能量，所以碱土金属元素的主要氧化态为 +2。

镭的发现

与同周期的碱金属元素相比，碱土金属元素增加了一个核电荷，原子半径相应减小，电离能会相应增加，所以碱土金属元素的活泼性不如碱金属元素。但从整个元素周期表来看，碱土金属元素仍然是活泼性相当强的金属元素，是强还原剂。

在自然界中，铍以硅铍石（$Be_4Si_2O_7(OH)_2$）和绿柱矿（$Be_3Al_2Si_6O_{18}$）等矿物的形式存在。绿柱石由于含有少量杂质而显示出不同的颜色，如含2%的Cr^{3+}呈绿色。某些透明的有颜色的掺和物称为宝石，亮蓝绿色的绿柱石称为海蓝宝石，深绿色的绿柱石称为祖母绿。

金属铍是六方金属晶体，是轻而坚硬的金属，表面易形成氧化层，减小了金属本身的活性。在通常情况下，金属铍反应后不形成简单Be^{2+}，而是形成正、负配离子。铍与O_2、N_2、S反应，生成BeO、Be_3N_2和BeS。它与碳反应生成Be_2C，而其他碱土金属的碳化物都是MC_2型。

镁与钙、钾一样，是地壳中分布较广的元素之一。在自然界中镁不是以单质状态存在的，而是作为盐类或岩石大量分布。镁的主要矿物有白云石（$CaCO_3 \cdot MgCO_3$）、光卤石（$KCl \cdot MgCl_2 \cdot 6H_2O$）、橄榄石（$(Mg,Fe)SiO_4$）、菱镁矿（$MgCO_3$）和蛇纹石（$Mg_6[Si_4O_{10}](OH)_6$），即镁以硅酸盐和碳酸盐矿物的形式存在。

镁是轻金属。不论在固态或水溶液中，镁都表现出强还原性，常用作还原剂。金属镁能与大多数非金属和酸反应。

钙元素在自然界中主要以方解石、白云石的形式存在，它们的混合物为大理石，主要成分是$CaCO_3$、萤石（CaF_2）、石膏（$CaSO_4 \cdot 2H_2O$）。锶元素在自然界中主要以天青石（$SrSO_4$）的形式存在，钡元素在自然界中主要以重晶石（$BaSO_4$）的形式存在。

钙、锶、钡均为银白色金属，在空气中会覆盖上一层淡黄色膜，Ca非常硬，Sr、Ba软。它们与H_2O反应，从Ca到Ba反应的剧烈程度增加，原因是金属的活泼性增大和$M(OH)_2$溶解性增大。Ca、Sr、Ba可储存在煤油中，Ca有时存放在密封的罐子里。钙是人体必需的元素，所有动植物都含一定量的钙。另外，钙还参与人体新陈代谢，人体一昼夜约需要0.1 g钙。

钙、锶、钡和碱金属的挥发性盐（硝酸盐、卤化物）在无色火焰中灼烧时，电子被激发，然后电子从较高能级回到较低能级时，便以光能的形式释放出能量，使火焰呈现特征的颜色，如钙为橙色，镁为白色，锶为洋红色，钡为黄绿色等，称为"焰色反应"。利用焰色反应，根据火焰的颜色可以定性地鉴别这些元素，但只可以鉴别单个离子，因为混合离子之间会发生颜色干扰。利用焰色反应，还可以制造各色焰火。

碱土金属元素的氯化物、溴化物、硝酸盐易溶，碳酸盐和草酸盐难溶，$MgSO_4$可溶，$CaSO_4$微溶，而$SrSO_4$、$BaSO_4$难溶。碱土金属氢氧化物在水中的溶解性：$Mg(OH)_2$不溶，$Ca(OH)_2$、$Sr(OH)_2$微溶，$Ba(OH)_2$可溶。碱土金属氟化物的溶解性变化也有类似的规律：MgF_2、CaF_2、SrF_2难溶，而BaF_2微溶。即碱土金属氢氧化物和氟化物溶解度随阳离子半径的增大而呈现增大的趋势。

第ⅠA族的Li与Na、K、Rb、Cs之间，第ⅡA族的Be与Mg、Ca、Sr、Ba之间，元素及其化合物性质的差别比较大。例如，金属Li与Na、K、Rb、Cs相比，单质硬度大、熔点高，难形成过氧化物，能和N_2化合，Li的化合物中化学键的共价性比较显著，LiF在水中的溶解度比NaF、KF小得多。这些性质与同族元素相比显得有点特殊，而与其右下角的Mg更相近。Be也有类似的情况，它的氧化物、氢氧化物为两性，Be的化合物中化学键的共价成分明显，无水$BeCl_2$是共价化合物，易发生聚合，这些性质与Mg、Ca、Sr、Ba化合物的不同，而与其右下方的元素Al相似。

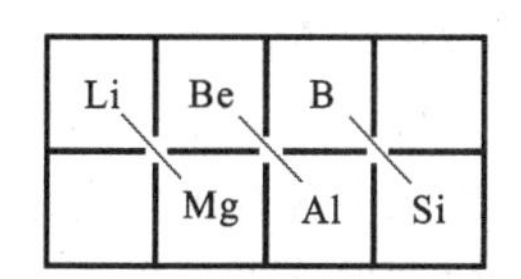

图8.2　对角线关系

上述现象不仅存在于Li与Mg、Be与Al之间，还存在于B与Si之间，如图8.2所示，在元素周期表中，某些主族元素与右下方的主族元素有些性质是相似的，这种相似性称为对角线规则。

8.2.4 硼族元素及其化合物

第ⅢA族元素包括硼(B)、铝(Al)、镓(Ga)、铟(In)、铊(Tl)、鉨(Nh)等元素，统称为硼族元素。其中，硼是非金属元素，铝、镓、铟和铊都是金属元素，其金属性随着原子序数的增加而增加，但镓的金属性稍弱于铝。鉨是人工合成放射性元素。

硼族元素的氧化态为+3，具有相当强的形成共价键的倾向。如镓、铟、铊虽然都是金属，但由于具有18电子层结构，在原子间成键时容易形成极性共价键。硼族元素的价电子层有4个原子轨道，即 ns，np_x，np_y，np_z，但只有3个电子，因此易形成+3氧化态化合物，称为缺电子化合物。它们有很强的继续接受电子的能力。这种能力表现在分子的自聚合以及与电子对给予体形成稳定的配位化合物。

硼(B)和同族的铝相比，一个为非金属，另一个是金属，物理性质、化学性质都不相似，而与右下角的硅比较相似，这是对角线规则的又一个例子。硼在自然界的储量不多，有人把它归入“稀有”之列，我国西部尤其在青海、西藏干旱地区有大量矿藏，主要矿石为硼砂(四硼酸钠)矿，四硼酸钠可溶于水，重结晶即可得相当纯的四硼酸钠，根据结晶温度不同可得到$Na_2[B_4O_5(OH)_4]\cdot 8H_2O$晶体，也可得到$Na_2[B_4O_5(OH)_4]\cdot 3H_2O$。

硼和右边的碳也有类似之处，如硼能和氢形成一系列硼氢化物，如B_2H_6、B_4H_{10}、B_5H_9、B_5H_{11}、B_6H_{10}、$B_{10}H_{14}$等，称为硼烷，与碳烷相似，在空气中燃烧能生成B_2O_3和H_2O，并放出大量的热。在研究硼氢化合物的过程中还发现了BH_4^-，几乎所有的金属都能和它形成化合物，如$Al(BH_4)_3$、$LiBH_4$等，这些化合物是具有特殊用途的还原剂。C位于B和N之间，B和N生成的氮化硼(BN)的性质与石墨很相似，还有$B_3N_3H_6$和C_6H_6的性质也很相似，称为“无机苯”。

铝在地壳中的丰度仅次于氧和硅，而居金属之首。金属铝有许多重要用途，它的导电能力虽略小于铜，但铝又轻又便宜，在地壳中储量比铜丰富，所以有些场合的电线电缆可用铝代替铜。纯铝比较软，延展性、可塑性好，但强度不高，适当掺入Cu、Mn、Mg或Si等制成合金，不仅强度增加，耐腐蚀性也增加，可用于飞机、汽车制造业，也用于建筑业。

自然界中大部分铝以铝硅酸盐的形式存在，如高岭土$[H_2Al_2(SiO_4)_2\cdot H_2O]$、正长石$(KAlSi_3O_8)$等。单独氧化铝的矿石有铝矾土$[AlO(OH)]$、刚玉($\alpha$-$Al_2O_3$)等，铝矾土是炼铝的工业原料，刚玉则是天然的晶态氧化铝，颜色白如玉，硬度仅次于金刚石，所以取名为刚玉，宜作轴承、磨料等。含少量CrO_3的Al_2O_3显红色，称红宝石。含少量Fe_2O_3(或FeO)及TiO_2的Al_2O_3显蓝色，称蓝宝石。不少精密仪器需要用这类宝石，靠天然储藏不能满足需要，现已有成熟的人工制造技术。

氧化铝的化学式是Al_2O_3，因制备条件的不同可以有α、β、γ、δ、θ等多种晶型，相互间性质差别也较大。

镓(Ga)、铟(In)、铊(Tl)为稀散元素，它们在自然界高度分散，几乎没有集中的矿石，如在铝矾土中含有少量的镓，闪锌矿中含有少量的铟和铊。高度分散给提炼带来很大困难，对它们的研究应用也就较少。20世纪40年代随着半导体工业的迅速发展，人们积极开展分离提纯和分析等方面的研究。GaAs、InSb等是很重要的半导体化合物。

8.2.5　碳族元素及其化合物

第ⅣA族包括碳(C)、硅(Si)、锗(Ge)、锡(Sn)、铅(Pb)、鈇(Fl)等元素，统称为碳族元素。其中碳和硅是非金属元素，其余则是金属元素。鈇(Fl)为人工合成的放射性元素。

碳的价电子构型为$2s^2 2p^2$，2个p电子自旋量子数相同，还有一个空的p轨道，1个s电子可以被激发到p轨道上，然后形成4个sp^3杂化轨道，并呈四面体成键，可以和C、H、O、N、S、Cl等元素的原子相连，形成一系列的直链有机化合物。C也可以sp^2杂化轨道形成平面六边形C—C环状化合物，这个六元环与其他功能团相连接，形成了一系列芳香族化合物。现在已知的3000多万种化合物中90%以上是含碳的有机化合物，也可以说有机化学就是“碳的化学”。

一般只把CO、CO_2、碳酸盐等最简单的含碳化合物归入无机化合物，其他含碳化合物归类为有机化合物。

1985年H. Kroto(克罗托)和R. E. Smalley(史沫莱)等人用激光照射石墨时通过质谱法检测到了C_{60}分子。受建筑学家R. Buckminster Fuller(巴克敏斯特·富勒)用五边形、六边形构成球形薄壳建筑的启发，经多方研究测定，由60个碳原子组成的分子是由12个五边形和20个六边形组成的三十二面体，颇像足球，它所用杂化轨道介于sp^2和sp^3之间，约为$sp^{2.28}$。随后又发现一系列这类分子，碳原子数可以由32至几百，现在认为它们都是碳的同素异形体，取名富勒烯 (fullerenes)，也称足球烯(footballene)。它们的球面上可以加成各种基团，空腔内还可容纳大小合适的单个原子，将生成多种多样的新型化合物。

C_{60}

硅(Si)原子也有sp^3杂化轨道成键的四面体结构，但因Si—Si键很弱，Si—H也不很强，只有Si—O键较强，每个Si周围可以连接4个O，而每个O又可以连接2个Si，所以常见的含硅化合物以Si—O为主。

各种硅酸盐主要元素是Si、Al和O，其共性是在水中溶解度小，耐高温、耐腐蚀、非导体，如长石很坚硬，可作为建筑材料；云母呈片状，是电子器件中的绝缘材料；石棉呈丝状，织成的石棉布是耐火防火材料。

硅的重要性还在于它的半导体性能，超纯单晶硅是电脑芯片基质材料，电脑业的发源地取名“硅谷”。单晶硅材料的另一个重要用途就是制造太阳能电池。

太阳能电池

锗是一种灰白色的金属，比较硬脆，其晶体结构也是金刚石型，锗也是良好的半导体材料。锡有三种同素异形体，即灰锡、白锡和脆锡，白锡是银白色的，比较软，具有延展性，低温下白锡易转变为粉末状的灰锡。锡制品会因长期处于低温而自行破坏。锡在常温下表面有一层保护膜，在空气和水中都可以稳定存在，有一定的耐腐蚀性。马口铁就是表面镀锡的薄铁皮。

铅是很软的重金属，强度不高。常温下铅与空气中的氧、水和二氧化碳作用，表面形成致密的碱式碳酸盐保护层。铅和锡的熔点不高，主要用来制造合金。铅可作为电缆的包皮、铅蓄电池的电极、核反应堆的防护屏等。

第ⅣA族元素的含氧酸(氢氧化物)由上至下酸性减弱，碱性增强，如碳酸、硅酸为弱酸，而锗、锡、铅的氢氧化物都呈两性，并且碱性依次增强。

8.2.6 氮族元素及其化合物

第ⅤA族包括氮(N)、磷(P)、砷(As)、锑(Sb)、铋(Bi)、镆(Mc)等元素，统称为氮族元素，它们的价电子构型为 ns^2np^3，其中N和P是非金属元素，随着原子序数的增大，As为半金属元素，Sb、Bi、Mc为金属元素，Sb和Bi是熔点比较低的金属元素，Mc为人工合成的放射性元素。氮族元素在性质上的递变表现出从典型的非金属性到金属性的一个完整的过渡。

氮的常见化合物，除了 NH_3、NO_x、HNO_3 和硝酸盐等，还有作为蛋白质基本结构单元的氨基酸，羧酸分子中烃基上的氢原子被氨基取代后，生成的化合物称为氨基酸，它们的通式如下，其中氨基(—NH_2)为碱性，羧基(—COOH)为酸性，所以，它们常以内盐的形式存在，其中R基团不同，可形成各式各样的氨基酸。

诺贝尔

$$\underset{\text{氨基酸}}{\text{R—}\overset{\text{NH}_2}{\overset{|}{\text{CH}}}\text{—COOH}} \qquad \underset{\text{内盐}}{\text{R—}\overset{\text{NH}_3^+}{\overset{|}{\text{CH}}}\text{—COO}^-}$$

空气中有取之不尽的氮元素，但 N_2 分子由三键结合，键能高达 945 kJ·mol^{-1}，N_2 在水中溶解度很小(2.4 cm^3/100 g H_2O)，所以打开 N≡N，使氮元素变成易溶于水的化合物是极其重要的问题，使空气中游离的 N_2 变为能被人类直接使用的化合态，称为固氮。

$$N_2+O_2 = 2NO \qquad \Delta G_m^\ominus=\Delta H_m^\ominus-T\Delta S_m^\ominus=181-0.025T$$

转变温度 $T=\frac{181}{0.025}=7.2\times10^3$ K。高于这个温度，反应才可以发生，在高空大气层闪电的瞬间会发生，在汽车发动机附近，局部温度可达1200 ℃以上，也会有少量NO产生，并与 O_2 化合生成 NO_2，这是汽车尾气的主要成分之一。

$$N_2+3H_2 = 2NH_3 \qquad \Delta G_m^\ominus=\Delta H_m^\ominus-T\Delta S_m^\ominus=-92.2+0.199T$$

转变温度 $T=\frac{92.2}{0.199}=463$ K $=190$ ℃。低于这个温度，反应正向进行，看似简单，实际反应比较复杂，温度低时，化学反应速率慢。目前工业生产常用条件是压力20～30 MPa，温度400～530 ℃，催化剂的主要成分是 Fe_2O_3 和 FeO，辅助成分为 Al_2O_3-CaO-K_2O。

氨(NH_3)的沸点是−33 ℃，临界温度是132 ℃，临界压力为 1.1×10^4 kPa，常温下为气体，但加压降温容易被液化。液氨是合成化学中常用的非水溶剂之一，有些在水溶液中不易进行的反应，可以在液氨中进行。NH_3 容易液化，它的汽化热相当大(23.4 kJ·mol^{-1})，所以可用作制冷剂。

NH_3 接受质子的能力比 H_2O 强，在水溶液中部分解离成 NH_4^+ 和 OH^- 而显碱性，一水合氨($NH_3\cdot H_2O$)是典型的弱碱。NH_3 分子中N原子上有孤对电子，它和具有空轨道的中心体容易形成配位化合物。分子中的H可以被取代生成多种衍生物，如前述的氨基酸也可以看作 NH_3 分子中的一个H被羧酸基(RCHCOOH)取代，此外，常见的还有 NH_2OH(羟胺)、$NH_2N(CH_3)_2$(偏二甲基肼)、NH_2—NH_2(联胺、肼)、$NaNH_2$(氨基化钠)、Li_3N(氮化锂)等。这些化合物具有很强的还原性，是有机合成中有特殊用途的试剂，如其中的 $NH_2N(CH_3)_2$，与液态 N_2O_4 的混合物是发射火箭的高能燃料。

氨气可溶于水制成浓度约为25%的氨水，供农田直接使用，但不便运输，所以进一步转化为$(NH_4)_2SO_4$、NH_4Cl、$CO(NH_2)_2$等各种固态氮肥出售。NH_3产量的90%左右用于制化肥，NH_3的另一个重要用途是制硝酸。而硫酸、盐酸、硝酸、烧碱($NaOH$)和纯碱(Na_2CO_3)被称为“三酸二碱”，是无机化学工业的最基础原料。

氮的氧化物有N_2O、NO、N_2O_3、NO_2和N_2O_5，氧化态从+1至+5。其中氧化态为+1的一氧化二氮(N_2O)，是有甜味的麻醉剂，因会使人傻笑而被称为“笑气”，分子结构为直线形，N—N—O由σ键相连，并有一个π_3^4键。NO氧化态为+2，是大气污染元凶之一，后来发现NO在血管内有调节血压、舒张血管的作用，发现NO在人体中独特功能的Murad等3位科学家获1998年的Nobel生理学或医学奖。N_2O_3氧化态为+3，是亚硝酸(HNO_2)的酸酐。N_2O_5氧化态为+5，是HNO_3的酸酐。

磷是生物界不可缺少的元素。所有生物体都含有核酸(DNA或RNA)，它们携带着遗传信息，是细胞中最重要的一类物质，核酸由3个基本结构单元组成，即磷酸、五碳糖和含氮碱基。大脑、肌肉、神经中含有磷脂。此外，动物骨骼、牙齿的主要成分是磷酸盐。一般情况下，土壤里没有足够的磷供作物生长，要靠施肥来补充。作物生长过程中，氮和磷是按比例吸收的，约为2∶1。“以磷增氮”的丰收经验是指适量的磷还可以促进氮的肥效。

磷在自然界中主要矿物是磷灰石，其主要成分是磷酸钙$Ca_3(PO_4)_2$，它在水中溶解度很小(0.002 g/100 g H_2O)。将磷灰石直接撒在农田中，几乎没有肥效。实用磷肥是用适量的H_2SO_4使$Ca_3(PO_4)_2$转化为可溶的磷酸二氢钙$Ca(H_2PO_4)_2$。

砷在自然界中的矿物主要是砷化物，如雌黄(As_2S_3)、雄黄(As_4S_4)，它们在空气中灼烧很容易转化为As_2O_3，俗名“砒霜”，这是众所周知的毒药。我国湖南有丰富的砷矿资源，砷化物可用于制造杀虫剂、杀菌剂等。

三氧化二砷在室温下为二聚体，分子式为As_4O_6，在高温则解离为As_2O_3，它是以弱酸性为主的两性化合物，难溶于水，易溶于NaOH生成AsO_3^{3-}或AsO_2^-，亚砷酸钠($NaAsO_2$)具有还原性，在强酸性介质中可以生成As^{3+}。浓HNO_3能使As_2O_3氧化为H_3AsO_4，脱水后生成五氧化二砷，也呈双聚分子(As_6O_{10})，As(Ⅴ)显酸性，容易生成AsO_4^{3-}。

第ⅤA族的锑(Sb)和铋(Bi)是金属元素，除常见氧化态为+3和+5之外，其他性质就不同了。Sb_2O_3属两性氧化物，以碱性为主。Bi_2O_3则是可溶于盐酸而不溶于NaOH的碱性氧化物。第ⅤA族元素中，N和P的氧化物为酸性，As和Sb的氧化物为两性，Bi的氧化物则为碱性。Sb、Bi和第ⅣA族的金属元素Ge、Sn、Pb，以及第ⅢA族的Ga、In、Tl有更大的相似性。

8.2.7　氧族元素及其化合物

舍勒

第ⅥA族包括氧(O)、硫(S)、硒(Se)、碲(Te)、钋(Po)、𫟷(Lv)等，统称为氧族元素，其中，钋(Po)和𫟷(Lv)为放射性元素，硒(Se)和碲(Te)是稀散元素，在自然界不仅量少而且很分散，常与硫共生。自然界中许多矿物都是氧化物或硫化物，因此氧族元素也称为成矿元素。硫最常见、最重要的化合物是氧化物(SO_2和SO_3)、含氧酸(硫酸、亚硫酸)及其盐(硫酸盐、亚硫酸盐等)。

氧的电负性仅次于氟，一般化合物中O的氧化态总是−2，只有在氟化氧(OF_2)中O的氧化态为+2,但没有高于+2的。氧作为第二周期的元素没有可供成键用的 d 轨道,因此氧化态最高为+2,而 S、Se、Te 都有氧化态为+4 和+6 的化合物。氧是地球上丰度最高的元素,其质量几乎占了地壳总质量的一半。空气中单质 O_2 约占空气总体积的 21%;存在于海洋、江河、湖泊的大量水中的氧占地球上氧总质量的 86%;陆地上许多矿石的主要成分是氧化物或含氧酸盐,估计矿石中的氧约占地球上氧总质量的 46%。

空气中有取之不尽的 O_2。它的沸点是 −183 ℃,N_2 的沸点是 −196 ℃,利用两者沸点之差,用分馏法能使它们分离,可得纯度为 99.5% 的 O_2,储存于蓝色的高压钢瓶中(压力约为 1.5×10^4 kPa),供科研、医院、生产使用。某些特殊需要也可用电解水或氧化物热分解的方法制取 O_2。

氧气(O_2)有一个重要的同素异形体——臭氧(O_3)。这种具有特殊臭味的气体,早在 19 世纪中叶,电解稀硫酸溶液时就被发现了,但其组成和结构的确定却经历了一个多世纪。经分离提纯之后,用蒸气密度法测定其分子量为 48,分子式为 O_3,结构为折线状,键角为 116.8°,键长为 127.8 pm,中间的 O 以 sp^2 杂化轨道和另外 2 个 O 形成 σ 键,此外还有一个离域的 π_3^4 键。

大气中的臭氧大部分存在于离地面 15～35 km 的高处,形成所谓的臭氧层。波长为 180～310 nm 的太阳强紫外线辐射,在 O_3 的生成和分解过程中被吸收,地球上的生物才免受伤害而能生存,所以臭氧层有"生命之伞"的美称。

$$O_2 \xrightarrow{<180\ \text{nm}} O + O \qquad O_2 + O \xrightarrow{<240\ \text{nm}} O_3$$

$$O_3 \xrightarrow{<255\ \text{nm}} O_2 + O \qquad O_3 + O \longrightarrow 2O_2$$

不幸的是,这把保护伞正在遭到破坏,南极、北极上空的臭氧层已有"空洞"形成,导致气候、生态、人类健康的异常。人们正在全球合作,进行多方面的研究,防止臭氧层的破坏。在高空雷鸣放电、X 射线发射、电器放电等过程中也有少量 O_3 的生成。

$$3O_2 \xlongequal{} 2O_3 \qquad \Delta_r G_m^{\ominus} = 326\ \text{kJ}\cdot\text{mol}^{-1}$$

O_3 是很好的消毒剂、漂白剂,还可用于污水处理,如电镀含 CN^- 的废水中,CN^- 是毒性很强的污染物,可用 O_3 和 CN^- 发生反应,使之变为无害的物质,并且不会产生二次污染物。

$$5O_3 + 2CN^- + H_2O \xlongequal{} 2HCO_3^- + N_2 + 5O_2$$

几乎所有的元素都可以和氧气生成氧化物,所以氧化物不仅数量多,种类也繁杂。氧化物按酸碱性可以分为酸性、碱性、两性和中性四大类,按结构则可分为离子型和共价型。

含氧酸及其盐又是一大类无机化合物,非金属氧化物的水合物一般都形成有配位键的含氧酸或含氧酸根,p 区和 d 区的金属元素也可以形成含氧酸根,这些物质中 O 的氧化态均为 −2。

过氧键(—O—O—)中氧的氧化态为 −1,如过氧化物 Na_2O_2(过氧化钠)、H_2O_2(过氧化氢)、$H_2S_2O_8$(过二硫酸)。纯 H_2O_2 是黏稠的液体,在低压下可以蒸馏,常压下加热则容易爆炸。市售 H_2O_2 试剂是 30% 左右的水溶液,是比较稳定的,但若有微量金属离子 Fe^{3+} 或 MnO_2 等杂质混入,它会迅速分解产生 O_2 并大量放热。

将 H_2O_2 和醋酸(CH_3COOH)在室温混合均匀,即可得过氧乙酸,它的稀溶液(约 0.5%)是一种高效快速的广谱杀菌剂,尤其对呼吸道、肠道传染病菌有良好的杀灭作用。

$$CH_3\overset{\overset{\displaystyle O}{\|}}{C}-OOH \quad \text{过氧乙酸}$$

金属钠在干燥、无二氧化碳的空气中燃烧得到的是过氧化钠(Na_2O_2)。钾在氧气中燃烧，则得超氧化钾(KO_2)，O_2^- 为超氧离子，O 的氧化态为$-\frac{1}{2}$。

硫在自然界中以单质和化合物状态存在，单质硫分布在火山附近，俗称硫黄，是分子晶体，很松脆，不溶于水，导电性、导热性很差。化合物形式存在的硫分布较广，主要有硫化物(FeS_2、PbS、$CuFeS_2$、ZnS 等)和硫酸盐($CaSO_4$、$BaSO_4$、$Na_2SO_4 \cdot 10H_2O$ 等)。

硫的化学性质比较活泼，与许多金属接触都能发生反应，室温时，汞也能与硫化合，高温下，硫能与氢、氧、碳等非金属发生反应。硫的最大用途是制硫酸，在合成橡胶工业、造纸工业、火柴和焰火制造等方面也不可缺少。此外，硫还用于制造黑火药、合成药剂、农药及杀虫剂等。

硒和碲属于分散稀有元素，它们以极其微量存在于各种硫化物矿中。从这些硫化物矿焙烧的烟道气除尘时可以回收硒和碲。硒有几种同素异形体，其中灰硒为链状，在暗处其导电性很弱，当受到光照时可升高近千倍，可作为光电池和整流器的结构材料；红硒是分子晶体，常用于制造红玻璃。硒还用于生产不锈钢和合金，也是人体必需的微量元素之一。碲是银白色链状晶体，很脆，易成粉末，主要用来制造合金，以增加其硬度和耐磨性。

氧族元素单质的非金属性顺序为 O＞S＞Se＞Te。硒和碲也能与大多数元素反应而生成相应的硒化物和碲化物。除钋外，氧族元素单质不与水和稀酸反应，浓硝酸可以将硫、硒和碲分别氧化成 H_2SO_4、H_2SeO_3、H_2TeO_3。

8.2.8　卤素及其化合物

含氧酸

卤素包括氟(F)、氯(Cl)、溴(Br)、碘(I)、砹(At)及础(Ts)，其中 At、Ts 是放射性元素。

从 F 到 Ts 金属性增强，非金属性减弱，F 是典型的非金属元素，At 元素具有金属特性。础为人工合成放射性元素，这些元素统称卤素。“卤素”的英文“halogn”的意思是“成盐”，如我们熟悉的食盐——氯化钠。

卤素在自然界主要以氧化态为－1 的离子形式存在，但制备单质的方法不同，F_2 用电解法，Cl_2 可以用电解法，也可以用氧化剂氧化 Cl^-，Br_2 和 I_2 只需用氧化剂分别氧化 Br^-、I^- 制备。制取方法的异同，也反映出 F_2、Cl_2、Br_2、I_2 氧化性的递变规律。

F 位于第二周期，价电子构型为 $2s^22p^5$，第二电子层没有 d 轨道，它的化学性质和同族的 Cl、Br、I 不甚相似，在自然界，它有独立的矿石，如萤石(CaF_2)、冰晶石(Na_3AlF_6)、氟磷灰石[$CaF_2 \cdot 3Ca_3(PO_4)_2$]等。早在 18 世纪中期，化学家已从 H_2SO_4 和萤石(CaF_2)的作用中发现了具有强腐蚀性的酸——氢氟酸。单质 F_2 的制备非常难，由于单质 F_2 是最活泼的非金属，它具有最强的氧化性，还没有找到一种氧化剂能把 F^- 氧化为 F_2，只能用电解法制得 F_2。

电解法制 F_2 的化学反应方程式可写为

$$HF + KF = KHF_2$$

$$2KHF_2 \xrightarrow{\text{电解},300\ ℃} 2KF + H_2 + F_2$$

此方法是 1886 年 H. Moisson 发明的，至今仍用于生产 F_2。

反应和储存的容器用纯铜(或镍),表面可生成 CuF_2 保护膜而防腐。电解槽还必须密闭并与空气隔绝,以免 F_2、O_2 与 H_2 发生反应。

1985 年,K. Christe 终于以 HF 为原料,用一般化学法制得了 F_2,其反应方程式如下:

$$10HF+2KF+2KMnO_4+3H_2O_2 \longrightarrow 2K_2MnF_6+8H_2O+3O_2$$

$$5HF+SbCl_5 \longrightarrow SbF_5+5HCl$$

$$K_2MnF_6+2SbF_5 \xrightarrow{150\ ℃} 2KSbF_6+MnF_3+\frac{1}{2}F_2$$

氢氟酸(HF)和单质氟(F_2)有毒,但并不是含氟化合物都有毒。人体的骨骼和牙齿中都含有一定量的氟元素,含氟化锶或其他氟化物的牙膏有防龋齿的作用,SrF_2 等对乳酸杆菌具有抑制能力,F^- 可以和牙齿中的羟基磷灰石反应生成较坚固的氟磷灰石:

$$Ca_{10}(PO_4)_6(OH)_2+2F^- \xlongequal{\quad} Ca_{10}(PO_4)_6F_2+2OH^-$$

聚四氟乙烯号称"塑料之王",和一般塑料相比,它既耐高温(约 250 ℃),又耐低温(约 −200 ℃),还耐腐蚀。市售不粘锅的涂层中就含聚四氟乙烯。多种新的优良灭火剂也都是含氟化合物。氟化物在航空、航天、化工、机械、电子、医疗器械等许多工业中都有广泛应用。

溴和碘在自然界与氯共生,在海水中氯、溴、碘质量比约为 300∶1∶0.001。人们常用 Cl_2 作氧化剂,使 Br^- 和 I^- 氧化成 Br_2 和 I_2。溴(Br_2)是室温下唯一呈液态的非金属单质,溴最重要的化合物是溴化银(AgBr)。溴化银受光照程度不同,分解产生密度不同的"银核"而成像,经显影、定影等步骤处理,获得照片。90%的溴化物用于摄影业。溴化物在医药方面可作为镇静剂,三溴片就是含 KBr、NaBr 和 NH_4Br 三种溴化物的药物。人的神经系统对溴敏感,溴能使神经麻痹,在新陈代谢过程中从肾脏排泄出去。碘在室温下是紫黑色固体,受热容易升华,蒸气呈紫红色,"碘"的希腊文的意思就是"紫色"。人的甲状腺中,含有相对较高的碘,甲状腺分泌的甲状腺素是含碘化合物,它与人体的发育直接相关,胎儿期如缺碘会给智力造成先天性影响。缺碘还会患甲状腺肿,俗称"大脖子病",为解决缺碘问题,国家规定 1 kg 食用精盐中应加入约 59 mg 的 KIO_3(折合碘 35 mg),以保障人民的身体健康。当然"过则为灾",过量的加碘、用碘也会产生负面作用。碘有很好的消毒作用,且易溶于酒精,碘和碘化钾的酒精溶液俗称"碘酒"或"碘酊",是常用的皮肤消毒剂。

8.3 零族元素

除氦(He)元素外,稀有气体元素氖(Ne)、氩(Ar)、氪(Kr)、氙(Xe)、氡(Rn)原子的最外层电子分布均为 ns^2np^6,呈现稳定结构,称为零族元素。稀有气体都是单原子气体,一直以来,人们认为它们不能发生化学反应,所以被称为惰性气体。稀有气体原子之间只存在色散力,所以它们的熔沸点很低,且数值相差不大。随着原子序数的增加,稀有气体原子之间的色散力增大,熔沸点升高。

氦的临界温度为 −267.96 ℃,非常低,所以氦是最难液化的气体。液态氦有特殊的性质,当温度达到 2.178 K 时,液氦变成第二种氦液体(He-Ⅱ)。这种 He-Ⅱ的表面张力很小,导热性很高,黏度接近于零,它能形成仅有几个原子厚度的薄膜,发生无黏度流动,所以 He-Ⅱ被称为超流体,具有优异的热传导性能,

稀有气体的发现

比金属银的热传导性强得多。液氦是核磁共振谱仪的低温超导磁铁的重要冷却剂。液氦还是大型原子能反应堆的理想冷却剂。这是因为它具有中子吸收截面小、不生成放射性同位素、导热率高、质量轻、光学透明性好、不侵蚀反应堆的结构材料等优点。氦还用作潜水时的呼吸气，其成分为氦-氖-氧呼吸气，供潜水员在水下工作时使用。若潜水员在水下工作时用普通空气作呼吸气，在深水处由于压力很大，氮在血液中有较大的溶解度，当潜水员骤然浮出水面时，外界压力减小，氮气从血液中逸出，会产生致命的"气塞病"。为了解决这个问题，最初让潜水员以缓慢的速度由水下上升，待氮气慢慢从血液中逸出，但这样太费时间。用氦和氧气的混合气体作为呼吸气，就可以让潜水员迅速浮出水面而不致出现"气塞病"。但氦导热率高，会使潜水员体内热量损失增大，氦对声音的传播速度也快，导致声音失真。用氖代替氦，可克服这些缺点，但氖-氧呼吸气成本高，目前大多使用氦-氖-氧呼吸气，成本不高，又能满足实际需要。氦还被用来代替氢充填气象气球和飞船，充氦飞船有良好的发展前景。

由于稀有气体的价电子层都是相对饱和的结构，这种电子结构是相当稳定的，其电子亲和能都接近于 0，而且都有很高的电离能，因此它们在化学性质上不活泼。在稀有气体被发现后一段时间内（1900—1960 年），化学家把它们作为化学性质上绝对惰性的物质。直到 1962 年，年轻的英国化学家 N. Bartlett（巴特莱特）将 PtF_6 的蒸气与等物质的量的氙气混合，在室温下制得了 $XePtF_6$ 的橙黄色固体，合成了具有历史意义的第一个含有化学键的"惰性"气体化合物，才推翻了持续了近 60 年之久的关于稀有气体完全化学惰性的传统说法。

氖主要用于霓虹灯和电子工业中作为充气介质，也可以作为激光工作物质，还是很好的低温冷却剂。

氩通常作为化学反应和难熔金属冶炼中的保护气。氩可以作为白炽灯的充填气体，以减弱钨丝的挥发和热的散失，从而提高发光率和延长灯丝的寿命。氩还可以作为大型色谱的载气。

氪和氙具有几乎连续的光谱，因在高压电弧放电下产生极为明亮，类似日光的光线而被称为"小太阳"。氪和氙本身又是激光工作物质。氙在医学中是性能极好的麻醉气体，它们的同位素在医学上被用来测量脑血流量和研究肺功能，也可计算胰岛素分泌量。

氡是核动力工厂和自然界铀和钍放射性衰变的产物，主要用于癌症的放射治疗。

8.4　副族元素及其化合物

8.4.1　镧系和锕系元素

习惯上将原子序数为 57 的镧元素到第 71 号镥元素共 15 种元素总称为镧系元素，用符号 Ln 表示。它们的物理和化学性质都十分相似，都属于周期表中第ⅢB 族元素。

镧系元素通常是银白色有光泽的金属，比较软，有延展性并具有顺磁性。镧系元素的化学性质比较活泼，新切开的有光泽的镧系元素的金属在空气中迅速变暗，表面形成一层氧化膜，它并不紧密，会被进一步氧化，加热至 200～400 ℃生成氧化物。镧系金属与冷水缓慢作用，与热水反应剧烈，产生氢气，溶于酸，不溶于碱。镧系金属在 200 ℃以上在卤素中剧烈燃烧，在 1000 ℃以上生成氮化物，在室温时缓慢吸收氢，300 ℃时迅速生成氢化物。

镧系元素是比铝还要活泼的强还原剂。镧系元素最外层(6s)电子数不变,都是2。而镧原子核有57个核电荷,从镧到镥,核电荷增至71个,原子半径和离子半径逐渐收缩,这种现象称为镧系收缩。由于镧系收缩,这15种元素的化合物的性质很相似,氧化物和氢氧化物在水中溶解度较小、碱性较强;氯化物、硝酸盐、硫酸盐易溶于水;草酸盐、氟化物、碳酸盐、磷酸盐难溶于水。

钇(Y)、钪(Sc)和镧系元素合称为稀土元素。

锕系元素是指原子序数为89的锕到第103号铹,共15种元素的总称,用符号An表示,它们都是放射性元素。

元素周期表中原子序数大于92的元素称为超铀元素。锕系元素中前6种元素锕、钍、镤、铀、镎、钚存在于自然界中,其余9种全部由人工核反应合成,称为人工合成元素。1789年德国化学家M. H. Klaproth(克拉普罗特)从沥青铀矿中发现了铀,它是被人们认识的第一个锕系元素。其后陆续发现了锕、钍和镤。锕系元素都是金属,与镧系元素一样,化学性质比较活泼。它们的氯化物、硫酸盐、硝酸盐、高氯酸盐可溶于水,氢氧化物、氟化物、硫酸盐、草酸盐不溶于水。大多数锕系元素能形成配位化合物。α衰变和自发裂变是锕系元素的重要核特性,随着原子序数的增大,半衰期依次缩短,^{238}U的半衰期为44.68亿年,^{103}Lr的半衰期只有3 min。锕系元素的毒性和辐射(特别是吸入人体内的α辐射)危害较大,必须在有防护措施的密闭工作箱中操作这些物质。

8.4.2　钛族元素

第ⅣB族的钛(Ti)、锆(Zr)、铪(Hf)、𬬻(Rf)称为钛族元素。钛族元素原子的价电子构型为$(n-1)d^2ns^2$,因为d轨道全空是稳定的电子构型,所以除了最外层的s轨道上2个电子参与成键外,次外层d轨道上的2个电子也很容易参与成键,因此钛族元素的最高氧化态为+4,这也是钛族的最稳定的氧化态。除了钛具有+2、+3的氧化态外,锆和铪形成低氧化态物质的趋势减小。这是由于从单质形成化合物时,必须经过一个金属晶体到气态金属原子的原子化过程,对于原子序数较大的过渡元素,金属原子化过程的原子化能是增大的,所以Zr、Hf应形成最高氧化态的化合物,获得更多的化学键能来补偿原子化能而使化合物稳定。

从Ti到Zr原子半径是增大的,所以在化合物中Ti的配位数为4、6,而Zr和Hf的配位数为7、8。由于镧系收缩导致Zr和Hf半径相似,它们的化学性质也极其相似,故Zr和Hf的分离非常困难,只能采取离子交换法或溶剂萃取法来分离。

钛、锆、铪在地壳中的丰度(质量分数)分别为6.3×10^{-3}、2.0×10^{-5}、4.5×10^{-6}。虽然钛在地壳中的丰度居元素丰度分布序列中的第10位,但由于它在自然界存在的分散性,因此一直被认为是稀有金属。钛的主要矿物有金红石(TiO_2)、钛铁矿($FeTiO_3$)和钙钛矿($CaTiO_3$)。现已探明我国的钛矿储量居世界首位。四川攀枝花地区有极丰富的钒钛铁矿,其钛储量占全国储量的92%,占世界储量的45%。锆的主要矿物是锆英石($ZrSiO_4$),铪常与锆共生。

8.4.3　钒族元素

第ⅤB族的钒(V)、铌(Nb)、钽(Ta)、𬭊(Db)称为钒族元素。钒分族元素原子的价电子构型为$(n-1)d^3ns^2$,但Nb的价电子构型为$4d^45s^1$。铌、钽显示最高氧化态+5,钒除了最高氧化态+5 外，还有+2、+3、+4 的氧化态，在钒的羰基等配位化合物中可以呈 0、−1 等更低氧化态。随着原子序数的增加，钒族元素的原子半径理应增大，但由于镧系收缩，铌和钽的原子半径和离子半径相近，它们的化学性质极其相似，因而分离非常困难。钒族元素的第一电离能(I_1)随原子序数的增大而增加，其原子化能也随着原子序数的增大而增加，导致铌、钽只有+5 的氧化态稳定，而钒还能有稳定的+4、+3 氧化态存在。由于铌、钽的原子半径和离子半径大于钒的原子半径和离子半径，所以形成化合物时，钒的配位数一般为 4、6，而铌、钽的配位数一般为 7、8。

钒、铌、钽在地壳中的丰度(质量分数)分别为 1.5×10^{-4}、2.4×10^{-5}和 2.0×10^{-6}。钒族元素在自然界中分布较为分散，提取和分离都比较困难，因此被列为稀有元素。钒主要以+3 和+5 两种氧化态存在于矿石中，比较重要的钒矿有钒酸钾矿[$K(VO_2)VO_4\cdot1.5H_2O$]和钒铅矿[$Pb_5(VO_4)_3Cl$]。因为铌、钽性质相似，所以在自然界中它们总是共生在矿物中，例如 $Fe[(Nb,Ta)O_3]_2$，若矿物中 Ta 占优势，则称为钽铁矿；若矿物中 Nb 占优势，则称为铌铁矿。

8.4.4　铬族元素

第ⅥB 族的铬(Cr)、钼(Mo)、钨(W)、𬭳(Sg)称为铬族元素。铬族元素原子的价电子构型为$(n-1)d^{4\sim5}ns^{1\sim2}$。铬分族元素的原子半径从上到下增大，但由于镧系收缩，钼和钨的原子半径相近，从 Cr 到 W 的第一电离能增加。铬族元素原子中 6 个价电子可以部分或全部参与成键，最高氧化态都是+6。铬族元素表现出多种氧化态特征，从铬到钨高氧化态趋于稳定，而低氧化态的稳定性恰好相反。如铬易表现出低氧化态，如 Cr^{3+} 的化合物，而钨和钼以高氧化态 W^{6+}、Mo^{6+} 的化合物最稳定。

铬、钼、钨在地壳中的丰度(质量分数)分别为 1.0×10^{-4}、1.5×10^{-6}和 1.55×10^{-6}。我国最重要的铬矿是铬铁矿($Fe(CrO_2)_2$)。地壳中丰度较低的钼和钨，在我国的蕴藏量极为丰富。钼矿是辉钼矿(MoS_2)，钨矿主要有黑钨矿[$(Fe, Mn)WO_4$]和白钨矿($CaWO_4$)。

8.4.5　锰族元素

第ⅦB 族的锰(Mn)、锝(Tc)、铼(Re)、𬭛(Bh)称为锰族元素。锰族元素原子的价电子构型分别为 $3d^54s^2$、$4d^65s^1$ 和 $5d^56s^2$，它们的最高氧化态与族数相同，同时也有多变的氧化态。零氧化态或负氧化态往往出现在羰基配位化合物或有机金属化合物中，因为这些氧化态的中心原子(离子)有更多的 d 电子与配体的反 π^* 键空轨道或 nd 空轨道形成反 π 键。一般来说，锰比较稳定的氧化态为+2、+4、+7，这符合 Mn 的非价电子的稳定分布：d^5、d^3、d^0。锝和铼的+7 氧化态比锰的+7 氧化态稳定得多，如 Tc_2O_7 和 Re_2O_7 比 Mn_2O_7 稳定。这符合过渡元素性质的递变规律，在同族元素中，自上而下高氧化态趋于稳定，低氧化态趋于不稳定。

在锰族元素的配位化合物中，Mn 的配位数一般为 4 和 6，而 Tc 和 Re 的配位数一般为 7、8 和 9，例如在 ReH_9^{2-} 中，Re 的配位数达到 9。

在重金属中，锰在地壳中的丰度仅次于铁，为 8.5×10^{-4}(质量分数)。最重要的锰矿是软锰矿($MnO_2\cdot2H_2O$)、黑锰矿(Mn_3O_4)、水锰矿[$MnO(OH)$]以及在深海海底大量的锰矿——锰结核，一种呈同心圆状的团块被黏土重重包裹的铁锰氧化物，据估计，仅太平洋中锰结核内所含的Mn、Cu、Co、Ni就相当于陆地总储量的几十倍到几百倍。虽然在自然界中已经发现锝，但锝主要还是由人工核反应来制得。铼是丰度很小的元素，在地壳中的含量为7.05×10^{-5}（质量分数）。铼没有单独的矿物，主要和辉钼矿伴生在一起。

8.4.6 铜族元素

第ⅠB族的铜(Cu)、银(Ag)、金(Au)、轮(Rg)称为铜族元素。

铜族元素的价电子构型为$(n-1)d^{10}ns^1$，最外层电子数与第ⅠA族碱金属元素相同，次外层的电子分布与碱金属元素不同。第ⅠB族元素的第一电离能比第ⅠA族元素的第一电离能高得多，其原因是第ⅠB族元素次外层为18电子，对核的屏蔽效应比第ⅠA族的8电子结构的屏蔽效应小很多，使第ⅠB族元素的有效核电荷数较大，对外层电子的吸引力较强；另外第ⅠB族元素ns电子的钻穿效应也强于第ⅠA族元素，第ⅠB族元素ns电子还会穿透$(n-1)d^{10}$电子的屏蔽。

从Cu到Ag第一电离能降低是因为Ag有较大的主量子数，价电子离核远，较易失去价电子，这与同族从上到下金属性增强的递变规律是一致的。而Au的第一电离能反而更大，似乎违反周期性递变规律，实际上是Au的6s电子不仅穿透5d，而且还穿透4f电子的屏蔽的缘故。

铜族元素的主要氧化态有+1、+2、+3，这是由于铜族元素的次外层$(n-1)$d轨道与最外层的ns轨道之间的能量差较小，不仅ns电子参与成键，部分$(n-1)$d电子也参与成键。铜族元素的特征氧化态为Cu，+2；Ag，+1；Au，+3。其中Ag的+1氧化态之所以稳定，是因为$4d^{10}$电子构型具有相对较高的稳定性，如Pd的电子分布为$[Kr]4d^{10}5s^0$，其稳定性也很高。

Cu、Ag、Au形成共价键的倾向大于碱金属形成共价键的倾向。如Cu_2、Ag_2、Au_2分子的解离能分别为174 kJ · mo1^{-1}、158 kJ · mo1^{-1}和210 kJ · mo1^{-1}，这是由于它们两个原子之间既有ns^1与ns^1形成σ键，又有空的np轨道与$(n-1)$d轨道上的电子对形成π键。

在自然界中，含铜的矿物比较多，大多具有鲜艳的颜色，如金黄色的黄铜矿($CuFeS_2$)，鲜艳的孔雀石[$CuCO_3\cdot Cu(OH)_2$]，深蓝色的石青[$2CuCO_3\cdot Cu(OH)_2$]，还有辉铜矿(Cu_2S)和赤铜矿(Cu_2O)。银存在于Pb、Zn、Cd等金属的硫化物矿中，Cu、Ag和Au也共生于砷化物、锑化物以及硫化物-砷化物中。Cu、Ag特别是Au也有天然态存在，在自然界中金绝大部分以单质形式存在。

8.4.7 锌族元素

第ⅥB族的锌(Zn)、镉(Cd)、汞(Hg)、鿔(Cn)称为锌族元素。锌族元素原子的价电子构型为$(n-1)d^{10}ns^2$。锌族元素都有完整的d电子壳层，$(n-1)$d轨道上的电子一般不参与成键，所以本族元素的特征氧化态为+2。Hg有+1氧化态，以二聚体Hg_2^{2+}形式存在，这是由于6s电子受到核的吸引力较大，较难失去(Hg的I_1是所有金属中最大的)，形成高氧化态的倾向减弱。Hg_2^{2+}之所以双聚，是Hg(l)、Hg(l)之间形成金属键而保持6s电子对的缘故。

本族元素中Zn、Cd的化学性质相似，而与Hg的性质差别较大，例如$\varphi^{\ominus}_{Zn^{2+}/Zn}=-0.76$ V，$\varphi^{\ominus}_{Cd^{2+}/Cd}=-0.40$ V，而$\varphi^{\ominus}_{Hg^{2+}/Hg}=+0.85$ V，$ZnCl_2$、$CdCl_2$的离子性比$HgCl_2$强。在自然界中锌以闪锌矿（立方ZnS）、纤锌矿（六方ZnS）和菱锌矿($ZnCO_3$)等形式存在，锌还常以铅矿共生

的铅锌矿形式存在。锌是人体必需的微量元素之一，是人体多种蛋白质的核心组成部分，它在生命活动过程中起着运输物质和交换能量的"生命齿轮"作用。锌也是植物生长不可缺少的元素，硫酸锌是一种常用的微量元素肥料。

镉在地壳中的含量比同族的锌和汞少得多，虽然镉也有与闪锌矿相似的硫镉矿（CdS）存在，但很少单独存在，常以极少量形式包含在锌矿中。镉不是人体所需要的元素，对人体有害。金属镉本身虽无毒，但镉的化合物大部分具有较大的毒性，饮用了含镉化合物的水，镉就会在人体中积累，取代骨骼中的钙，引起骨痛病，因此含镉废水必须处理后才能排放，否则影响人、畜健康。

汞在自然界中的分布量很小，可是自然界中汞有时以游离态的形式存在，形成一个银光闪闪的水银湖。汞更多的是以辰砂 HgS 的形式存在。辰砂又称朱砂、丹砂，由于其色彩鲜红，因此很早就被人们用作红色颜料。殷墟出土的甲骨文上涂有丹砂，甘肃省发掘出的石器时代的墓葬中发现有丹砂，这说明我国在有历史记载以前就使用了天然的硫化汞。汞及其化合物大多有毒，如汞蒸气被吸入人体，会造成慢性中毒，使人牙齿松动、脱发、神经错乱等。汞的有机化合物能对水域造成严重污染，20 世纪 50 年代中期在日本熊本的水俣湾、1965 年在新潟的阿贺野河流域发生的"水俣病"，都是由甲基汞引起的环境污染而造成的典型汞中毒。由于汞的挥发性很强，所以储藏汞必须密封。若不密封，则应在表面覆盖一层 10%的 NaCl 溶液或乙二醇、甘油等。万一发生了汞撒落，务必尽量收集起来，然后对留在缝隙处的汞，可以撒上硫黄粉，使汞形成难溶的 HgS，也可以倒入饱和的 Fe^{3+} 盐溶液，使汞氧化除去。

8.5　第Ⅷ族元素及其化合物

1. 铁系元素

通常把位于第Ⅷ族第四周期的铁（Fe）、钴（Co）、镍（Ni）三种元素称为铁系元素。

铁系元素原子的价电子构型分别为 $3d^6 4s^2$（Fe）、$3d^7 4s^2$（Co）、$3d^8 4s^2$（Ni），它们的最外层都有 2 个电子，只是次外层 3d 电子数不同；原子半径又相近，因此它们的性质相似。通常条件下，铁主要以＋2、＋3 的氧化态存在。在碱性条件下，低氧化态的铁与强氧化剂反应，以＋6 氧化态的高铁酸盐存在。钴主要以＋2、＋3 的氧化态存在，也有＋4、＋5 的氧化态。Ni 主要以＋2、＋3 的氧化态存在，也有＋4 的氧化态。铁系元素的低氧化态（如 0、－1、－2）出现在金属羰基配位化合物中，如 $Fe(CO)_5$、$[Fe(CO)_4]^{2-}$、$[Co(CO)_4]^-$、$[Ni_2(CO)_6]^{2-}$ 等。

铁是地球上分布较广的金属元素之一，约占地壳质量的 5.1%，居元素分布序列中的第 4 位，仅次于氧、硅和铝。钴在地壳中的含量为 2.3×10^{-5}（质量分数），居第 34 位。镍是一种相当丰富的元素，在地壳中的含量为 1.8×10^{-4}（质量分数），居第 23 位，其含量大于铜、锌、铅三者的总和。

在自然界，游离态的铁只能从陨石中找到，分布在地壳中的铁都以化合物的形式存在。铁的主要矿石有赤铁矿（Fe_2O_3）、磁铁矿（Fe_3O_4）、褐铁矿（$2Fe_2O_3 \cdot 3H_2O$）、菱铁矿（$FeCO_3$）和黄铁矿（FeS_2）。钴的主要矿物有辉钴矿（CoAsS）、方钴矿（$CoAs_3$）、钴土矿（$CoO \cdot 2MnO_2 \cdot 4H_2O$）等。海底的锰结核中，钴的储量也很大。镍的主要矿物有红镍矿（NiAs）、镍黄铁矿［$(Ni, Fe)S_x$］和硅镁镍矿［$(Ni, Mg)SiO_3 \cdot nH_2O$］等。

2. 铂系元素

在第Ⅷ族中，由于镧系收缩，位于第五周期的钌、铑、钯与位于第六周期的锇、铱、铂性质非常相似，这六种元素称为铂系元素。

铂系元素原子的电子构型分别为 Ru：[Kr]$4d^7 5s^1$；Rh：[Kr]$4d^8 5s^1$；Pd：[Kr]$4d^{10}$；Os：[Xe]$4f^{14} 5d^6 6s^2$；Ir：[Xe]$4f^{14} 5d^7 6s^2$；Pt：[Xe]$4f^{14} 5d^9 6s^1$。从上面的电子构型来看，除了 Os 和 Ir 的 *n*s 轨道上有 2 个电子外，其余元素的 s 轨道上只有 1 或 0 个电子，这说明铂系元素原子的价电子有从 *n*s 轨道转移到($n-1$)d 轨道的强烈趋势，说明($n-1$)d 和 *n*s 原子轨道之间的能级间隔小，气态原子的核外电子分布随意性增大。这种特殊分布并不影响金属的性质，特别是化合物的化学性质，因为对于化合物而言，其金属离子的电子构型中已不存在 *n*s 上的电子。

铂系元素除 Ru 和 Os 外，其最高氧化态均低于族数，各元素的主要氧化态为

Ru	Rh	Pd
+4(+8)	+3	+2
Os	Ir	Pt
+6，+8	+3，+4	+2，+4，+6

可见，从左到右，高氧化态稳定性逐渐降低；从上到下，高氧化态稳定性逐渐增加。

铂系元素在地壳中的储量很少，它们属于地壳中含量很低的元素，通常以微量组分存在于基性及超基性火成岩中，其含量一般极低。含铂岩石经自然侵蚀风化及水流冲击形成的冲积矿床，一般称为砂铂矿。在冲积层中铂系金属常与铬铁矿、磁铁矿、钛铁矿等共存。硫化铜镍矿中一般均含有铂系元素，它已成为铂系金属的主要来源。我国甘肃省的金川、云南省弥渡县金宝山发现铂-钯矿。

本章总结

(1) 本章按照元素周期表从左到右的顺序分别介绍了主族元素、零族元素、副族元素和第Ⅷ族元素。主要从各族元素组成、物理性质、规律性、递变性、化学反应性能以及在自然界的储量和分布情况等进行了阐述。元素与化合物种类繁多，在各族元素中以常见的、应用广泛的元素及其化合物为重点进行了介绍。介绍了每一族元素中常见元素的基本性质和化合物组成情况。

(2) 主族元素包括以下内容。

氢元素有 3 种同位素，其中在自然界中含量最高的为氕，即只含一个质子的氢。H_2 是重要的能源和化工原料。常见的氢的化合物为分子型氢化物、离子型或类盐型氢化物以及金属型或过渡型氢化物。

碱金属元素锂(Li)、钠(Na)、钾(K)、铷(Rb)、铯(Cs)都是活泼性很强的金属元素，是同周期中金属性最强的元素，都是强还原剂。碱金属在形成化合物时，以离子键结合为特征，也呈现一定程度的共价性。

碱土金属元素包括铍(Be)、镁(Mg)、钙(Ca)、锶(Sr)、钡(Ba)和镭(Ra)。与同周期的碱金属元素相比，碱土金属元素增加了 1 个核电荷，原子半径相应变小，电离能相应增加，所以碱土金属元素的活泼性不如碱金属元素。但从整个周期表来看，碱土金属元素仍然是活泼性相当

强的金属元素，是强还原剂。

硼族元素包括硼(B)、铝(Al)、镓(Ga)、铟(In)、铊(Tl)。除硼是非金属元素外，铝、镓、铟和铊都是金属元素，其金属性随着原子序数的增加而增加，但镓的金属性稍弱于铝。

碳族元素包括碳(C)、硅(Si)、锗(Ge)、锡(Sn)、铅(Pb)、𫓧(Fl)，其中碳和硅是非金属元素，其余则是金属元素。

氮族元素包括氮(N)、磷(P)、砷(As)、锑(Sb)、铋(Bi)、镆(Mc)，其中氮和磷是非金属元素，砷为半金属元素，锑、铋、镆为金属元素，锑和铋是熔点比较低的金属，镆为人工合成的放射性元素。

氧族元素包括氧(O)、硫(S)、硒(Se)、碲 (Te)、钋(Po)、𫟷(Lv)，其中，钋和𫟷为放射性元素，硒、碲是稀散元素，氧、硫是活泼非金属元素。

卤素包括氟(F)、氯(Cl)、溴(Br)、碘(I)、砹(At)、石田(Ts)，其中砹、石田是放射性元素。从氟到石田金属性增强，非金属性减弱，氟是典型的非金属元素，石田元素具有金属特性。

(3) 零族元素包括氦(He)、氖(Ne)、氩(Ar)、氪(Kr)、氙(Xe)、氡(Rn)、气奥(Og)。

(4) 副族元素包括镧系和锕系元素、钛族元素、钒族元素、铬族元素、锰族元素、铜族元素、锌族元素。

(5) 第Ⅷ族元素及其化合物按照元素性质分为铁系元素和铂系元素。

扫码做题

习　　题

一、填空题

1. Pb_3O_4 呈________色，俗称________。
2. 水玻璃的化学式为________。
3. 碱金属氢化物均属于________型氢化物，受热分解为氢气和游离金属。同族从上至下，碱金属氢化物热稳定性逐渐________。
4. 区分 Cu^{2+}、Ag^{+}、Zn^{2+}、Fe^{3+}、Co^{2+} 5 种离子，可通过观察其颜色就可以判断的是________；余者可用 NaOH 区分的是________。
5. 第ⅡA 族元素中，性质表现特殊的元素是________，它与 p 区元素中的________元素性质相似，两者的氢氧化物都呈________，两者的氯化物都是________型化合物。
6. 为了不引入杂质，将 $FeCl_2$ 氧化为 $FeCl_3$ 可以用________作氧化剂，而将 Fe^{3+} 还原为 Fe^{2+} 可以用________作还原剂。
7. $AgNO_3$ 溶液中加入少量的稀氨水，生成________色的________，该产物与过量的氨水反应生成________色的________。
8. 在 LiOH、$Be(OH)_2$、$Mg(OH)_2$、$Al(OH)_3$、$Sn(OH)_2$、$Pb(OH)_2$、$Sb(OH)_3$、$Bi(OH)_3$、$Ca(OH)_2$ 中，不属于两性氢氧化物的有________________。
9. 单质硅的结构与________的结构最相似。单质硅可在高温下由 SiO_2 和________反应制得。石英是________晶体，它的化学组成是________。

二、问答题

1. 为什么不能用硝酸与 FeS 反应制备 H_2S?
2. 亚硫酸是良好的还原剂，浓硫酸是相当强的氧化剂，但两者相遇并不发生反应，为什么?

3. 将亚硫酸盐溶液久置于空气中，将几乎失去还原性，为什么？
4. CO_2 与 SiO_2 组成相似，但在常温常压下，CO_2 是气体，而 SiO_2 为固体，其主要原因是什么？
5. 试述区别 $NaHCO_3$ 和 Na_2CO_3 的两种方法。
6. 为什么实验室内不能长久保存 Na_2S 溶液？
7. 为什么通 H_2S 于 Fe^{3+} 溶液中得不到 Fe_2S_3 沉淀？
8. 为什么硫代硫酸钠可用作织物漂白后的去氯剂？
9. 从结构上解释 NaCl 具有比 NaI 更高的熔点。
10. 从结构上解释 SiO_2 具有比 CO_2 更高的熔点。
11. 从结构上解释 H_2O 比 H_2S 具有更高的沸点。
12. 金刚石和石墨互为同素异形体，为什么金刚石不导电，而石墨却是电的良导体？

第9章 重要的生物大分子

食品包装纸背面常附有“营养成分”标签，通过这些标签能够获取食物中的蛋白质、糖类或脂肪含量等，这些物质属于生物大分子。生命体可以看作四种主要类型的生物大分子的集合：蛋白质、核酸、糖类和脂类。这四种生物大分子占据了细胞干重的大部分。生物大分子在生命体中执行多种功能。如蛋白质具有广泛的功能，包括提供结构支持、催化代谢反应以及接收和传输信号等；核酸能够储存和转移遗传信息；淀粉能够储存能量以供给运动所需的能量；磷脂是细胞膜的关键结构成分。本章将详细介绍蛋白质、核酸、糖类和脂类这四种生物大分子的结构和功能。

9.1 生物大分子简介

9.1.1 单体和聚合物

大部分生物大分子是聚合物，它们是由许多结构相似的单元组成的长链，这些单元称为单体。简言之，单体就像一颗珍珠，聚合物就像一条将一系列珍珠串在一起的珍珠项链。蛋白质、核酸和糖类在自然界中通常以长聚合物的形式存在，由于其具有聚合物性质和较大的尺寸，被归为生物大分子。脂类通常以短聚合物的形式存在，尺寸上比其他三种更小，因此某些教材未将其归为生物大分子。然而，大多数教材更倾向于将脂类归为生物大分子。

9.1.2 缩合反应

从单体合成聚合物一般依赖于脱水缩合反应，反应使得两种单体之间通过共价键相连，并脱去一分子水。如图9.1所示的脱水缩合反应中，两个葡萄糖分子作为单体，结合形成麦芽糖。其中一个葡萄糖的氢原子和另一个葡萄糖的羟基参与反应，随着两个葡萄糖分子间形成新的共价键而释放一个水分子。当其他的单体也通过相同的过程加入时，链可以逐渐增长进而形成聚合物。

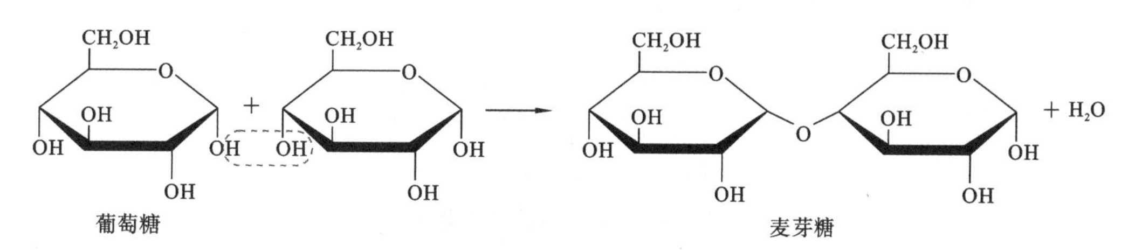

图9.1 两个葡萄糖分子的脱水缩合反应

尽管聚合物由相似的单体构成，但其形状和组成仍有很大的多样化空间。蛋白质、核酸和糖类的单体有多种不同类型，它们的组成和序列对其功能至关重要。如蛋白质中常见的单体有 20 余种氨基酸，DNA 中单体有四种类型的核苷酸。即使是单一类型的单体也可能形成具有不同性质的不同聚合物，如淀粉、糖原和纤维素都是由葡萄糖单体组成的糖类，但它们具有不同的键合和支化模式。

9.1.3　水解反应

聚合物通过水解反应分解成单体，反应有水分子的参与并伴随着单体之间化学键的断裂。水解反应是脱水缩合反应的逆反应，反应得到的单体可用于构建新聚合物。如图 9.2 所示的水解反应，麦芽糖和水分子反应生成两分子葡萄糖单体。脱水缩合反应通常需要能量，而水解反应通常释放能量。蛋白质、核酸和糖类均通过这两类反应合成和分解，但其中涉及的单体有所不同。需要注意的是，在细胞中，核酸不是通过脱水缩合反应形成的，在本章后续关于核酸的部分将详细介绍它们是如何组装而成的。此外，脱水缩合反应也参与某些类型的脂类的组装，即使脂类不是聚合物。

CH2OH
O
OH
OH
OH
O
CH2OH
O
OH
OH
OH
+ H2O
CH2OH
O
OH
OH
OH
OH
+
CH2OH
O
OH
OH
OH
OH
麦芽糖
葡萄糖
葡萄糖

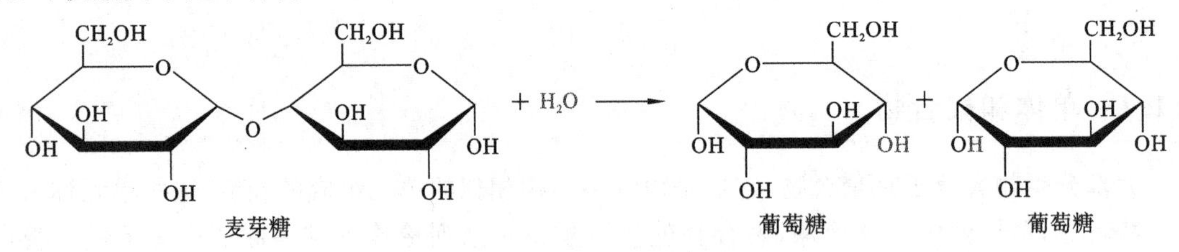

图 9.2　麦芽糖的水解反应

9.2　氨基酸、肽和蛋白质

9.2.1　氨基酸

1. 氨基酸的结构

氨基酸是一类同时含有氨基和羧基的有机小分子，是寡肽、多肽和蛋白质的组成单位。氨基酸的结构通式如图 9.3 所示，其中的 R 称为残基或侧链基团，氨基和羧基都与 C_α 相连。不同的氨基酸具有不同的 R 基团。

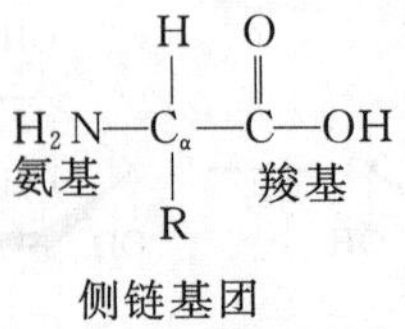

H
O
H2N—Cα—C—OH
氨基
羧基
R
侧链基团

图 9.3　α-氨基酸的结构通式

能够在蛋白质合成时直接参与到肽链中的氨基酸称为蛋白质氨基酸，也称标准氨基酸。目前已发现的蛋白质氨基酸有 22 种，其中最早发现的 20 种较为常见。20 种常见的蛋白质氨基酸的名称、英文名称、缩写及 R 基团的结构见表 9.1。

表 9.1　20 种常见的蛋白质氨基酸的名称及 R 基团结构

序号	中文名称	英文名称	三字母缩写	单字母缩写	R 基团结构
1	甘氨酸	glycine	Gly	G	$-H$
2	丙氨酸	alanine	Ala	A	$-CH_3$
3	丝氨酸	serine	Ser	S	$-CH_2OH$
4	半胱氨酸	cysteine	Cys	C	$-CH_2SH$
5	苏氨酸	threonine	Thr	T	$-CH(OH)CH_3$
6	缬氨酸	valine	Val	V	$-CH(CH_3)_2$
7	亮氨酸	leucine	Leu	L	$-CH_2CH(CH_3)_2$
8	异亮氨酸	isoleucine	Ile	I	$-CH(CH_3)CH_2CH_3$
9	甲硫氨酸	methionine	Met	M	$-CH_2CH_2SCH_3$
10	苯丙氨酸	phenylalanine	Phe	F	$-CH_2-$
11	色氨酸	tryptophan	Trp	W	$-CH_2-$ NH
12	酪氨酸	tyrosine	Tyr	Y	$-CH_2-$ $-OH$
13	天冬氨酸	aspartic acid	Asp	D	$-CH_2COOH$
14	天冬酰胺	asparagine	Asn	N	$-CH_2CONH_2$
15	谷氨酸	glutamic acid	Glu	E	$-CH_2CH_2COOH$
16	谷氨酰胺	glutamine	Gln	Q	$-CH_2CH_2CONH_2$
17	赖氨酸	lysine	Lys	K	$-CH_2CH_2CH_2CH_2NH_2$
18	精氨酸	arginine	Arg	R	$-CH_2CH_2CH_2NH-\overset{\overset{NH}{\parallel}}{C}-NH_2$
19	组氨酸	histidine	His	H	$-CH_2-$ NH N
20	脯氨酸	proline	Pro	P	H N COOH

除甘氨酸外，其余氨基酸的 α-碳上均有四个不同的基团，因此它们可能存在两种无法叠合的镜像立体异构体。对于具有手性的氨基酸，可通过氨基酸的 Fischer 投影式判断其构型。如图 9.4 所示，将与手性碳原子相连的羧基和 R 基团的位置固定，羧基在上，R 基团在下。其余的氨基和氢原子一左一右，若氨基在左，就是 L-氨基酸，反之就是 D-氨基酸。实验表明，蛋白质分子中的不对称氨基酸均是 L 型。

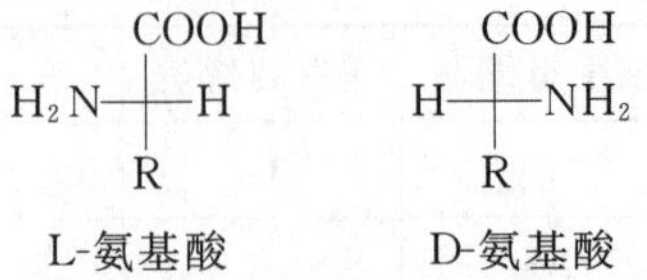

COOH　　COOH

H_2N—┼—H　　H—┼—NH_2

R　　R

L-氨基酸　　D-氨基酸

图 9.4　L 型和 D 型氨基酸的 Fischer 投影式结构

2. 氨基酸的性质和功能

氨基酸的性质与其结构密切相关，具有相同通式的氨基酸具有一定的共性，而 R 基团的不同则保证了不同种氨基酸的特性。在水溶液中，氨基酸中酸性的羧基可以失去一个质子，而碱性的氨基可以接受一个质子。同一个氨基酸中羧基上的质子转移到氨基上，使得该分子同时带有正、负两种电荷，以这种形式存在的离子称为两性离子。对于任意一种氨基酸来说，存在一定的 pH，使其净电荷为零，该 pH 称为等电点(pI)。不同的氨基酸具有不同的等电点，这取决于其侧链基团的性质。极性氨基酸的等电点通常较低，而带电氨基酸(酸性或碱性)的等电点通常较高。总之，氨基酸的酸碱性是由其羧基和氨基的离子化状态决定的。在不同的 pH 条件下，氨基酸可以有带正电荷的质子化形式、带负电荷的去质子化形式或中性的两性离子形式，如图 9.5 所示。这种酸碱性的变化对于氨基酸在生物体内的功能和相互作用具有重要影响。

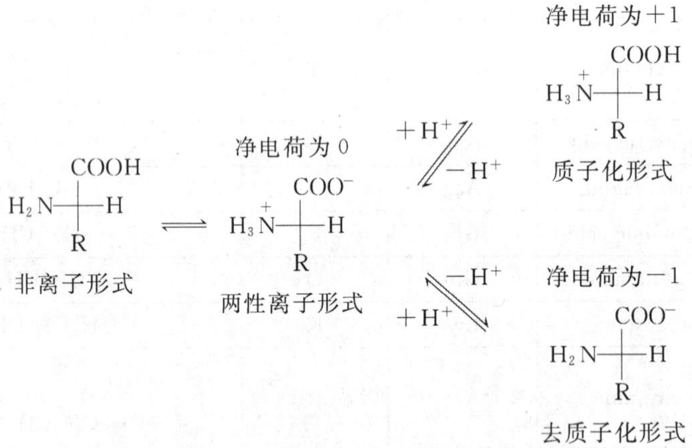

净电荷为＋1

COOH

$H_3\overset{+}{N}$—┼—H

R

质子化形式

$+H^+$　$-H^+$

净电荷为 0

COOH　　COO^-

H_2N—┼—H　⇌　$H_3\overset{+}{N}$—┼—H

R　　R

非离子形式　　两性离子形式

$-H^+$　$+H^+$

净电荷为－1

COO^-

H_2N—┼—H

R

去质子化形式

图 9.5　氨基酸在溶液中可能存在的形式

不同氨基酸的差别在于 R 基团，根据 R 基团的性质可从不同角度对蛋白质氨基酸进行分类。依据 R 基团的化学结构和在 pH 7.0 时的带电情况，蛋白质氨基酸可分为非极性脂肪族氨基酸(Gly、Ala、Val、Leu、Ile 和 Pro)、不带电荷的极性氨基酸(Ser、Thr、Asn、Gln、Cys 和 Met)、芳香族氨基酸(Phe、Tyr 和 Trp)和带电荷的极性氨基酸(Asp、Glu、His、Lys 和 Arg)四类。根据 R 基团对水分子的亲和性，蛋白质氨基酸分为亲水氨基酸(Ser、Thr、Tyr、Cys、Asn、Gln、Asp、Glu、Arg、Lys 和 His)和疏水氨基酸(Gly、Ala、Val、Leu、Ile、Pro、Met、Phe 和 Trp)两类。氨基酸不仅是蛋白质的组成单元，还具有重要的生物活性。某些氨基酸可以作为神经递质、激素和抗氧化剂等，参与生物体内的各种生理过程。

9.2.2　肽

肽是氨基酸之间发生脱水缩合反应，通过酰胺键（也称肽键）相连的聚合物，它包括寡肽、多肽和蛋白质。构成肽的每个氨基酸单位称为氨基酸残基，根据肽中所含氨基酸残基的数目直接称其为几肽。如图 9.6 所示，2 个氨基酸通过 1 个肽键相连构成的肽称为二肽。一般将 2～10 个氨基酸残基组成的肽称为寡肽，由 11～50 个氨基酸残基组成的肽称为多肽，由 50 个以上的氨基酸残基组成的肽称为蛋白质。

$$H_2N-\underset{\underset{H}{|}}{\overset{\overset{R'}{|}}{C}}-COOH + H_2N-\underset{\underset{H}{|}}{\overset{\overset{R}{|}}{C}}-COOH \underset{\text{水解}}{\overset{\text{缩合}}{\rightleftharpoons}} \overset{\text{N端}}{H_2N}-\underset{\underset{H}{|}}{\overset{\overset{R'}{|}}{C}}-\underset{\underset{O}{\|}}{C}-\overset{\overset{H}{|}}{N}-\underset{\underset{H}{|}}{\overset{\overset{R}{|}}{C}}-\overset{\text{C端}}{COOH} + H_2O$$

图 9.6　二肽的形成和水解反应

肽的写法通常是用氨基酸的缩写表示，书写顺序从含有游离的氨基一端（N 端）到含有游离的羧基一端（C 端），即 N 端放在最左边，C 端放在最右边。组成肽的氨基酸残基用三字母或单字母缩写表示，如存在于脑、脊髓和肠中，与体温调节、心血管调节、内分泌激素的释放均有关的亮氨脑啡肽，可写为 Tyr-Gly-Gly-Phe-Leu 或 YGGFL。

9.2.3　蛋白质

蛋白质与人类身体健康

蛋白质的结构与功能紧密相关，一般包括 4 个层次，即一级结构、二级结构、三级结构和四级结构，但并不是所有的蛋白质都具有三级结构或四级结构。

1. 蛋白质的一级结构

三聚氰胺事件

蛋白质的一级结构也称蛋白质的共价结构，是指氨基酸残基在多肽链上的排列顺序，是蛋白质最简单的结构层次。如果蛋白质中含有二硫键，则其一级结构还包括二硫键的数目和位置。包含两个多肽链的牛胰岛素的一级结构如图 9.7 所示。

蛋白质的一级结构取决于编码蛋白质的基因，基因序列的变化可能导致蛋

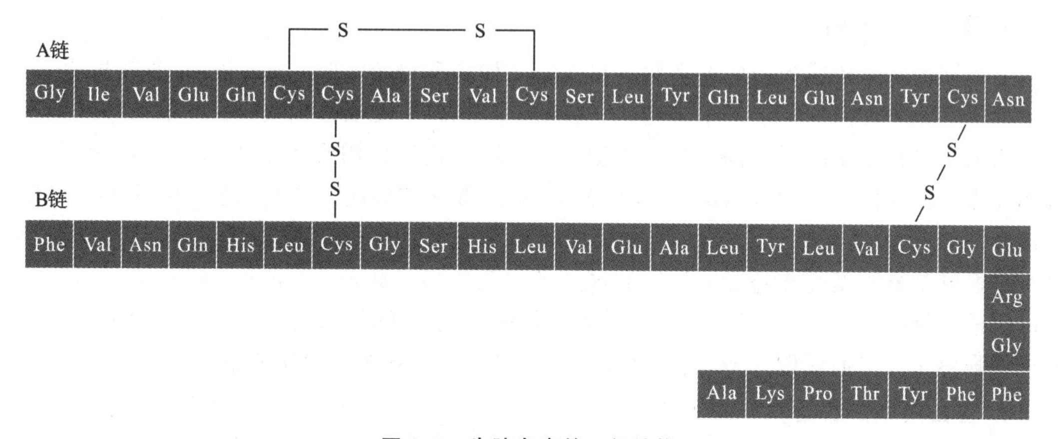

图 9.7　牛胰岛素的一级结构

白质氨基酸残基序列的变化，即使只改变蛋白质氨基酸残基序列中的一个氨基酸残基，也会影响蛋白质的整体结构和功能。如当血红蛋白的β亚基6号位的谷氨酸残基突变为缬氨酸残基时，会造成血红蛋白分子组装成长纤维，纤维将圆盘状红细胞扭曲成"镰状"细胞，镰状细胞通过血管时会卡住，影响血液流动，导致患者出现镰状细胞贫血相关的健康问题。

2. 蛋白质的二级结构

蛋白质的二级结构是指由于主链原子(不包括R基团)之间的相互作用而形成的局部折叠结构。最常见的二级结构类型是α螺旋和β折叠(图9.8)。这两种二级结构都依靠氢键维持。在α螺旋中，第n位氨基酸残基的羰基上的氧原子与第$n+4$位氨基酸残基的氨基上的氢原子形成氢键。这种互作模式使多肽链形成螺旋结构，螺旋每一圈含有3.6个氨基酸残基。氨基酸残基的R基团伸展在α螺旋表面，虽不参与螺旋的形成，但其大小、形状和带电情况会影响螺旋的形成和稳定性。

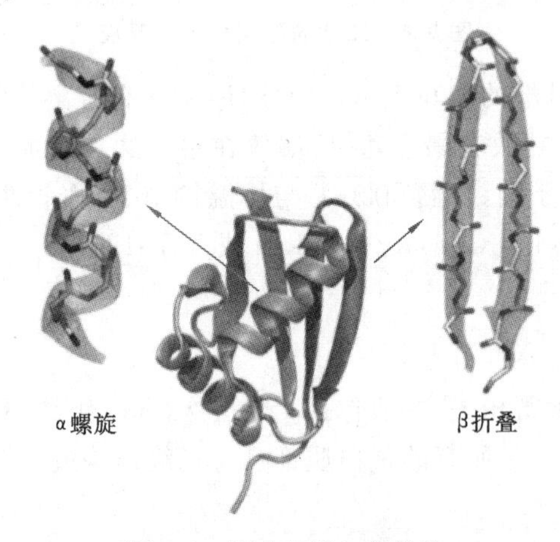

图9.8　蛋白质的二级结构

在β折叠中，多肽链的两个或多个片段(也称β股)彼此相邻排列，形成由氢键结合在一起的片状结构。氢键形成于主链羰基上的氧原子和氨基上的氢原子之间，而R基团在β折叠片平面的上方和下方延伸。β折叠中的肽段走向有平行和反平行两种，肽段的N端位于同侧为平行，位于异侧则为反平行。

3. 蛋白质的三级结构

三级结构是指构成蛋白质的多肽链在二级结构的基础上，进一步盘绕、卷曲和折叠，形成的包括所有原子在内的特定三维结构。三级结构的形成主要依赖构成蛋白质的氨基酸残基的R基团之间的相互作用，包括氢键、离子键、偶极-偶极相互作用和色散力，几乎涵盖所有非共价相互作用。如图9.9所示，具有相反电荷的R基团可以形成离子键，极性R基团可以形成氢键和其他偶极-偶极相互作用，具有非极性疏水性R基团的氨基酸残基聚集在蛋白质内部，将亲水性氨基酸残基留在外部与周围的水分子相互作用。此外，还有一种特殊类型的共价键可以促进三级结构，即二硫键。二硫键是半胱氨酸残基含硫侧链之间的共价键，比其他非键相互作用强得多。它们就像分子"安全别针"一样，将多肽的各个部分牢固地相互连接。

4. 蛋白质的四级结构

许多蛋白质由单个多肽链组成，只有三个结构层次。然而，一些蛋白质由多个多肽链组

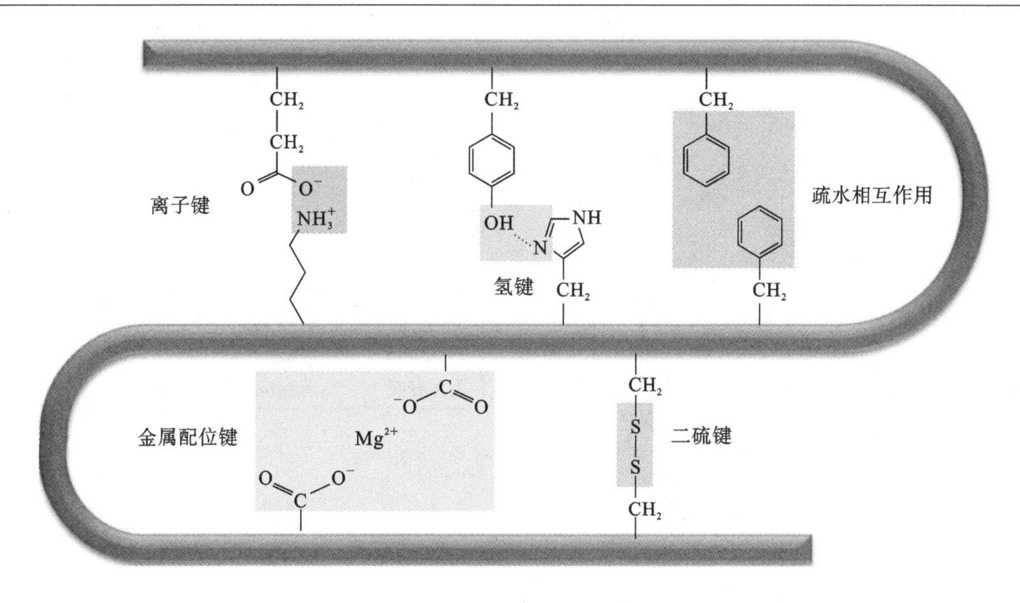

图 9.9　蛋白质的三级结构

成，也称为亚基。当这些亚基聚集在一起时，其相互组合方式即为蛋白质的四级结构。前文提到的血红蛋白就是一个具有四级结构的蛋白质。血红蛋白由四个亚基组成，其中 α 型和 β 型各两个（图 9.10）。各亚基之间一般通过非键相互作用彼此结合在一起形成四级结构。

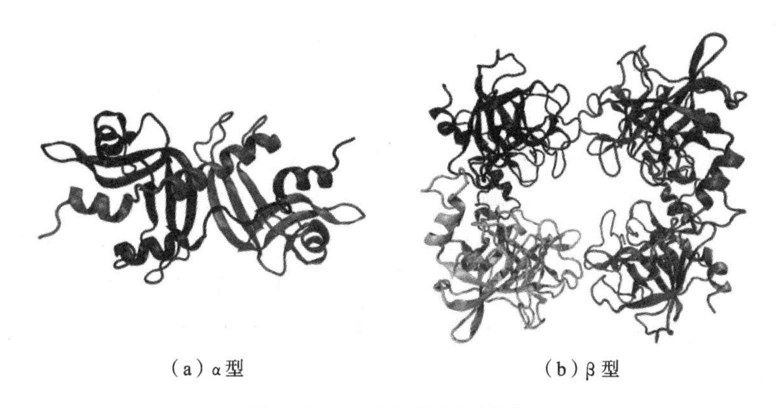

（a）α 型　　（b）β 型

图 9.10　蛋白质的四级结构

9.3　核　　酸

核酸分为核糖核酸（ribonucleic acid，RNA）和脱氧核糖核酸（deoxyribonucleotide，DNA），主要参与遗传信息的储存、传递以及破译过程，它们的构成单位是核苷酸（nucleotide）。

9.3.1　核苷酸

核苷酸由含氮碱基、戊糖和磷酸基团三部分组成。戊糖分子位于核苷酸中心，其中一个碳与碱基相连，另一个碳与磷酸基相连，如图 9.11 所示。

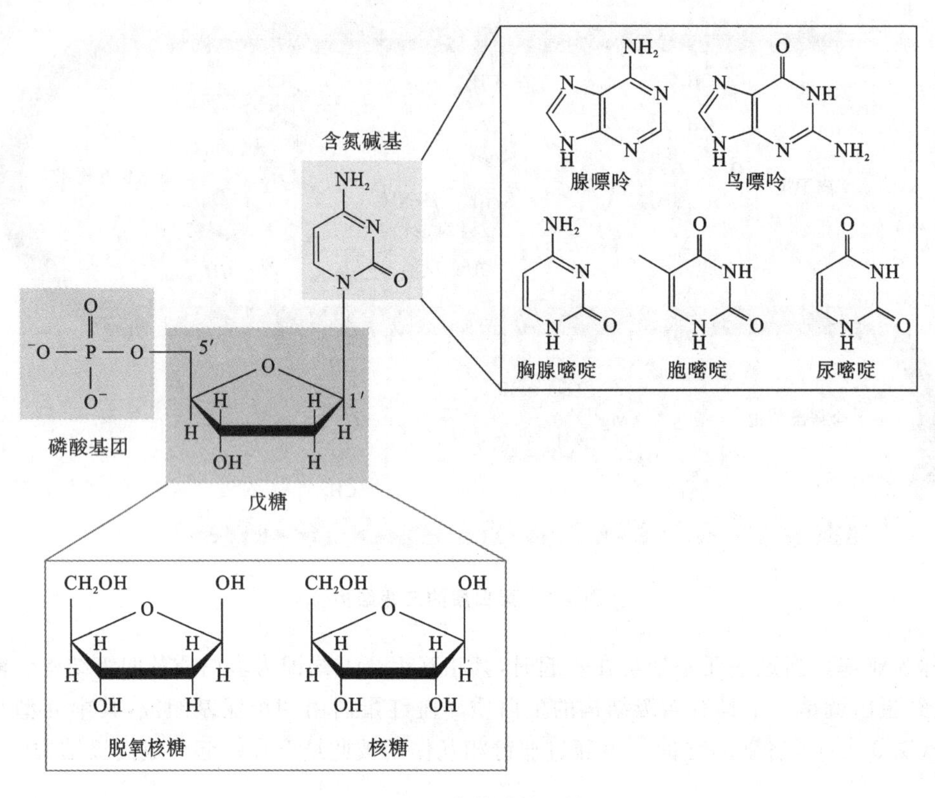

图 9.11　核苷酸的结构

1. 含氮碱基

核苷酸的含氮碱基是由含氮环结构组成的有机分子。DNA 中的每个核苷酸都含有四种可能的含氮碱基之一：腺嘌呤(A)、鸟嘌呤(G)、胞嘧啶(C)或胸腺嘧啶(T)。腺嘌呤和鸟嘌呤是嘌呤，这意味着它们的结构包含两个融合的碳氮环。相比之下，胞嘧啶和胸腺嘧啶是嘧啶，具有单个碳氮环。RNA 核苷酸也可能携带腺嘌呤、鸟嘌呤和胞嘧啶碱基，但不含有胸腺嘧啶，而是另一种称为尿嘧啶(U)的碱基。如图 9.11 所示，每个碱基都有一个独特的结构，作为官能团与戊糖相连。

2. 戊糖

除了碱基组成略有不同外，DNA 和 RNA 核苷酸的糖也略有不同。DNA 中的戊糖称为脱氧核糖，而 RNA 中的戊糖是核糖。这两者在结构上非常相似，2′碳上所连基团不同，核糖 2′碳上带有羟基，而脱氧核糖的 2′碳所连则为氢原子，如图 9.11 所示。在核苷酸中，糖占据中心位置，碱基连接到其 1′碳上，磷酸基团(或多个基团)连接到其 5′碳上。

3. 磷酸基团

核苷酸可以具有单个磷酸基团，或最多具有三个磷酸基团，连接到糖的 5′碳上。一些教材中将“核苷酸”一词仅用于单磷酸盐的情况，但在分子生物学中其具有更广泛的定义。在细胞中，即将添加到多核苷酸链末端的核苷酸携带三个磷酸基团。当核苷酸加入伸长的 DNA 或 RNA 链时，它会失去两个磷酸基团。因此，在 DNA 或 RNA 链中，每个核苷酸只有一个磷酸基团。

4. 多核苷酸链

核苷酸结构以及彼此连接方式使得多核苷酸链具有方向性。换言之，它有两个彼此不同的末端。在链的开头称作 5′端，此处链中第一个核苷酸的 5′磷酸基团突出。另一端称为 3′端，最后一个添加到链中的核苷酸的 3′羟基暴露出来，如图 9.12 所示。多核苷酸链序列的书写通常从 5′端写到 3′端。当新的核苷酸被添加到多核苷酸链中时，链在其 3′端生长，新加入核苷酸的 5′磷酸盐连接到链 3′端的羟基。这使得每个核苷酸的戊糖通过一组磷酸二酯键与其相邻核苷酸的戊糖连接形成一条链。

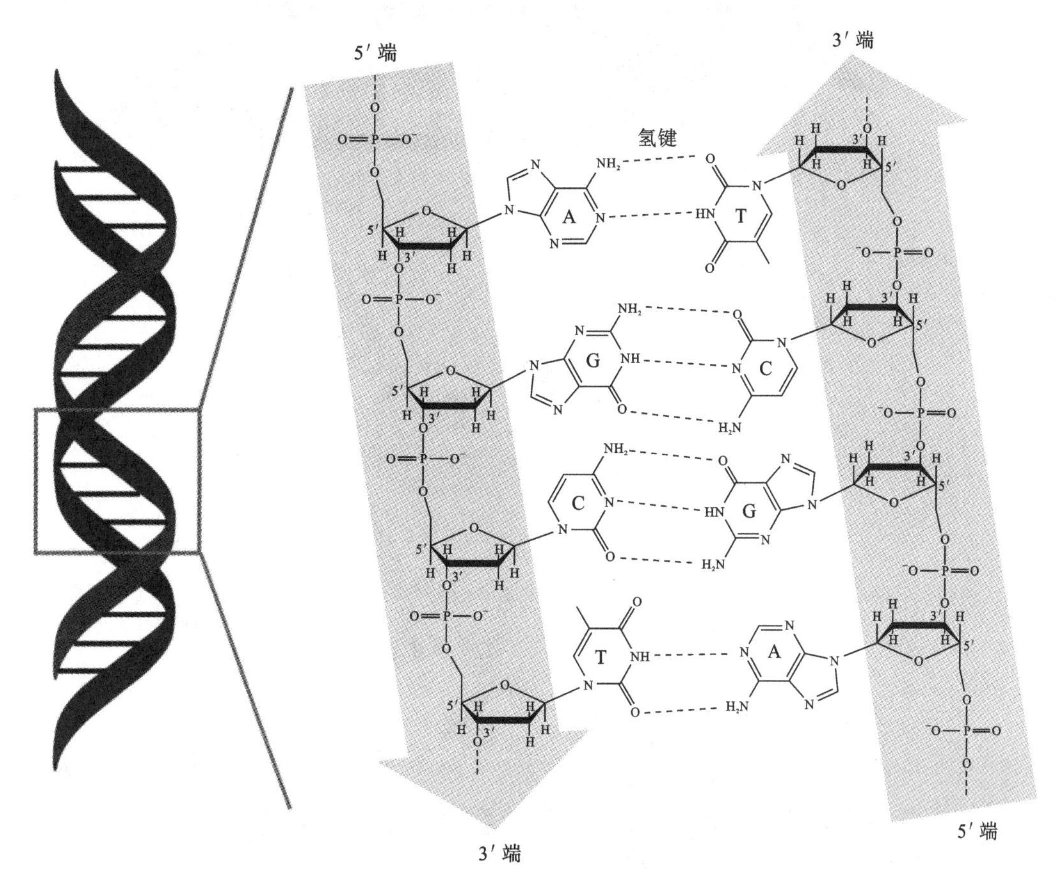

图 9.12 DNA 的双螺旋结构及碱基互补配对方式

9.3.2 脱氧核糖核酸的性质

脱氧核糖核酸(DNA)链为双螺旋结构，其中两条互补链粘在一起，如图 9.12 所示。糖和磷酸基团位于螺旋的外部，形成 DNA 的骨架，也称糖磷酸骨架。含氮碱基成对延伸到内部，就像楼梯的台阶一样，一对碱基通过氢键相互结合。构成螺旋的两条链以反平行方式相结合，即一条链的 5′端与其匹配链的 3′端配对。由于碱基的大小和官能团的不同，碱基配对具有高度特异性：A 与 T 配对，G 与 C 配对。当两个 DNA 序列以这种方式匹配时，它们可以以反平行的方式相互黏附并形成螺旋，它们被称为互补 DNA。

9.3.3 核糖核酸的性质

与 DNA 不同,核糖核酸(RNA)通常是单链的。不同类型的 RNA 所行使的功能不同,下面将介绍四种主要类型的 RNA:信使 RNA(mRNA)、核糖体 RNA(rRNA)、转运 RNA(tRNA)和调节 RNA(图 9.13)。

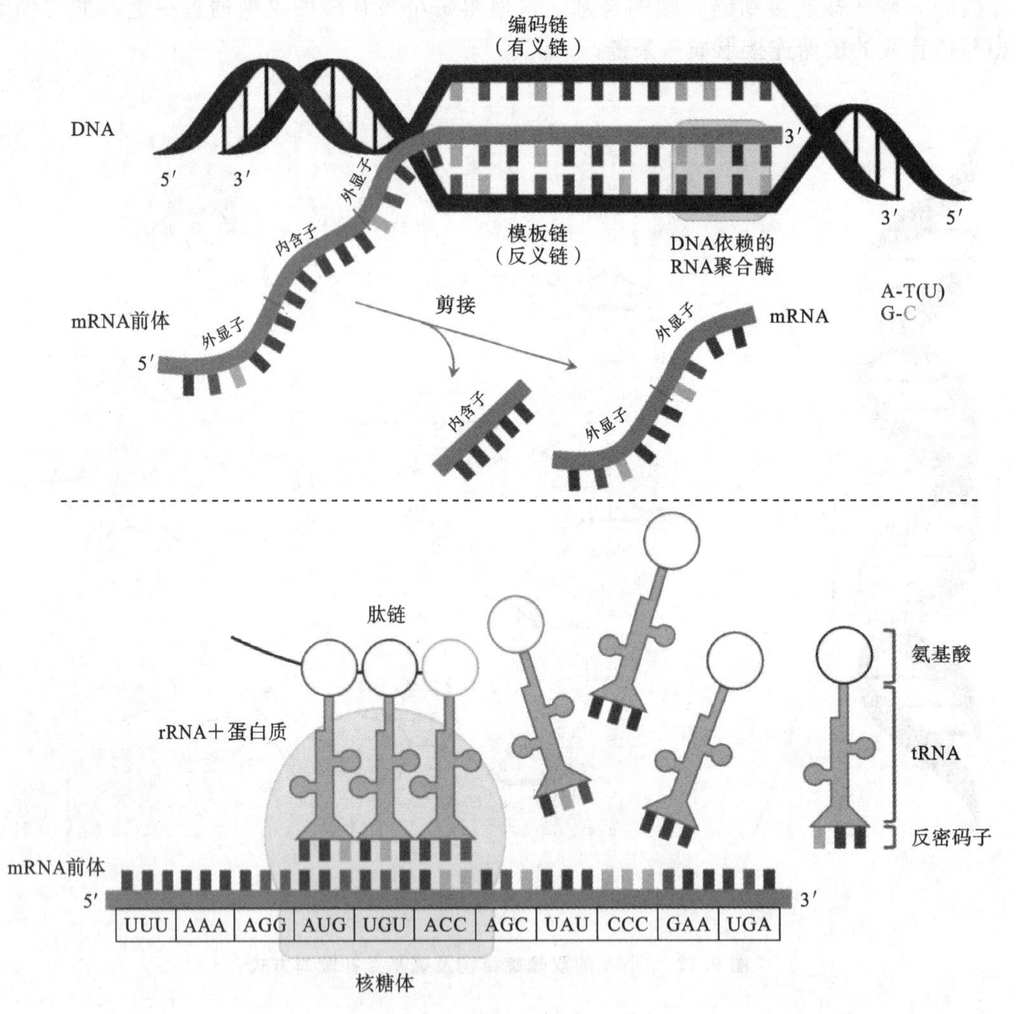

图 9.13 DNA 的转录和翻译

mRNA 是蛋白质编码基因与其蛋白质产物之间的中间体。当细胞需要制造特定的蛋白质时,首先借助 RNA 聚合酶转录出编码蛋白质的基因序列的 RNA 版本,即 mRNA 前体。前体携带与其基因序列相同的信息。经剪接掉内含子后,转录出的 mRNA 与细胞器核糖体结合。

rRNA 是核糖体的主要成分,能够帮助 mRNA 结合在核糖体正确的位置上,进而翻译序列信息。有些 rRNA 还充当酶,可以催化化学反应。充当酶的 RNA 被称为核酶。

tRNA 也参与蛋白质合成,但它们的作用是充当载体,将氨基酸带到核糖体,确保添加到链中的氨基酸是 mRNA 指定的氨基酸。tRNA 由单链 RNA 组成，但该链具有互补片段，这些片段粘在一起形成双链区域。这种碱基配对创造了对分子功能很重要的复杂 3D 结构。

某些类型的非编码 RNA(不编码蛋白质的 RNA)有助于调节其他基因的表达，这种 RNA 可以称为调节 RNA。例如，microRNA(miRNA)和小干扰 RNA(siRNA)是长约 22 个核苷酸的小调节 RNA 分子。它们与特定的 mRNA 分子(具有部分或完全互补的序列)结合并降低其稳定性或干扰其翻译，为细胞提供了一种降低或微调这些 mRNA 水平的方法。

9.4　糖　　类

糖类是由碳、氢和氧三种元素组成的生物分子。糖类有不同的尺寸，生物学上重要的糖类分为三类：单糖、二糖和多糖。

9.4.1　单糖

单糖(monosaccharides)的分子式为$(CH_2O)_n$，通常含有 3～7 个碳原子，其中最常见的是葡萄糖。单糖中的氧原子多存在于羟基或羰基中，可根据羰基碳位置对单糖进行分类。如果羰基碳在糖链的一端形成醛基，则称为醛糖。如果羰基碳在糖链内部，其两侧均为其他碳形成酮基，这种形式的单糖则称为酮糖。此外，单糖也可根据含碳数量命名，比如常见的三糖、戊糖和己糖，分子中分别含有 3 个、5 个和 6 个碳原子(图 9.14)。

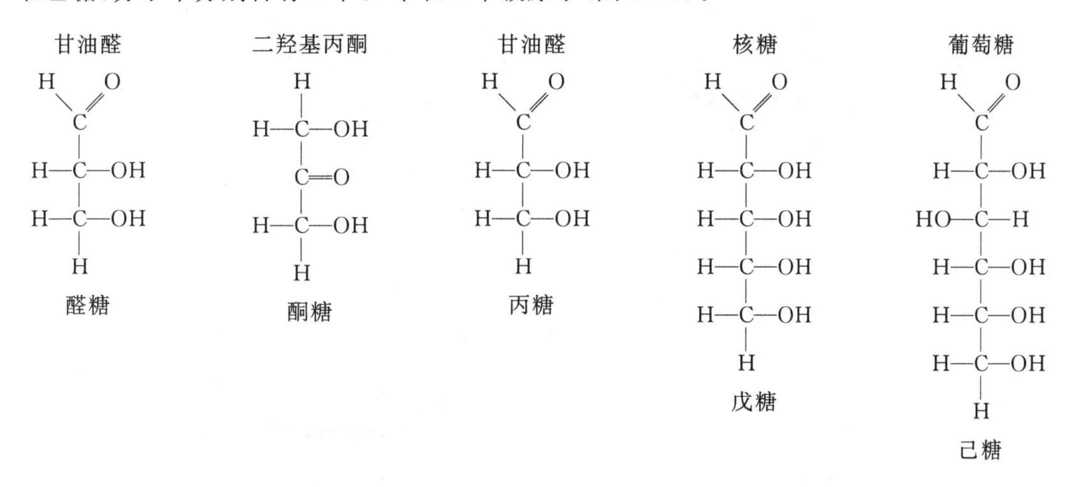

图 9.14　单糖的结构

1. 葡萄糖及其异构体

葡萄糖是一种六碳糖，其分子式为 $C_6H_{12}O_6$。其他常见的单糖包括牛奶中的半乳糖和水果中的果糖。葡萄糖、半乳糖和果糖是具有相同的分子式，但结构不同的异构体，如图 9.15 所示。果糖是葡萄糖和半乳糖的结构异构体，即它们的原子以不同的顺序键合在一起。葡萄糖和半乳糖是彼此的立体异构体，即它们的原子以相同的顺序键合在一起，但它们在某个不对称碳周围具有不同的立体结构。这种微小的差异足以让酶区分葡萄糖和半乳糖，只挑选其中一种糖参与化学反应。

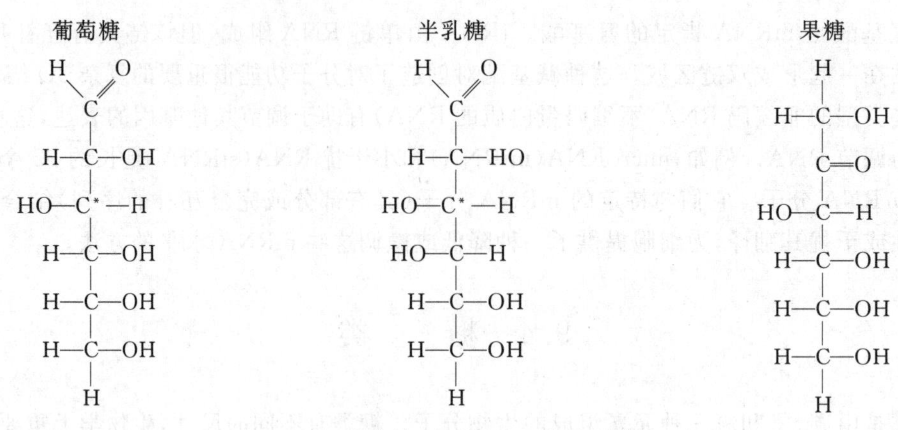

图 9.15　葡萄糖、半乳糖和果糖的结构式

2. 糖的环结构

戊糖(如核糖)和己糖(如果糖)可以以线形结构存在,也可以以一种或多种环结构存在,如图 9.16 所示。不同结构彼此平衡,但在水溶液中环形结构往往更稳定。如溶液中 99%的葡萄糖分子的构型是六元环。需要说明的是,六元环结构的葡萄糖分子也可以以两种不同的形式出现,具有不同的性质。在环形成过程中,O 从羰基转化为羟基,将被捕获在环的"上方"(与—CH_2OH 同侧)或环的"下方"(与—CH_2OH 异侧)。当羟基位于环的下方时,葡萄糖被称为 α 型,当羟基位于环的上方时,葡萄糖被称为 β 型,如图 9.17 所示。

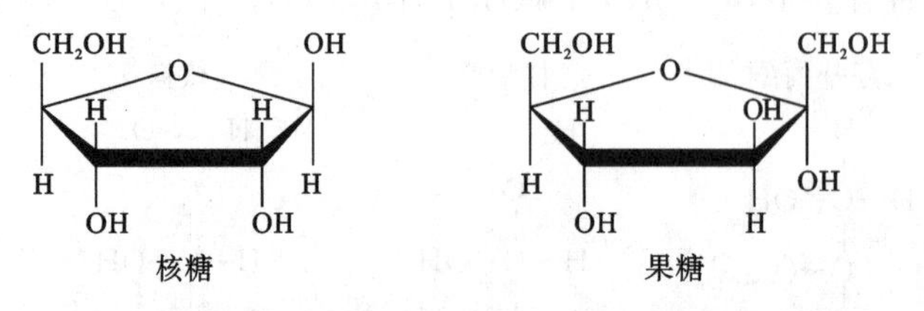

图 9.16　核糖和果糖的环形结构

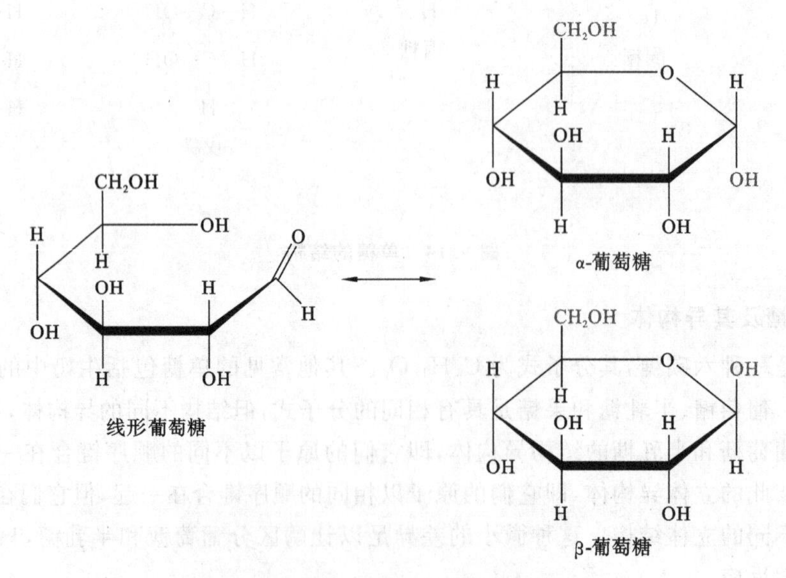

图 9.17　线形和环形葡萄糖的结构式

9.4.2　二糖

当两个单糖通过脱水反应(也称为缩合反应或脱水合成)连接在一起时,就会形成二糖。在这个过程中,一个单糖的羟基与另一个单糖的氢结合,释放出一个水分子,形成糖苷键。图 9.18 显示了葡萄糖和果糖单体通过脱水反应结合形成蔗糖的过程。

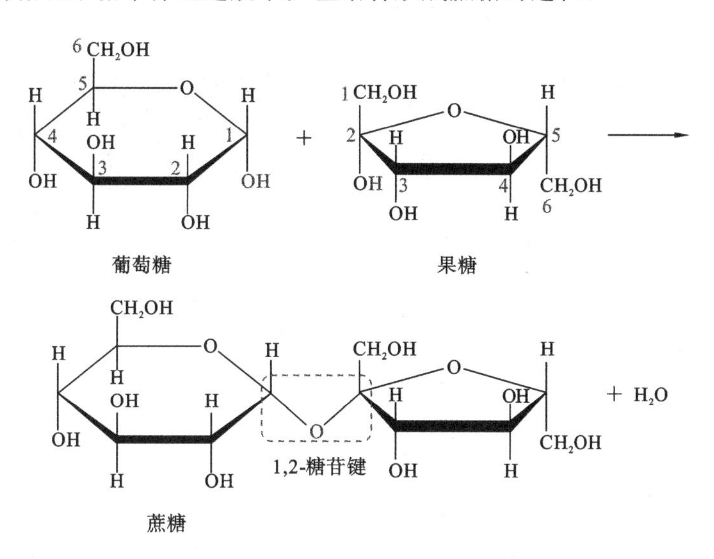

图 9.18　葡萄糖和果糖脱水缩合形成蔗糖的反应

常见的二糖包括乳糖、麦芽糖和蔗糖。乳糖是一种由葡萄糖和半乳糖组成的二糖,存在于牛奶中。麦芽糖是由两个葡萄糖分子组成的二糖。

9.4.3　多糖

由糖苷键连接的长链单糖称为多糖。链可以是支链的或非支链的,并且可以含有不同类型的单糖。如果加入足够的单体,多糖的分子量可能相当大,达到 1×10^5 或更大。淀粉、糖原、纤维素和几丁质是生物体中重要的多糖。

1. 储存多糖

淀粉是植物中糖的储存形式,由两种多糖、直链淀粉和支链淀粉(都是葡萄糖的聚合物)的混合物组成。植物能够利用光合作用中收集的光能合成葡萄糖,超出植物直接能量需求的多余葡萄糖以淀粉的形式储存在植物的不同部位,包括根和种子。种子中的淀粉在胚胎发芽时为胚胎提供食物,也可以作为人类和动物的食物来源,人类和动物会使用消化酶将其分解成葡萄糖单体。

在淀粉中,α 型的葡萄糖单体主要通过 1,4-糖苷键相连,其中直链淀粉完全由葡萄糖单体的无支链组成。支链淀粉是一种支链多糖,它的大部分单体都通过 1,4-糖苷键连接,1,6-糖苷键链接分支。直链淀粉和支链淀粉中的葡萄糖链通常具有螺旋结构,如图 9.19 所示。

在人类和其他脊椎动物中葡萄糖以糖原形式储存。像淀粉一样,糖原是葡萄糖单体的聚合物,它甚至比支链淀粉拥有更多支链。糖原通常储存在肝脏和肌肉细胞中。每当血糖水平

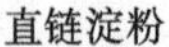
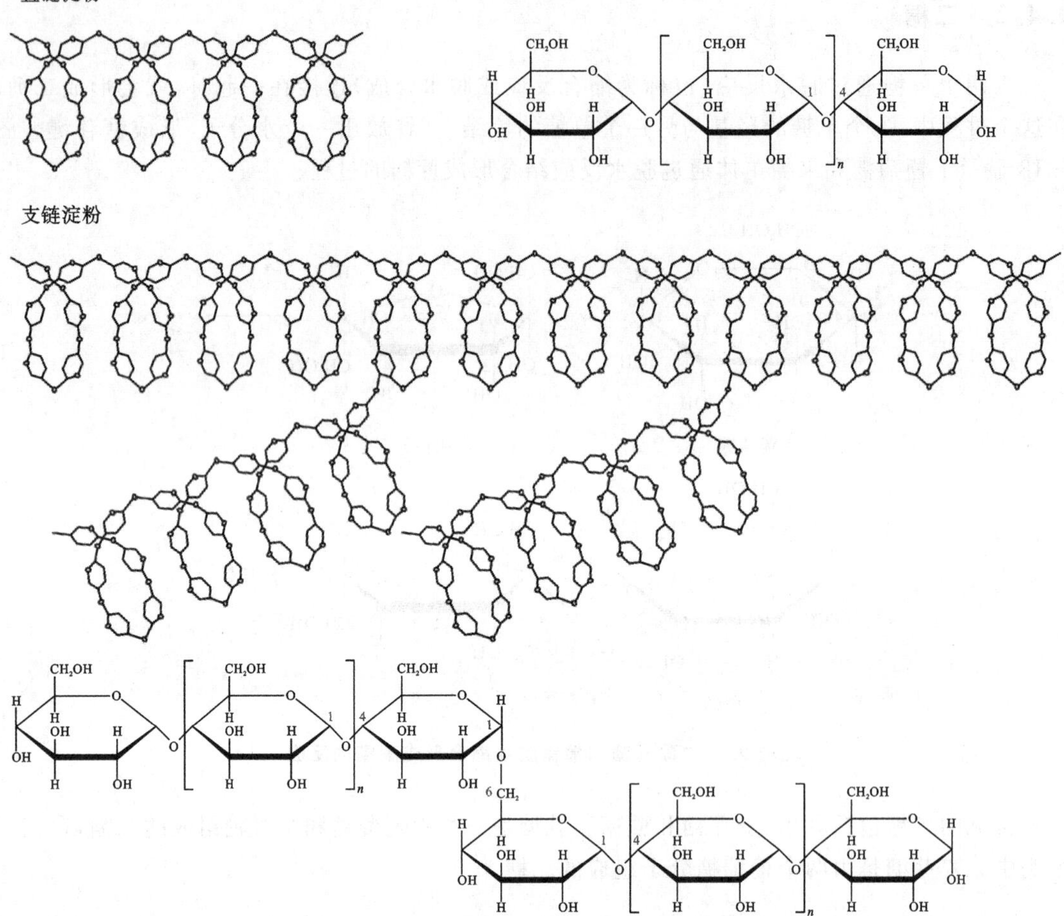

图 9.19　直链淀粉和支链淀粉的结构

降低时，糖原就会通过水解，释放细胞可以吸收和利用的葡萄糖单体。

2. 结构多糖

虽然储存能量是多糖的一个重要功能，但多糖的另外一个功能也至关重要，即提供支撑。如纤维素是植物细胞壁的主要成分，植物细胞壁是包围细胞的刚性结构。木材和纸张大多由纤维素制成，纤维素本身由葡萄糖单体通过 1,4-糖苷键连接而成。

与直链淀粉不同，纤维素由 β-葡萄糖单体制成，这赋予了它不同的性质。如图 9.20 所示，链中的所有其他葡萄糖单体相对于其相邻葡萄糖单体翻转，形成长而直的非螺旋纤维素链。这些链聚集在一起形成平行束，这些平行束通过羟基之间的氢键结合在一起，使纤维素具有刚性和高拉伸强度，这对植物细胞很重要。

纤维素中的 β 糖苷键不能被人体消化酶破坏，因此人类无法消化纤维素。这并不意味着在我们的饮食中没有纤维素，它只是作为未消化的不溶性纤维而排出。然而，一些食草动物，如牛、考拉、水牛和马的体内有专门的微生物来帮助它们处理纤维素，这些微生物生活在消化道中，将纤维素分解成可供动物使用的葡萄糖单体。咀嚼木材的白蚁也会在其肠道中微生物的帮助下分解纤维素。

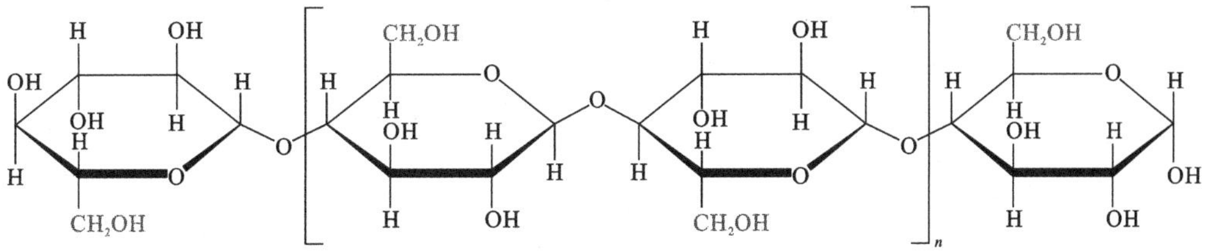

图 9.20　纤维素的结构

纤维素是植物特有的，但多糖在非植物物种中也起着重要的结构作用。例如，节肢动物（如昆虫和甲壳类动物）有一个坚硬的外部骨骼，可以保护它们较软的内部身体部位，这种外骨骼由大分子几丁质组成，几丁质类似于纤维素，由具有含氮官能团的修饰葡萄糖单元组成。甲壳素是真菌细胞壁的主要成分，也存在于甲壳类动物的甲壳中，能够起到结构支撑、电解质控制和聚阴离子物质运输等作用。

9.5　脂　　类

脂类像其他生物大分子一样，在人类和其他生物体的中起着至关重要的作用。不同种类的脂具有不同的结构，在生物体中具有相应的不同作用，如储存能量、组成细胞膜、形成叶子表面的防水层等。本节将介绍的主要脂类包括脂肪和油、蜡、磷脂和类固醇。

脂类与人类身体健康

9.5.1　脂肪

脂肪分子由两部分组成：甘油骨架和三个脂肪酸链。甘油是一种具有三个羟基的有机小分子，而脂肪酸由连接到羧基的长烃链组成。脂肪酸分子一般含有 12～18 个碳原子，少的只有 4 个碳原子，多的包含 36 个碳原子。脂肪分子的合成通过甘油主链上的羟基与三个脂肪酸的羧基的脱水缩合反应实现，如图 9.21 所示。甘油三酯可能含有相同的脂肪酸链，或不同的脂肪酸链（具有不同的长度或双键模式）。

脂肪也被称为三酰甘油或甘油三酯。在人体内，甘油三酯主要储存在称为脂肪细胞的特殊细胞中，脂肪细胞构成脂肪组织。虽然许多脂肪酸存在于脂肪分子中，但有些脂肪酸在体内游离，它们本身就被认为是一种脂。

1. 饱和脂肪酸和不饱和脂肪酸

甘油三酯的三个脂肪酸链不必彼此相同。脂肪酸链的长度和不饱和度可能不同。如果烃链中相邻的碳之间只有单键，则称脂肪酸是饱和脂肪酸。当烃链具有双键或三键时，脂肪酸被称为不饱和脂肪酸。如果脂肪酸中只有一个双键，称为单不饱和型脂肪酸，而如果有多个不饱和键，称为多不饱和型脂肪酸。

不饱和脂肪酸中的双键与其他类型的双键一样，可以顺式构型或反式构型存在。在顺式构型中，与键相关的两个氢在同一侧，而在反式构型中，它们位于相反的两侧，如图 9.22 所示。顺式双键在脂肪酸中产生扭结或弯曲，这一特征对脂肪的行为具有重要影响。

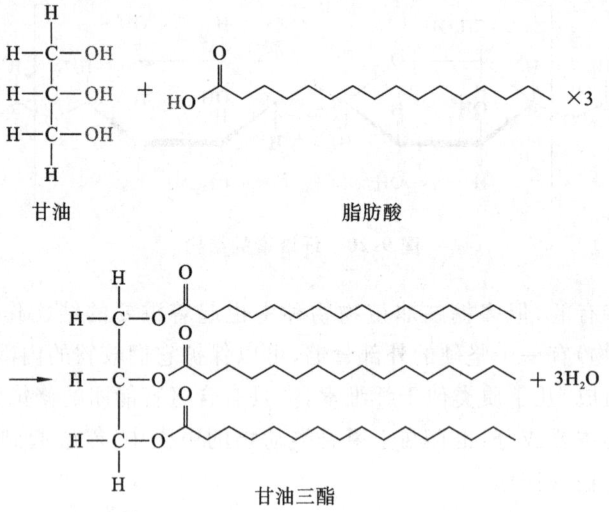

甘油　　　　脂肪酸

$+\ 3H_2O$

甘油三酯

图 9.21　甘油与脂肪酸通过脱水形成甘油三酯

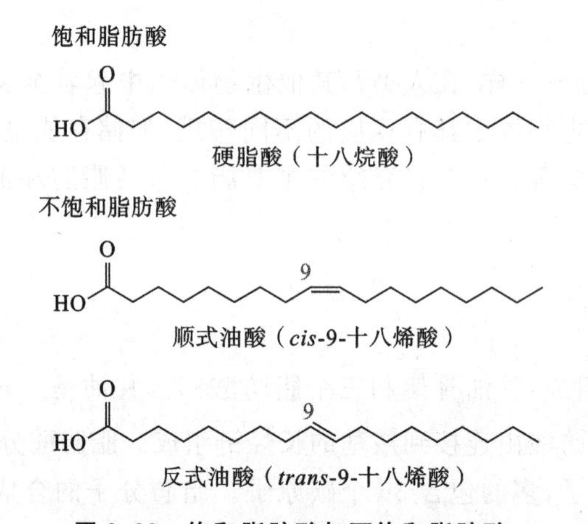

图 9.22　饱和脂肪酸与不饱和脂肪酸

饱和脂肪酸链是直线形的，因此具有完全饱和链的脂肪分子可以紧密地相互挤压。这种紧密的结合导致脂肪在室温下是固体(具有相对较高的熔点)。如黄油中的大部分脂肪都是饱和脂肪。相反，顺式不饱和脂肪酸链由于顺式双键而弯曲。这使得具有一个或多个顺式不饱和脂肪酸链的脂肪分子很难紧密结合。因此，具有不饱和链的脂肪在室温下往往是液体(熔点相对较低)，这就是我们通常所说的油。如橄榄油主要由不饱和脂肪组成。

2. 反式脂肪酸

具有反式双键的不饱和脂肪酸称为反式脂肪酸。反式脂肪酸在自然界中很少见，常产生于部分氢化的工业过程中。在这个过程中，氢气通过油(主要由顺式不饱和脂肪酸制成)，将一部分双键转化为单键。部分氢化的目标是使油具有饱和脂肪酸的一些理想特性，如室温下呈固体，但意想不到的后果是，一些顺式双键改变构型并成为反式双键。反式不饱和脂肪酸可以更紧密地堆积，在室温下更有可能是固体。如某些类型的起酥油含有高占比的反式脂肪酸。反式脂肪酸对人类健康产生了负面影响。由于反式脂肪酸与冠心病之间存在密切联系，美国食品和药物管理局(FDA)2015 年发布了一项禁止食品中含反式脂肪酸的禁令,公司必须在三年内从其产品中去除反式脂肪酸。

3. Omega(ω)脂肪酸

另一类值得一提的脂肪酸包括 ω-3 脂肪酸和 ω-6 脂肪酸。有不同类型的 ω-3 和 ω-6 脂肪酸,ω-3 脂肪酸的前体是 α-亚麻酸(ALA),ω-6 脂肪酸的前体是亚油酸(LA)。人体需要这些分子(及其衍生物),但不能合成 ALA 或 LA 本身。因此,ALA 和 LA 被归为必需脂肪酸,必须从人的饮食中获得。鲑鱼、奇亚籽和亚麻籽是 ω-3 脂肪酸的良好来源。大豆油、花生油、玉米油、葵花籽油是 ω-6 脂肪酸的良好来源。

ω-3 脂肪酸和 ω-6 脂肪酸至少有两个顺式不饱和键,这使它们具有弯曲的形状。如图 9.23(a)所示的 ALA 非常弯曲。由 ALA 通过形成额外的双键制成的 ω-3 脂肪酸 DHA,具有六个顺式不饱和键,几乎蜷缩成一个圆圈,如图 9.23(b)所示。

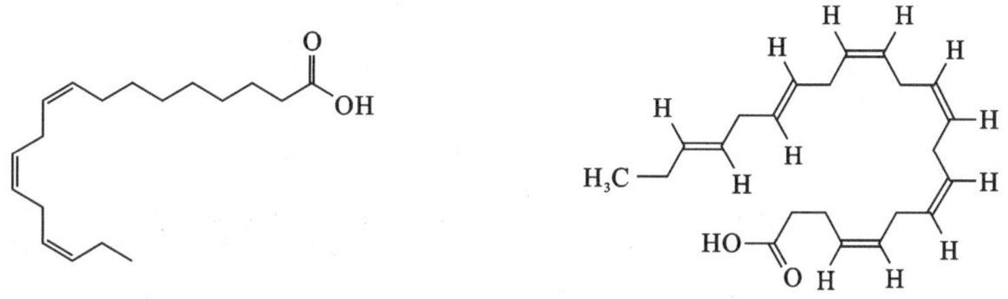

O
OH

(a) α-亚麻酸(ALA)的结构

H H H H H H H H H H H H
H_3C
HO
O

(b) DHA的结构

图 9.23　ω 脂肪酸的结构图

ω-3 脂肪酸和 ω-6 脂肪酸在体内扮演着许多不同的角色。它们是合成许多重要信号分子的前体,包括调节炎症和情绪的信号分子。特别是 ω-3 脂肪酸,可以降低心脏病发作猝死的风险,减少血液中的甘油三酯,降低血压,并防止血栓的形成。

4. 脂肪的作用

脂肪对身体至关重要,并具有许多重要功能。例如,许多维生素是脂溶性的,这意味着它们必须与脂肪分子相溶才能被人体有效吸收。脂肪还提供了一种长期储存能量的有效方法,因为它们每克含有的能量是糖类的 2 倍多。像所有其他生物大分子一样,适量的脂肪对于维持正常生命活动是必要的。

9.5.2　蜡

蜡是另一类生物学上重要的脂类。蜡覆盖在一些水鸟的羽毛和一些植物的叶子表面,其疏水(防水)特性可防止水黏附或浸入表面。这就是许多植物的叶子上都会有水珠,以及下雨时鸟类不会被浸透的原因。从结构上讲,蜡为通过酯键与醇连接的长脂肪酸链,尽管植物产生的蜡通常也混合了普通碳氢化合物。

9.5.3　磷脂

是什么阻止细胞内的水样黏液(细胞质)溢出? 细胞被一种称为质膜的结构包围,质膜是细胞内部与其周围环境之间的屏障。磷脂，一种特殊脂类，是质膜的主要成分。磷脂像脂肪一样，它们通常由连接到甘油骨架上的脂肪酸链组成。然而，磷脂通常只有两个脂肪酸链，而甘油主链的第三个碳被修饰的磷酸基团占据，如图 9.24 所示。不同的磷脂在磷酸基团上具有不同的修饰剂，胆碱（含氮化合物）和丝氨酸（氨基酸）是常见的修饰剂。不同的修饰剂赋予磷脂在细胞中的不同性质和作用。

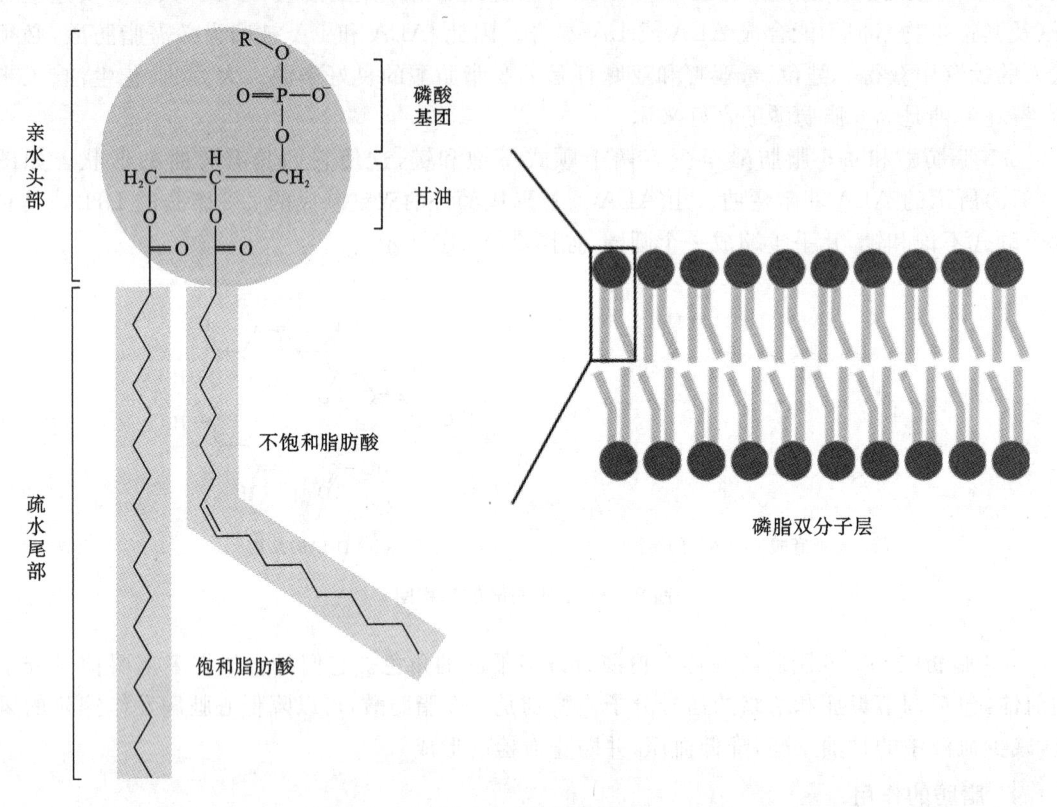

图 9.24 磷脂的结构

磷脂的结构（图 9.24）显示磷脂分子的疏水脂肪酸尾部和亲水头部（包括酯键、甘油骨架、磷酸基团和磷酸基团上附着的 R 基团）。磷脂是一种两亲性分子，这意味着它具有疏水部分和亲水部分。脂肪酸链是疏水性基团，不与水相互作用，而含磷酸基团是亲水性基团，并且容易与水相互作用。在膜中，磷脂排列成双层的结构，它们的磷酸盐头朝向水，尾部指向内部。这种组织可防止疏水尾巴与水接触，使其成为一种低能量、稳定的排列结构。

如果将一滴磷脂放入水中，它可能自发形成一种被称为胶束的球形结构，其中亲水磷酸盐头朝向外部，脂肪酸面向该结构的内部。胶束的形成在能量上是有利的，因为它隔离了疏水性脂肪酸尾部，允许亲水性磷酸盐头基与周围的水相互作用。

9.5.4 类固醇

类固醇是另一类脂类分子，是由 3 个六碳环和 1 个五碳环组成的稠合四环化合物。虽然它们在结构上与其他脂类不同，但类固醇包含在脂类中，因为它们也是疏水性的。所有类固醇都有 4 个相连的碳环，如胆固醇。许多类固醇在特定部位也有一个羟基官能团，这种类固醇也被归为醇类，称为甾醇(图 9.25)。

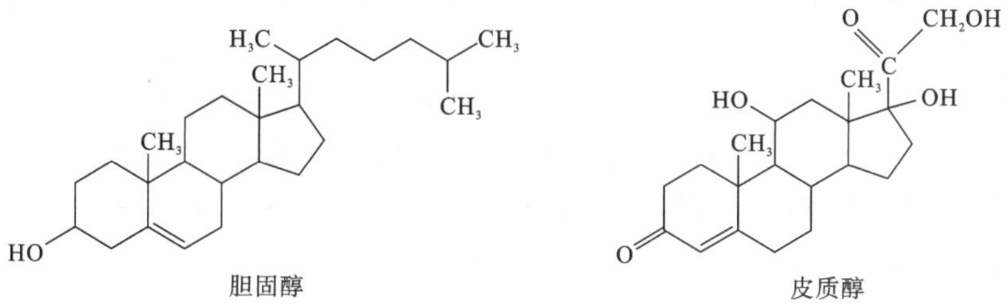

胆固醇　　皮质醇

图 9.25　胆固醇和皮质醇的结构

胆固醇是最常见的类固醇，主要在肝脏中合成，是许多类固醇激素的前体，包括性激素睾酮和雌二醇，它们由性腺(睾丸和卵巢)分泌。胆固醇也是体内其他重要分子的起始材料，包括维生素 D 和胆汁酸，它们有助于消化和吸收饮食来源的脂肪。它也是细胞膜的关键组成部分，可以改变它们的流动性和动态性。

当然，胆固醇也存在于血液中，血液中的胆固醇水平常是医生诊断某些疾病的依据。血液中的胆固醇对心血管健康既有保护作用，也有负面影响。

本章总结

本章主要介绍了蛋白质、核酸、糖类和脂类这四种重要的生物大分子。蛋白质是由氨基酸通过肽键连接在一起形成的多肽链。蛋白质的结构多样，可以是线形的、分支的、折叠的或者是多肽链的组合体。这种多样性使得蛋白质能够执行各种不同的功能。蛋白质在生物体内扮演着多种角色。首先，它们是生物体内的酶，能够催化化学反应并调节代谢过程。如消化酶能够帮助分解食物中的蛋白质、核酸和糖类，使其能够被身体吸收和利用。此外，蛋白质还可以作为结构蛋白，构成细胞和组织的骨架。肌肉中的肌动蛋白和微管蛋白就是两个重要的例子。此外，蛋白质还可以作为信号分子，参与细胞间的通信和调节。激素就是一类重要的信号蛋白质，它们能够通过血液传递信息，调节生物体的生长、发育和代谢。

核酸由核苷酸组成，包括脱氧核糖核苷酸(DNA)和核糖核苷酸(RNA)。核酸在生物体内起传递和储存遗传信息的重要作用。DNA 是生物体内的遗传物质，它携带生物体的遗传信息，并通过遗传物质的复制和转录来传递给下一代。RNA 则在蛋白质合成中起关键作用。mRNA 将 DNA 上的遗传信息转录成蛋白质的氨基酸残基序列，而 tRNA 则将氨基酸运输到蛋白质合成的位置。

糖类由单糖分子组成，可以是单糖、二糖或多糖。糖类在生物体内起能量代谢和细胞识别的重要作用。糖类是生物体内的主要能量来源。在有氧条件下，葡萄糖通过糖酵解和细胞呼吸产生能量。

脂类由甘油和脂肪酸组成，可以是单酯、双酯或三酯。脂类在生物体内起多种重要作用。首先，脂类是细胞膜的主要组成部分，决定了细胞膜的结构和功能。脂类还可以作为能量的储存形式，脂肪组织中的三酯可以在需要时被转化为葡萄糖来提供能量。此外，脂类还参与信号传导和细胞间的相互作用。一些信号分子和激素是脂类的衍生物，它们能够通过细胞膜传递信号并调节细胞的功能。

蛋白质、核酸、糖类和脂类是生物体内四种重要的生物大分子。它们的结构特点与其执行的功能密切相关，对于理解生物体的结构和功能具有重要意义。蛋白质能够执行各种不同的功能，包括催化化学反应、构成细胞和组织的骨架以及参与细胞间的通信和调节。核酸在遗传信息的传递和蛋白质合成中起关键作用。糖类在能量代谢和细胞识别中发挥重要作用。脂类在细胞膜的结构和功能、能量储存和信号传导中起重要作用。通过深入了解这四种生物大分子的结构和功能，我们可以更好地了解生物体的生命活动。

习　题

扫码做题

一、填空题

1. 20 种氨基酸除________外都具有旋光性。
2. 核酸完全水解的产物是________、________和________。
3. 蔗糖由一分子________和一分子________组成，它们之间通过________相连。
4. 脂类是由________和________等组成的化合物及其衍生物。

二、问答题

1. 组成蛋白质的 20 种氨基酸中，哪些具有亲水性？哪些具有疏水性？
2. 写出维持蛋白质高级结构的作用力。
3. 构成蛋白质的基本单元是什么？有何结构特征？
4. 什么是蛋白质的一级结构和高级结构？
5. 构成核酸的基本单元是什么？由哪几部分组成？
6. 比较 DNA 和 RNA 组成、结构和功能的异同。
7. 什么是碱基互补配对原则？
8. 哪些核酸能参与基因的表达过程？其作用是什么？
9. 由单糖生成多糖需要经历何种反应？举例说明。
10. 说出一种常见的脂肪分子结构，并解释该结构与其行使功能之间的关系。

第 10 章　高分子化合物

从第 9 章中对天然生物大分子的介绍可知，单体缩合成为大分子(高分子)会呈现出特有的结构和性质。然而天然生物大分子应用到实际生产生活中尚存在各方面的缺陷，在 19 世纪后期到 20 世纪早期，人们一方面尝试对天然生物大分子进行改性，另一方面开启人工从头制备大分子(高分子)的道路。随着人们对合成高分子结构和性能的深入了解，高分子科学应运而生并逐渐发展。高分子材料与人们的生产生活息息相关，小到矿泉水的包装瓶，大到航空航天器件。本章将对高分子的结构以及高分子材料的性能进行详细介绍。

10.1　高分子化合物概述

10.1.1　高分子化合物的基本概念

高分子化合物，简称高分子，也称聚合物或高聚物(polymer)，指由大量重复单元键接而成的大分子。这些高分子可能是线形的、有轻微分支的，也可能高度交联成三维网络结构。一般使用高分子来指代一个高分子链，而使用聚合物表示许多高分子的集合体。合成聚合物的小分子化合物称为单体，从单体形成聚合物的化学反应称为聚合反应，聚合反应有许多类型。如大量的苯乙烯单体通过聚合反应可形成长链聚合物——聚苯乙烯：

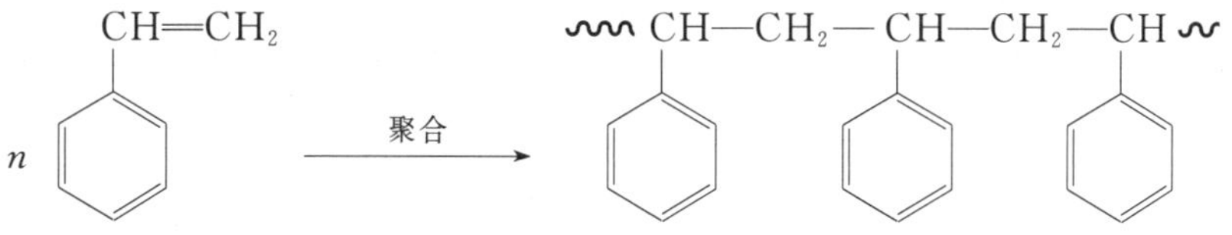

$$n\ CH{=}CH_2(C_6H_5) \xrightarrow{\text{聚合}} \sim CH(C_6H_5){-}CH_2{-}CH(C_6H_5){-}CH_2{-}CH(C_6H_5)\sim$$

苯乙烯　　　　聚苯乙烯

上式中聚苯乙烯两端的波浪线表示聚合物分子在左端和右端进一步延伸。为方便起见，上式可缩写为

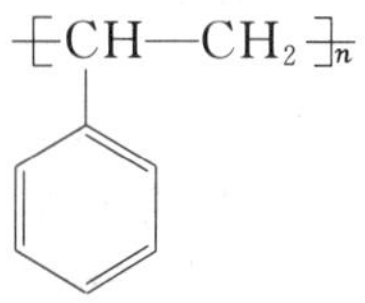

$$\left[CH(C_6H_5){-}CH_2 \right]_n$$

式中，括号表示重复连接；括号内为重复单元；n 为重复单元数，也称为聚合度(DP，degree of polymerization)。聚合物的分子量是其结构单元的分子量与 DP 的乘积。聚合物中的重复单元结构通常与合成聚合物的单体结构相对应。但也有例外的情况，如聚乙烯醇$\left[CH_2CHOH \right]_n$通常被认为是由乙烯醇 $CH_2{=}CHOH$ 单体组成的，但乙烯醇极不稳定，不存在游离的乙烯醇单体。因此聚乙烯醇的制备首先要由乙酸乙烯合成聚乙酸乙烯，然后将聚乙酸乙烯醇解生成聚乙烯醇。

10.1.2 高分子化合物(聚合物)的命名

我国科学技术名词审定委员会在2005年发布了《高分子化学命名原则》。该原则对聚合物体系进行命名。本小节以线形聚合物为例对该原则进行简要介绍。命名原则包含来源基础命名法和结构基础命名法。来源基础命名法以参与聚合的单体为基础。结构基础命名法以聚合物主链的重复单元为基础。先按照已有的有机或无机命名原则对聚合物中的有机或无机单元进行命名,再将"聚"字加在单元名之前(表10.1)。其中结构基础命名法更适合结构复杂但能系统表达的聚合物。

表10.1 聚合物不同命名方法对比

单体	单体结构	聚合物	来源基础命名法	结构基础命名法	缩写
乙烯	$CH_2=CH_2$	$-[CH_2-CH_2]_n-$	聚乙烯 polyethylene	聚亚甲基 poly(methylene)	PE
苯乙烯	$CH=CH_2$(连苯环)	$-[CH_2-CH]_n-$(CH连苯环)	聚苯乙烯 polystyrene	聚(1-苯基亚乙基) poly(1-phenylethylene)	PS
甲基丙烯酸甲酯	$CH_2=C(CH_3)COOCH_3$	$-[C(CH_3)(COOCH_3)-CH_2]_n-$	聚甲基丙烯酸甲酯 poly(methyl methacrylate)	聚[1-(甲氧羰基)-1-甲基亚乙基] poly[1-(methoxycarbonyl)-1-methylethylene]	PMMA

此外,聚合物还可以按照商品名称命名。如用后缀"纶"来命名合成纤维,用后缀"橡胶"来命名合成橡胶。对常见的聚合物,为了解决其名字冗长读写不便的问题,可采用国际通用的英文缩写符号。

10.2 高分子化合物合成反应的分类

10.2.1 按单体-高分子化合物结构变化分类

前文所列举的高分子,多是对应发生聚合前的单体结构与发生聚合反应后高分子链中的重复单元结构一致的情况。这种高分子链多是通过含双键的加聚反应获得的。实际上还存在其他种聚合方式,使得反应前的单体结构与高分子链中的重复单元结构有所不同,比如官能团之间的缩聚反应和环状单体的开环聚合反应等。

烯类单体键断裂而后加成聚合起来的反应称为加聚反应(加成聚合反应),产物称作加聚物,如上文提到的苯乙烯加聚生成聚苯乙烯。加聚物结构单元的元素组成与其单体相同,仅仅是电子结构有所变化,因此加聚物的分子量是单体分子量的整数倍。

缩聚反应是缩合聚合反应的简称,指含官能团的单体经过多次缩合,形成缩聚物的反应。除了形成缩聚物外,缩聚反应还有水、醇、氨、氯化氢等小分子副产物产生。己二酸和己二胺脱水缩聚成聚己二酰己二胺就是缩聚反应的典型例子。

$$nHOOC—(CH_2)_4—COOH + nH_2N—(CH_2)_6—NH_2 \longrightarrow HO\!\!\left[\!\!-\overset{\overset{\displaystyle O}{\|}}{C}—(CH_2)_4—\overset{\overset{\displaystyle O}{\|}}{C}—\overset{\overset{\displaystyle H}{|}}{N}—(CH_2)_6—\overset{\overset{\displaystyle H}{|}}{N}-\!\!\right]_n\!\! H + (2n-1)H_2O$$

环状化合物单体经过开环加成转变为线形高分子的反应称为开环聚合反应，如环氧乙烷开环聚合成聚氧乙烯。

$$n\underset{\diagdown\,O\,\diagup}{H_2C—CH_2} \longrightarrow \left[\!-O—CH_2—CH_2-\!\right]_n$$

杂环开环聚合可形成杂链高分子，反应时无小分子副产物生成，如己内酯开环聚合成聚己内酯胺(尼龙-6)。

$$n\ \text{(己内酰胺环, HN—C(=O))} \longrightarrow \left[\!-NH—(CH_2)_5—\overset{\overset{\displaystyle O}{\|}}{C}-\!\right]_n$$

除以上三大类之外，还有多种聚合反应，如消去聚合反应、异构化聚合反应等，有待进一步深入研究以完善其归类体系。

10.2.2　按聚合反应的机理分类

依据聚合反应的机理和动力学，聚合反应可分为逐步聚合反应和连锁聚合反应两大类，如图 10.1 所示。

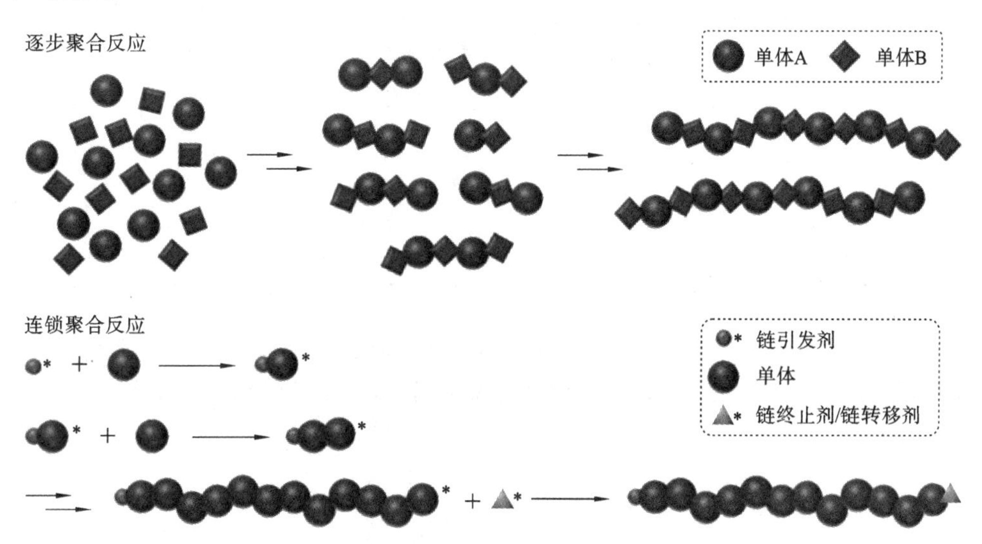

图 10.1　逐步聚合反应和连锁聚合反应示意图

逐步聚合反应的特征是小分子转变成高分子是逐步进行的，每步反应的化学反应速率和活化能大致相同。反应早期，单体很快聚合成二聚体、三聚体、四聚体等低聚物。短期内单体转化率很高。随后，低聚物间继续相互聚合，分子量缓慢增加，直至基团反应程度很高（>98%）时，分子量才达到较高的数值。在逐步聚合反应中，体系由单体和分子量递增的系列中间产物组成。

连锁聚合反应由链引发、链增长、链终止等基元反应组成。链引发过程指单体在链引发剂的作用下形成活性物种，活性物种可以是自由基、阴离子或阳离子，因此连锁聚合反应中按照活性物种的不同可分为自由基聚合、阴离子聚合和阳离子聚合。随后进入链增长阶段，在此阶段活性物种与单体加成，高分子链迅速增长。最后在链终止剂或链转移剂的作用下，活性物种被破坏，反应完成。

10.3　高分子化合物的结构和性能

高分子的结构与其性能密切相关。高分子结构主要包括链结构和凝聚态结构两个层次。链结构是指单个高分子链的结构和形态，包括近程结构和远程结构。近程结构又称一级结构，侧重于关注高分子链的化学组成、立体构型和重复单元序列等内容。远程结构也称二级结构，包括高分子链的尺寸与形状、链的柔性及其在特定环境中的构象。凝聚态结构是指大量高分子链组成的聚合物系统的结构，包括非晶态结构、晶态结构、液晶态结构、取向态结构等。

10.3.1　高分子化合物的近程结构

1. 高分子的化学组成

高分子按主链组成可分为碳链高分子、杂链高分子和无机高分子三大类。

碳链高分子的主链完全由碳原子组成。绝大部分烯类和二烯类的加聚产物属于这一类。以含有不同取代基的乙烯作为单体，聚合后可形成性能各异的饱和碳链高分子。如聚苯乙烯、聚氯乙烯等。以含有不同取代基的共轭二烯作为单体聚合，则可生成主链中含有双键的碳链高分子，如聚丁二烯、聚异戊二烯等。

$$\left[\!\!-CH_2-\underset{\displaystyle Cl}{\underset{|}{CH}}-\!\!\right]_n \qquad \left[\!\!-CH_2-CH=CH-CH_2-\!\!\right]_n$$

聚氯乙烯　　　　1,4-聚丁二烯

杂链高分子主链中除了碳原子外，还有氧、氮、硫等杂原子，如聚醚、聚酯、聚酰胺等缩聚物和杂环开环聚合物。这类聚合物的主链中都有特征基团，如醚键、酯键、酰胺等。

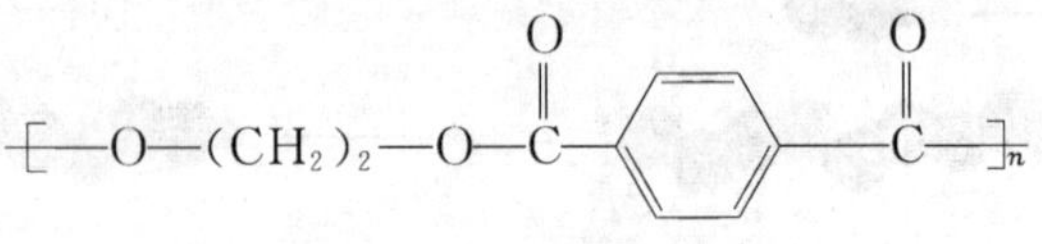

$$\left[\!\!-O-(CH_2)_2-O-\overset{\displaystyle O}{\overset{\|}{C}}-C_6H_4-\overset{\displaystyle O}{\overset{\|}{C}}-\!\!\right]_n$$

聚对苯二甲酸乙二酯

无机高分子主链中不含碳原子，主要由硅、硼、铝、氧、氮、硫、磷等原子组成，其主链可以只含一种元素，如线形聚二甲基锡，也可以由多种元素组成，如聚二苯基硅氧烷。

$$\left[-\mathrm{Sn}(\mathrm{CH_3})_2- \right]_n$$

线形聚二甲基锡

$$\left[-\mathrm{Si}(\mathrm{C_6H_5})_2-\mathrm{O}- \right]_n$$

聚二苯基硅氧烷

2. 高分子的构型

构型指分子中由化学键所固定的原子在空间的排列。这种排列是稳定的，必须通过化学键的断裂与重组才能改变分子的构型，因此不同的异构体无法通过单键内旋转实现构型的相互转换。化学组成相同而构型不同的异构体有旋光异构体、几何异构体和键接异构体之分。聚合物中高分子链构型的规整性是决定其结晶能力的主要因素。

旋光异构通常是由于重复单元中存在手性结构。例如，单取代的乙烯基单体形成的含有手性碳原子的高分子。这些手性碳的具体排列可能产生三种不同的立体化学排列。一是所有不对称碳原子采用相同的构型，该构型称为等规构型。二是当不对称碳原子有规则地交替排列时，这种构型称为间规构型。三是如果不对称碳原子的排列没有规律性，则得到的结构称为无规构型。这三种空间排列如图 10.2 所示。可以通过聚合条件的调整控制单体以等规构型或间规构型聚合。

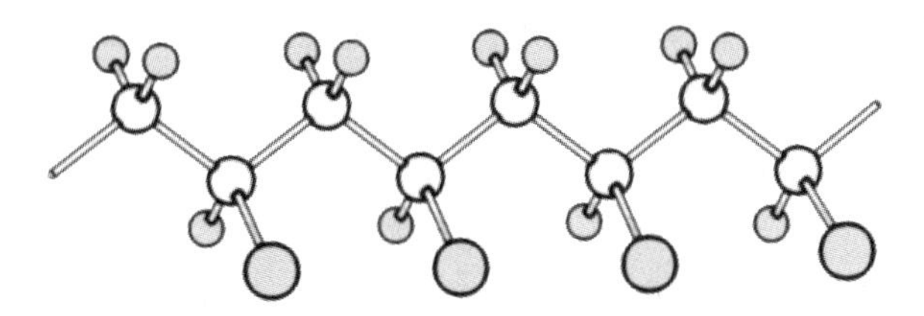

(a) 等规（全同立构）构型

(b) 间规（间同立构）构型

(c) 无规构型

图 10.2　含有不对称碳原子的高分子可能的立体化学排列

几何异构主要对应的是主链上双键的顺反异构。例如，聚异戊二烯可能呈图 10.3 所示的立构规整结构。其中 1,2-和 3,4-结构又各有全同和间同两种立体异构体。聚异戊二烯在自然界只存在顺-1,4-聚异戊二烯和反-1,4-聚异戊二烯两种异构体。前者是天然橡胶的主要成分，后者是杜仲胶的主要成分。杜仲胶是具有“橡胶-塑料二重性”的优异高分子材料。

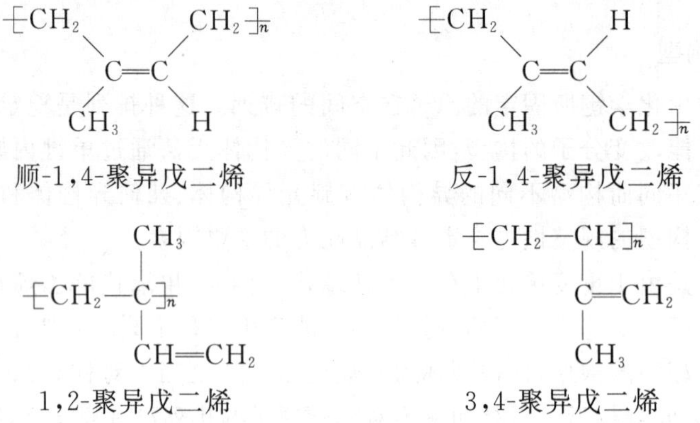

$-[CH_2(CH_3)C=CH CH_2]_n-$（CH₂ 与 CH₂ 同侧）

顺-1,4-聚异戊二烯

$-[CH_2(CH_3)C=CH CH_2]_n-$（CH₂ 与 CH₂ 异侧）

反-1,4-聚异戊二烯

$-[CH_2-C(CH_3)(CH=CH_2)]_n-$

1,2-聚异戊二烯

$-[CH_2-CH(C(CH_3)=CH_2)]_n-$

3,4-聚异戊二烯

图 10.3　聚异戊二烯的异构体

键接异构指具有不对称取代基的单体聚合形成高分子时，线形高分子内部可能存在多种键接方式。如图 10.4 所示，乙烯基聚合物中可能存在头尾键接或头头(尾尾)键接，双烯类聚合物的键接异构还可能跟几何异构同时出现。

(1) 单取代乙烯基聚合物

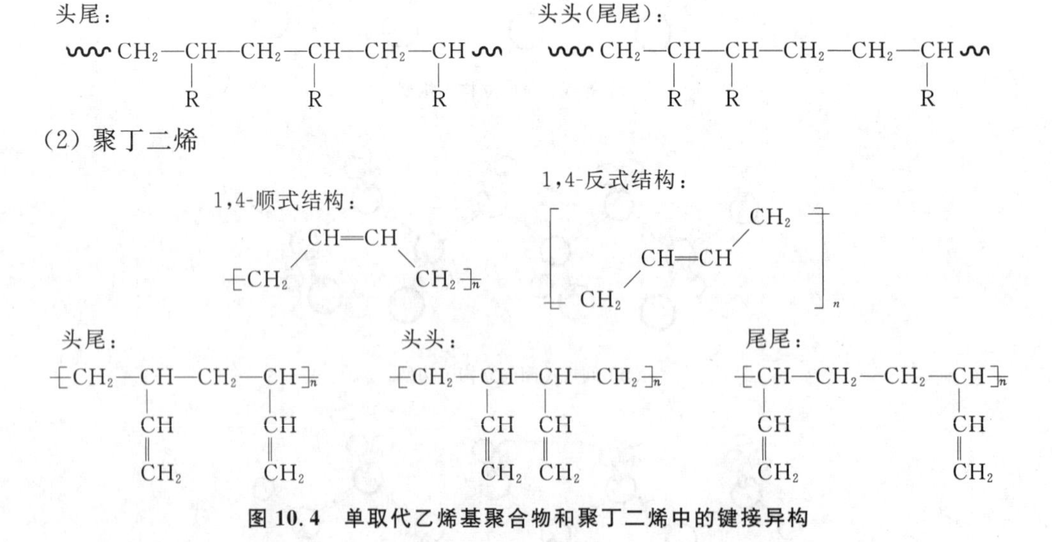

图 10.4　单取代乙烯基聚合物和聚丁二烯中的键接异构

3. 线形高分子、支链形高分子和交联形高分子

高分子中结构单元彼此键接可形成线形高分子、支链形高分子和交联形高分子，如图10.5所示，还可能形成星形、梳形和树枝形等更加复杂的结构。重复单元在一维方向上键接可形成线形高分子。由线形高分子链组成的高分子称为线形高分子，可溶于适当溶剂，熔融时具有热塑性。支链形高分子链组成的高分子与线形高分子类似，也可溶于适当溶剂且具有热塑性，但其支链会在一定程度上破坏高分子链结构的规整性,使其结晶能力下降。高分子链之间通过化学键连接起来可形成类似三维网络的交联形高分子。交联形高分子既不能溶于溶剂,也不能受热熔融,具有热固性。

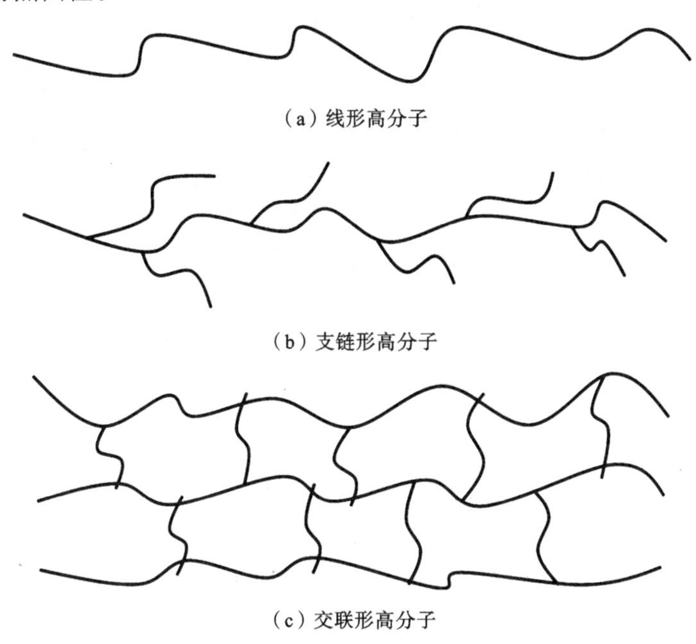

(a) 线形高分子

(b) 支链形高分子

(c) 交联形高分子

图 10.5　线形高分子、支链形高分子和交联形高分子链示意图

10.3.2　高分子化合物的远程结构

1. 高分子的分子量及其分布

高分子链的尺寸赋予了它们独有的特性。一般来说,高分子链越长,分子量越大。然而,聚合反应产生的高分子链的聚合度并非完全一致,其分子量也大小不一。因此,所谓高分子的分子量实际上是指其平均分子量。高分子的平均分子量表示方法主要有数均分子量、重均分子量和黏均分子量,各种分子量的测量方法有所不同。

数均分子量通常采用依数性相关方法测得,如对渗透压、蒸气压等物理量的测定。数均分子量的定义式如下:

$$\overline{M}_n = \frac{m}{n} = \frac{\sum n_i M_i}{\sum n_i} = \frac{\sum m_i}{\sum (m_i / M_i)} = \sum x_i M_i$$

式中,m 为高分子的总质量;n 为其分子总数;n_i、m_i、M_i 分别代表第 i 种组分的分子数、质量和分子量。其分子数占总分子数的百分数为 x_i。

重均分子量又称质均分子量,可通过光散射测定。其定义式如下:

$$\overline{M}_w = \frac{\sum m_i M_i}{\sum m_i} = \frac{\sum n_i M_i^2}{\sum n_i M_i} = \sum w_i M_i$$

式中,w_i 为第 i 种组分的质量分数。

黏均分子量通过黏度法测定,其计算公式如下:

$$\overline{M}_\nu = \left(\frac{\sum m_i M_i^\alpha}{\sum m_i} \right)^{1/\alpha} = \left(\frac{\sum n_i M_i^{\alpha+1}}{\sum n_i M_i} \right)^{1/\alpha}$$

式中，α 为高分子稀溶液特性黏数-分子量关系式$[\eta]=KM^\alpha$ 中的指数，一般为 0.5～0.9。

分子量分布范围可宽可窄，也可能呈现单、双、三或多峰的分布，如图 10.6 所示。在两种不同环境下聚合反应所得的产物可能呈现出分子量双峰分布的特征。由不同长度的高分子链组成的高分子称为多分散高分子，而只含有一条链的高分子称为单分散高分子，如特定的核酸。对于由分子量相同的分子组成的高分子，$\overline{M}_n=\overline{M}_w$；其他情况下，$\overline{M}_n<\overline{M}_w$。因此，可以使用 $\overline{M}_w$ 和 $\overline{M}_n$ 的比值来表示特定高分子样品中分子量的分布。这个比值被称为高分子的分散性，$\overline{M}_w:\overline{M}_n=1$ 为单分散系统，其余为多分散系统。

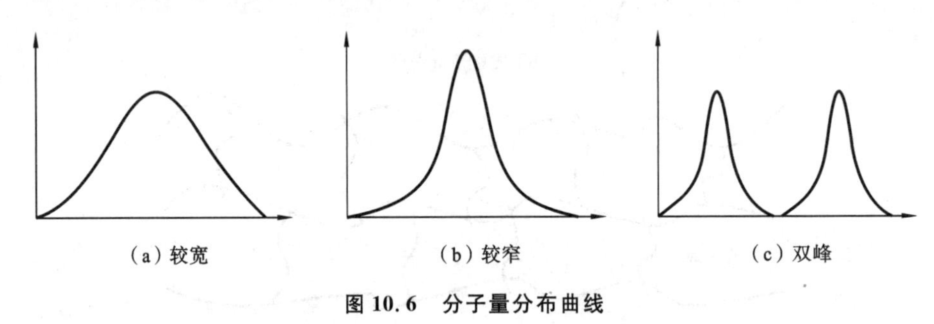

图 10.6　分子量分布曲线

2. 高分子链的构象与柔性

构象指由于 σ 单键旋转所形成的分子内原子在空间的几何排布。高分子链的构象变化主要源自分子内 σ 单键的旋转。柔性高分子单链在不受外力作用时自发趋于卷曲状态，其构象随分子热运动而无规变化，这种形态称为无规线团。在高分子溶液和非晶态高分子固体与熔体中，理想柔性高分子呈无规线团状。在极稀溶液中，高分子线团各自分立在溶剂中，彼此不贯穿；随溶液浓度的增加，高分子线团之间间距减小，直到相互贯穿。在晶体中，高分子链最典型的构象是平面锯齿构象和螺旋构象。晶体中的高分子链在溶于溶剂中时，会有部分组成和构型相对均匀的高分子链改变构象，由螺旋构象变为线团构象，另一部分仍保持原有的小段螺旋结构。

高分子链能以各种程度卷曲的性质称为高分子链的柔性。内在结构和外界条件都影响高分子链的柔性。高分子链的主链结构为碳碳单键的柔性较大，含有非共轭双键的主链具有良好的柔性，但其柔性略弱于碳碳单键，双键的存在有利于主链上邻近的 σ 单键旋转。主链含共轭双键和苯环时，共轭效应不利于 σ 单键旋转，刚性较大。杂链高分子主链中含有杂原子的 σ 单键周围原子较少且键长较长，σ 单键柔性顺序：Si—O>C—O>C—N>C—C。取代基团极性的增加以及极性取代基密度的增加都会使得高分子链柔性降低，原因在于极性取代基可以加强分子内与分子间的相互作用。对称性分布的极性取代基柔性优于不对称分布的极性取代基。非极性取代基则需要考虑空间位阻效应和分子间相互作用两种效应的竞争。若空间位阻效应的增加占主导，则会限制 σ 单键旋转，减弱高分子链柔性。若分子间相互作用的削弱占主导，则会使高分子链柔性增强。此外分子内氢键的增加和支化与交联程度的增加都会限制 σ 单键的旋转，使链柔性减弱。温度、压力等外界条件也会影响高分子链的柔性。高分子链的柔性随温度升高而增加，随压力的升高而减弱。

10.3.3　高分子化合物的凝聚态结构

高分子链之间的排列和堆砌则形成凝聚态的高分子，常见的有非晶态结构、晶态结构、液晶态结构、取向结构等。高分子的凝聚态与其宏观性能密切相关。大多数高分子处于非晶态，有些部分存在结晶区或高度结晶，但结晶度很少达到 100%。人们提出了多种结构模型用以解释凝聚态高分子结构和性能之间的关系。

非晶态高分子结构有无规线团模型和两相球粒模型两种代表性模型。无规线团模型中，高分子本体中的分子链构象呈无规线团状(图 10.7(a))，线团分子之间任意贯穿、无规缠绕。链段的堆砌不存在任何有序结构。两相球粒模型认为，非晶态高分子存在一定程度的局部有序(图 10.7(b))，其中包含粒子相和粒间相两部分，粒子相又可分为有序区和粒界区。在有序区中，分子链彼此平行排列，其有序程度与链结构、分子间作用力等因素有关。有序区周围有 1～2 nm 大小的粒界区，由折叠链的弯曲部分、链端、缠结点和连接链组成。粒间相则由无规线团、低分子物、分子链末端和连接链组成，尺寸为 1～5 nm。模型认为一根分子链可以通过几个粒子和粒间相。

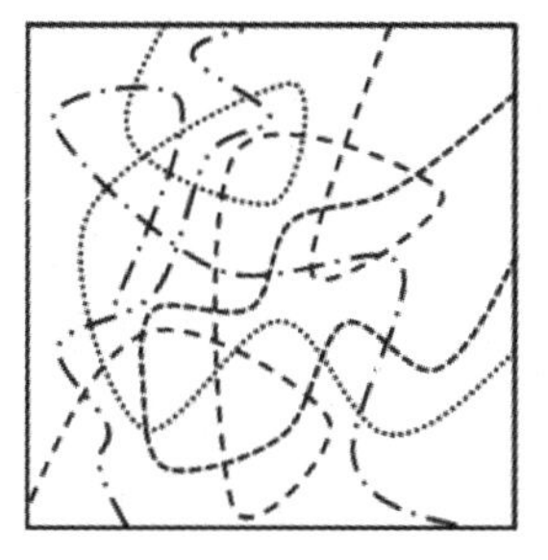

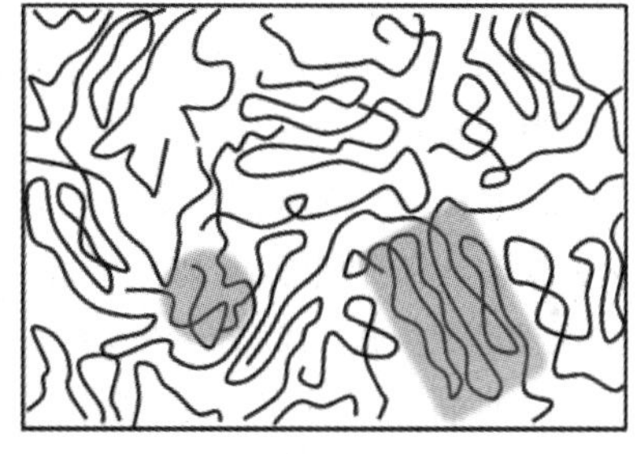

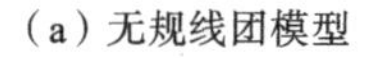

(a) 无规线团模型　　(b) 两相球粒模型

图 10.7　非晶态高分子的结构模型

结晶高分子的结构模型种类较多，接受度较广泛的有缨状微束模型和折叠链模型。缨状微束模型，也称两相模型，认为结晶高分子中结晶区与非晶区相互穿插同时存在，在结晶区中，分子链互相平行排列形成规整的结构；而在非晶区中，分子链的堆砌是完全无序的。

折叠链模型认为，伸展的分子链倾向于相互聚集在一起形成链束，分子链可以顺序排列，让末端处在不同的位置上，当分子链结构很规整而链束足够长时，链束的性质就和高分子的分子量及其多分散性无关了。分子链规整排列的链束，构成高分子结晶的基本结构单元，链结构不规整的高分子链，不能形成规整排列的链束，因而也不能结晶。这种规整的结晶链束细而长，表面能很大，不稳定，会自发地折叠成带状结构，如图 10.8 所示。

高分子的结晶能力与高分子链的规整性、链柔性、分子间作用力等链结构有关，此外还受拉力、温度等外界条件的影响。高分子链结构的对称性越好，结晶能力就越强。如聚乙烯、聚四氟乙烯都具有结晶能力。高分子链的空间立构规整性越高，结晶能力越强。如单烯类的全同立构体、间同立构体有结晶能力，而无规立构体则无结晶能力。高分子链之间的氢键相互作用能提高高分子的结晶能力。如聚胺-66 中的酰胺键使得其分子间形成较强的氢键，有利于结晶。

含有双键或醚键的高分子链柔性较大，室温下处于非晶态，在适当温度下拉伸，可暂时取

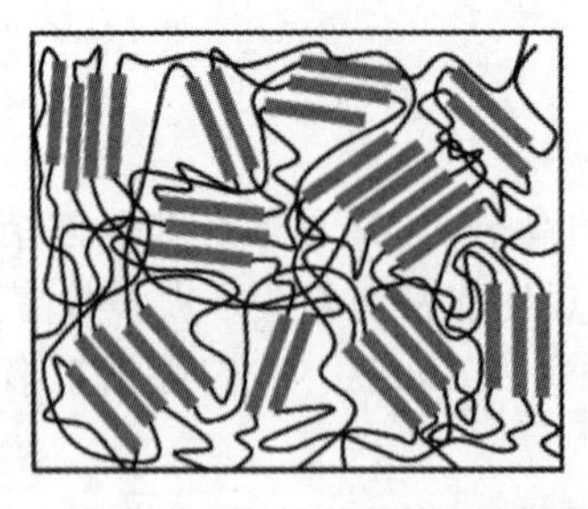
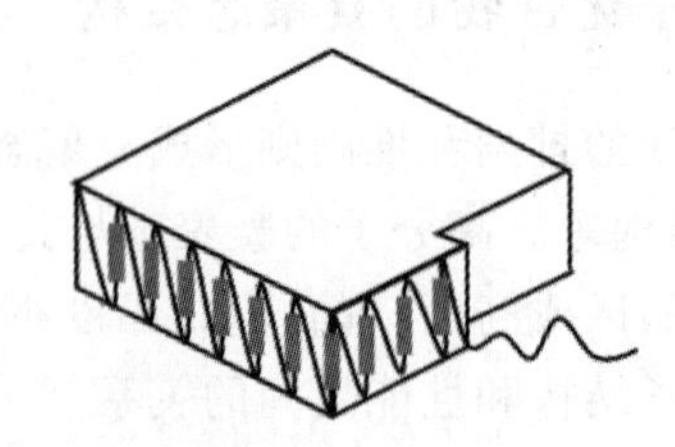

图 10.8 结晶高分子的结构模型

向结晶，拉力去除则恢复到原来的无序状态，如丁二烯类橡胶和有机硅橡胶。某些高分子晶体在受热融化或被溶剂溶解后，在一定温度或浓度范围内呈现各向异性液态，既具有流动性，又部分保留了晶态物质分子排列的有序性，在物理上呈现各向异性。这种兼具晶体与液体部分性质的过渡态称为液晶态。

10.3.4 高分子化合物的热运动及力学状态

高分子的热运动具有强烈的温度依赖性。非晶态热塑性高分子随着温度的升高会呈现三种力学状态，分别是玻璃态、高弹态和黏流态。温度较低时，高分子链段的布朗运动受到限制，高分子弹性应变很小，类似刚硬的玻璃体，这种状态被称为玻璃态。当温度升高至某一温度范围内，高分子的链段运动自由，从玻璃态转变成柔软而富有弹性的高弹态，这一转变温度称作玻璃化温度 T_g。温度继续升高到能实现高分子链质心迁移的温度范围，则会转变成具有黏性的流体状态（黏流态），该转变温度为高分子的熔点 T_m。T_g 和 T_m 是表征高分子的重要参数。

在玻璃化温度以上，非晶态高分子力学状态转变都是渐变过程，玻璃化转变区和黏流态转变区并无突变。而结晶程度较高的晶态高分子的行为却不相同，当 $T_g<T<T_m$ 时，一直保持着高弹态，$T>T_m$ 时，直接液化。部分结晶的晶态高分子的分子量有一定分布，其熔融温度无固定值，而是分布于一定温度范围内。

10.3.5 高分子化合物的物理性能

白色污染和限塑令

1. 力学性能

高分子的化学结构、分子量及其分布、支化和交联、结晶与取向等材料本身因素以及温度、湿度、光照、氧化老化、作用力的速度等外界条件均会影响到高分子的实际强度。本小节主要讨论材料本身因素对高分子力学性能的影响。

高分子链的分子间氢键的增加可提升高分子材料的强度。如带有极性基团的聚氯乙烯的拉伸强度大于低密度聚乙烯。在高分子的主链或侧链中引入芳杂环，可使高分子材料的强度和弹性有所提升，如聚苯醚的强度和弹性模量高于脂肪族聚醚。聚苯乙烯的强度和弹性模量高于聚乙烯。

分子量对拉伸强度和冲击强度的影响不尽相同。分子量小时，高分子材料的拉伸强度和冲击强度都低，随着分子量的增大，拉伸强度和冲击强度都会提高。但是当分子量超过一定数值以后，高分子材料的拉伸强度基本维持稳定，而冲击强度则继续增大。人们生产超高分子量聚乙烯（$M=5\times10^5\sim4\times10^6$）的目的之一就是提高它的冲击强度。它的冲击强度比普通低压聚乙烯提高 3 倍多，在 −40 ℃时甚至可提高 18 倍之多。

分子链的支化程度增加导致分子之间的距离增大，分子间相互作用力减小，进而导致拉伸强度降低，冲击强度提高，如高压聚乙烯的拉伸强度低于低压聚乙烯，冲击强度高于低压聚乙烯。适度的交联可以有效地增加分子链间的联系，使分子链不易发生相对位移。随着交联度的增加，往往不易发生大的形变，强度增高。如聚乙烯交联后，拉伸强度可以提高 1 倍，冲击强度可以提高 3～4 倍。

结晶度增加有利于提高拉伸强度、弯曲强度和弹性模量。如在聚丙烯中无规结构的含量增加，使聚丙烯的结晶度降低，则拉伸强度和弯曲强度都下降。但若结晶度过高，则会导致高分子材料变脆，冲击强度和断裂伸长率降低。取向对高分子材料的强度提高效果十分明显。原因在于取向后高分子链顺着外力的方向平行地排列了起来，致使断裂时需要破坏共价键的比例增加。所以在合成纤维工业中，取向是提高纤维强度的一个必不可少的措施。对于薄膜和板材也可以利用取向来提高其强度。

2. 电学性能

高分子种类繁多，其在外加电场作用下的行为及其所表现出来的物理现象均属于高分子的电学性能。高分子的电学性能指标范围分布较宽，几乎包含各种电现象。高分子的电学性能与材料内部结构的变化和分子运动情况密切相关。

大多数传统高分子为绝缘体，在交变电场作用下发生极化，分子中电荷分布发生相应变化，表现出介电性能。介电性能使得高分子可用作电容器材料、电气绝缘材料、射频和微波用超高频材料、隐身材料等。高分子的分子结构和凝聚态结构、温度、交变电场频率以及杂质含量均会影响高分子的介电性能。

具有共轭 π 结构的高分子经过化学或电化学“掺杂”可由绝缘体变为导体，如图 10.9 所示。如聚乙炔、聚对苯硫醚、聚对苯撑、聚苯胺、聚吡咯、聚噻吩等。导电高分子在电致发光领域取得了突破性的进展，如利用共轭高分子半导体的发光现象，制备出软性、超薄的新一代信息显示材料将在显示器领域中取代传统液晶屏。除了利用自由电子实现导电的导电高分子之外，还有一类高分子具有高离子传导性，其在外加电场驱动下可利用带电离子的定向移动实现导电，称为高分子电解质。高分子电解质与传统的无机物固体电解质相比，具有较轻的质量、较好的机械加工性、较高的黏弹性、较宽的电化学稳定窗口、较高的分解电压等诸多性能优势。

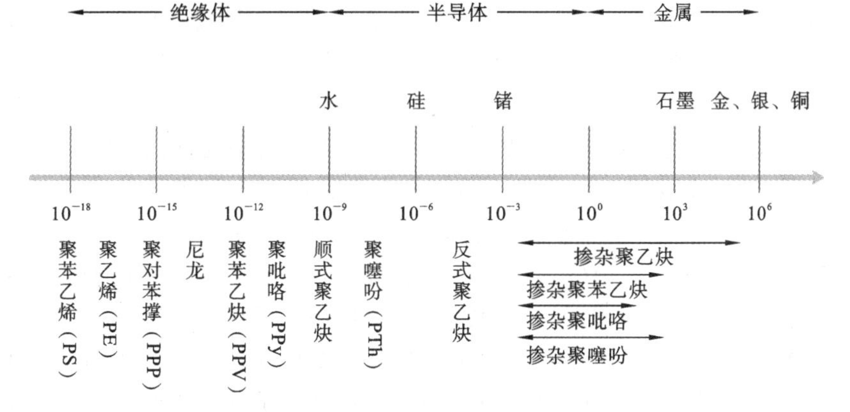

图 10.9　高分子及其他材料的电导率

除介电和导电之外，高分子还表现出压电、热电、热释电、驻极体、电击穿和静电等电现象，其中涉及多种电学性质，使得高分子可应用于诸多电学领域。

3. 光学性能

随着合成技术的发展，光学高分子的品种不断增加，光学高分子迅速发展。与高分子光学性能有关的应用很广，从要求不高的产品包装、照明和显示，到对光学性能要求苛刻的光学元器件。高分子光学材料透明、坚韧、加工成形简便和价廉，可制作各种光学元器件。相比于玻璃、石英等传统的无机光学材料，高分子光学性能的特点是质轻和耐冲击，并且可以集优良的光学性能与其他一些光电、磁等性能于一身，满足发光、变色、防辐射、磁性及导电等多项需求。同时，利用光学性能的测定可以反过来研究高分子的结构、分子取向，乃至结晶行为等。

光学塑料是高分子光学材料的重要组成部分。例如，优质的有机透明材料聚甲基丙烯酸甲酯，其折射率小($n_D=1.492$)、透光率高($T_t=93\%$)、质轻($\rho=1.19\ g \cdot cm^{-3}$)、耐候性好、机械性能优异、加工性好、注塑成型时光畸变很小，被广泛应用于：① 灯具、照明器材；② 光学器件；③ 光导纤维；④ 各种医用、军用和建筑用玻璃等。光学塑料具备较好的透明性，已大量取代无机玻璃和其他光学材料，包括制作眼镜片、飞机和汽车上的挡风玻璃乃至透镜和棱镜等光学元件，此外还有诸如塑料光栅、接触透镜、非球面透镜等具有特殊应用价值的高分子光学材料，使得光学塑料由低档光学制品向中、高档光学元件发展。

极化高分子还可以作为非线性光学材料，相比于无机晶体，有机非线性高分子具有非线性系数高、响应时间快、介电常数低、激光损伤阈值高、吸收系数低以及化学稳定性好等优点。

4. 溶液性能

首先必须强调的是，高分子溶液不是胶体，而是高分子链以分子状态分散在溶剂中所形成的均相混合物，在热力学上是稳定的二元或多元体系。高分子较大的分子量和链状结构特征使得单个高分子链线团体积与小分子凝聚成的胶体粒子相当，从而有些行为与胶体类似，但高分子溶液是真溶液。

高分子溶液可分为极稀溶液、稀溶液、亚浓溶液、浓溶液、极浓溶液，但高分子浓溶液和稀溶液之间并没有一个绝对的界线。判定一种高分子溶液属于稀溶液或浓溶液，应根据溶液性质，而不是溶液浓度。稀溶液和浓溶液的本质区别在于稀溶液中单个高分子链线团是孤立存在的，相互之间没有交叉；而在浓溶液体系中，高分子链之间存在聚集和缠结。

高分子的浓溶液，主要用于工业生产，如油漆、涂料、胶黏剂的配制，纤维工业中的溶液纺丝，制备复合材料用到的树脂溶液，塑料工业中的增塑(增塑的塑料看起来是固体，实际上也是高分子的浓溶液)。但浓溶液中高分子链之间作用复杂，受外界物理因素的影响较大，高分子浓溶液体系研究起来比较困难，至今还没有成熟的理论来完整描述它们的性质。

高分子的稀溶液，主要用于高分子科学的基本理论研究，包括热力学性质的研究($\Delta S'_M$、ΔH_m、ΔG_m)、动力学性质的研究(溶液的沉降、扩散、黏度等)、高分子链在溶液中的形态尺寸(柔性、支化等)研究、其相互作用(包括高分子链段间链段与溶剂分子间的相互作用)，以及测量高分子的分子量和分子量分布、测定内聚能密度、计算硫化橡胶的交联密度研究等。稀溶液理论研究比较成熟，具有重要理论意义，对加强高分子结构与性能基本规律的认识有重要价值，在历史上对高分子概念的确立以及后来建立完整的高分子科学都有特殊的贡献。近年来，高分子稀溶液也开始有了工业应用，如减阻剂、絮凝剂、钻井泥浆处理剂等。

10.4　高分子材料的改性

高分子材料的发展包括新材料的设计合成和现有材料的优化改性两种途径，两种途径相辅相成。高分子改性就是通过化学改性或物理改性来改善高分子原有性能、引入新的功能、降低成本的一种方法。

10.4.1　化学改性

高分子材料的化学改性一般是在合成阶段进行的，特别常见于涂料、胶黏剂、热固性树脂等行业，这几类材料在应用过程中多涉及交联固化，通过引入不同反应活性或结构特性的官能团，以便达到不同的预期效果和材料性能。

交联改性是指将线形高分子或支链形高分子链间以共价键连接成网状高分子或体形高分子的过程，通常指的是化学交联，交联改性可提高高分子的使用性能，如橡胶硫化发挥高弹性，塑料交联提高强度和耐热性，漆膜交联固化，皮革交联消除溶胀，棉、丝织物交联防皱等。

橡胶的硫化是交联改性最为典型的案例，如图 10.10 所示。未经硫化的橡胶硬度和强度低，高分子链之间容易相互滑动，弹性差，难以应用。硫化反应则可使橡胶的高分子链通过“硫桥”适度交联，形成体形结构。适度交联减少了高分子链之间的相对滑动，高分子链的伸长仍可进行，改性后的材料保留了较好的弹性，且强度和韧性有所提高。

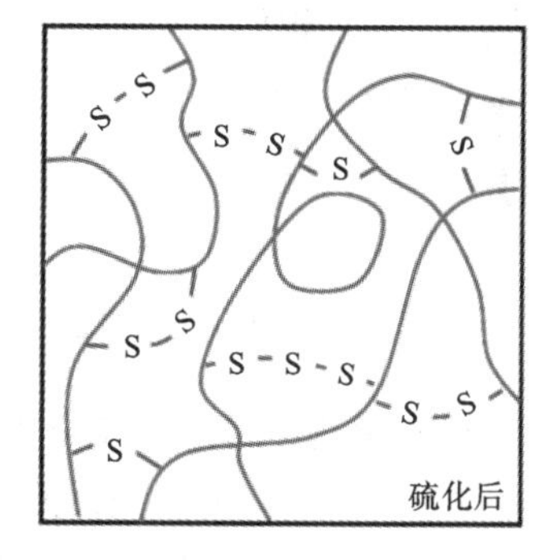

图 10.10　硫化前和硫化后的橡胶结构示意图

除此之外，还有过氧化物交联、硅烷交联、辐射交联等方法可实现高分子交联。

接枝共聚改性可得到接枝共聚物，其性能取决于主链和支链的组成、结构和长度，以及支链数，这为分子设计提供依据。按照接枝点产生方式，接枝共聚可分成长出支链、嫁接、大单体共聚三大类，如图 10.11 所示。

利用自由基向高分子链转移或利用侧基反应长出支链是工业上较为常用的接枝改性方法。对于乙烯基聚合物的改性可利用链转移原理在其主链上连接另一种支链，形成接枝共聚物。纤维素、淀粉、聚乙烯醇等都含有还原性的侧羟基，可以与高价金属化合物构成氧化还原引发体系，在侧基上产生自由基位点，为接枝反应提供可能。淀粉-丙烯腈接枝共聚物的合成就利用了以上原理，该过程合成的高吸水性树脂能够吸收自身重量数百倍至数千倍的水分。

通过嫁接支链实现接枝共聚需要预先制备主链和支链，主链中有活性基团 X，支链有活性

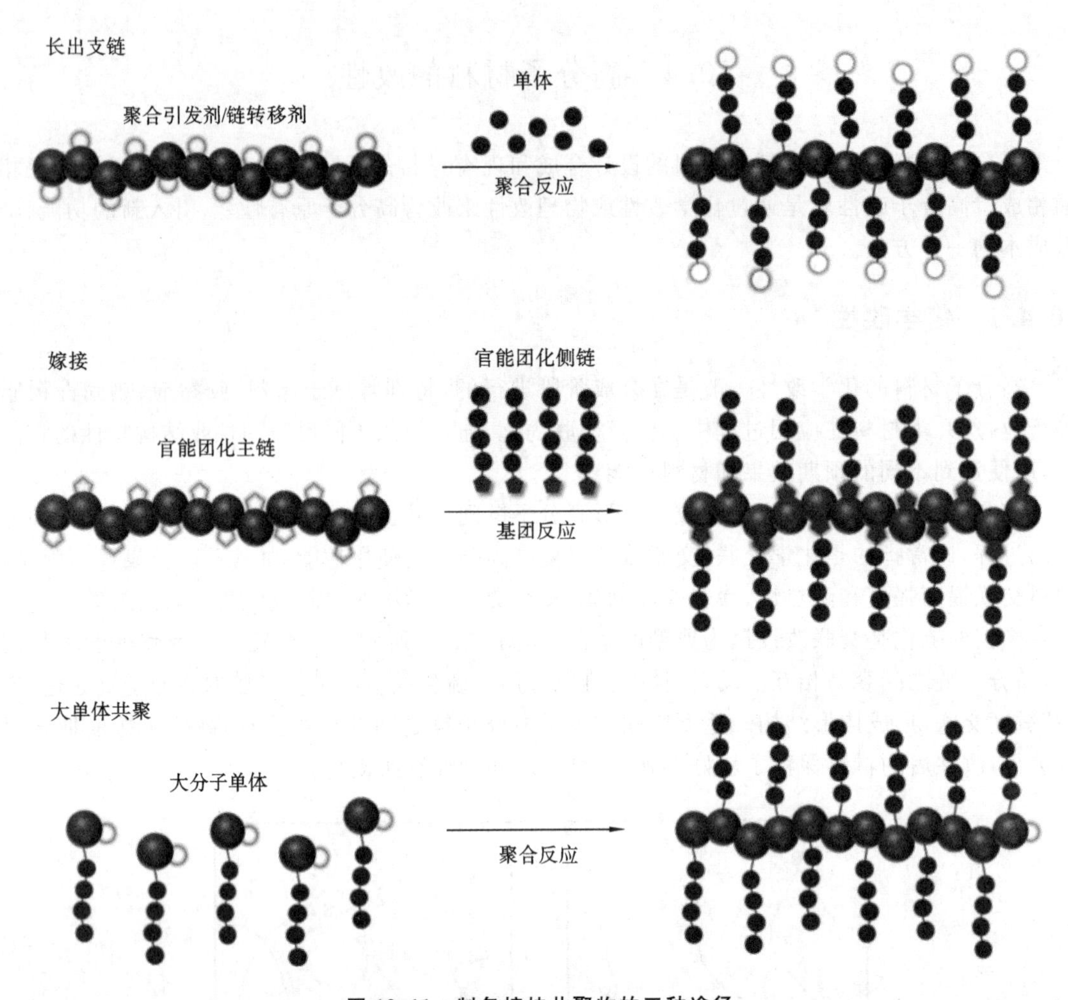

图 10.11　制备接枝共聚物的三种途径

端基 Y,再通过两者反应,将支链嫁接到主链上。如将一部分聚苯乙烯氯甲基化处理,另一部分羧端基化处理,再利用两者之间的反应,即可形成预设结构的接枝共聚物。

大单体共聚接枝指带有双键端基的齐聚物或带有较长侧基的乙烯基单体,能够与乙烯基单体共聚,大单体的长侧链成为支链,而乙烯基单体则成为主链。

接枝共聚物的性能取决于主链和支链的组成结构和长度及支链数。如高抗冲聚苯乙烯,就是将用量约 10%的聚丁二烯橡胶溶于苯乙烯单体中,加入引发剂进行本体或悬浮接枝共聚合,在聚丁二烯的主链接枝上许多聚苯乙烯侧链,由于聚丁二烯橡胶具有很好的韧性,大大地提高了聚苯乙烯的抗冲强度。

嵌段共聚改性可得到嵌段共聚物,嵌段共聚物指由两种或多种链段组成的线形高分子。其合成方法可概括为两大类:一类为某单体在另一活性链段上继续聚合增长成新的链段,再终止成嵌段共聚物;另一类即两种组成不同的活性链段键合在一起。

例如,工业上采用三步法合成苯乙烯-丁二烯-苯乙烯三嵌段共聚物(SBS),依次加入苯乙烯、丁二烯、苯乙烯,相继聚合形成三个链段,如图 10.12 所示。得到的 SBS 在常温下表现出丁二烯段的高弹性,苯乙烯段处于玻璃态,起到物理交联的作用。当温度升高至苯乙烯玻璃化温度(95 ℃)以上，SBS 具有流动性，可以模塑，因此 SBS 被称为热塑性弹性体。

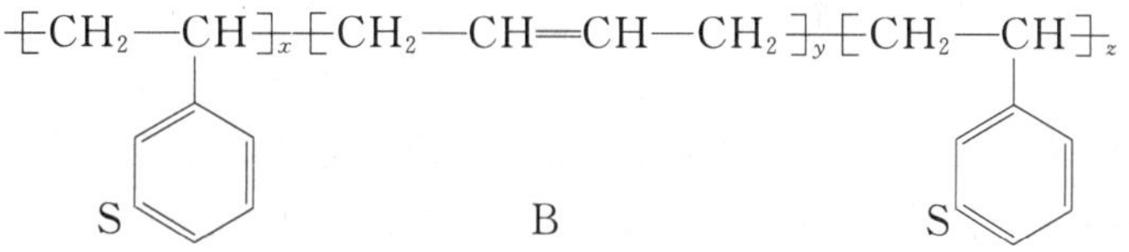

$$\text{-}\!\![CH_2-\underset{C_6H_5}{CH}]_x\text{-}\!\![CH_2-CH{=}CH-CH_2]_y\text{-}\!\![CH_2-\underset{C_6H_5}{CH}]_z$$

S　　　　B　　　　S

图 10.12　苯乙烯-丁二烯-苯乙烯三嵌段共聚物结构

有机小分子能够发生许多反应，如氢化反应、卤化反应、硝化反应、磺化反应、醚化反应、酯化反应、水解反应、醇解反应、加成反应、环化反应等，带有特征官能团的高分子也能够发生类似的基团反应。利用基团反应改性可对高分子链官能团进行批量调整，从而达到对高分子性质优化的目的。

以常见的通用塑料聚氯乙烯为例，如图 10.13 所示，这种材料的热形变温度较低(约 80 ℃)，通过氯化反应可以使材料中的氯含量从原来的 56.8%提高到 62%～68%，耐热性提高 10～40 ℃，同时溶解性、耐候性、耐腐蚀性、阻燃性等性能也得到了改善，使得氯化的聚氯乙烯可用于热水管、涂料、化工设备等方面。

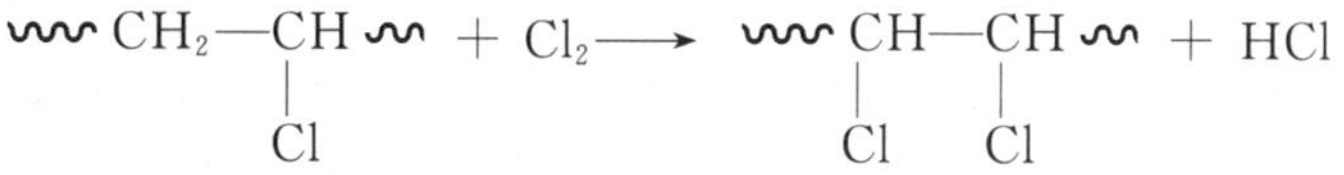

$$\sim CH_2-\underset{Cl}{CH}\sim + Cl_2 \longrightarrow \sim\underset{Cl}{CH}-\underset{Cl}{CH}\sim + HCl$$

图 10.13　聚氯乙烯的氯化反应

10.4.2　物理改性

高分子材料的物理改性主要是指在高分子中加入其他材料，从而赋予或改善高分子的某些性能。若添加剂是高分子材料，且添加量大于或等于 5%，则为高分子添加复合材料，也可称为高分子共混物，或借鉴金属共混改性的习惯称为高分子合金。若添加剂是小分子材料或高分子材料的添加量小于 5%，则为高分子小分子复合材料，习惯上称为复合材料。

共混改性指两种或两种以上高分子经混合制备宏观均匀材料的过程。共混改性能够改善单一高分子材料的韧性、耐热性、强度和加工性，赋予高分子材料新性能，如阻隔性、阻燃性、染色性、生物相容性等。如聚苯乙烯是一种脆性塑料，其断裂应变仅有 2%。加入 5%～20%的橡胶可以大幅度提高聚苯乙烯的冲击强度，使其断裂应变高于 20%。

填充改性指向高分子中加入适量的小分子填充材料以获取某种预期性能的一种改性方法。例如，添加有机羧酸类、山梨醇类等成核剂提高材料的刚性和透明性；添加静电剂以改善材料的抗静电性能；添加增塑剂、热稳定剂、润滑剂及加工助剂等以提高材料的加工性能等。

工程塑料

本 章 总 结

高分子化合物简称高分子，是指由大量重复单元键接而成的大分子化合物。高分子(聚合物)的命名有两种主要的方法：来源基础命名法和结构基础命名法。来源基础命名法是根据聚合物中所含有的单体的名称来命名聚合物，如聚乙烯、聚苯乙烯等。而结构基础命名法则以聚合物主链的重复单元为基础进行命名。

高分子的合成方法可以根据单体到高分子的结构变化来进行分类，主要包括加聚反应和缩聚反应。加聚反应是通过单体之间的加成反应来合成高分子。缩聚反应则是通过单体之间的缩合反应来合成高分子。另外，根据聚合机理的不同，高分子合成方法还可以分为逐步聚合和连锁聚合。逐步聚合是指通过单体之间的逐步反应来合成高分子。而连锁聚合则是指通过单体之间的连锁反应来合成高分子。

高分子的结构包括近程结构、远程结构以及高分子的凝聚态结构。近程结构主要指高分子链相邻单体之间的相互作用。而远程结构则是指高分子的分子量及其分布、链柔性和构象等。高分子的凝聚态结构则是指高分子链之间的相互作用，如高分子的晶体结构、无定形结构等。

高分子的性能主要包括力学、电学、光学和溶液性能。力学性能涉及高分子的强度、硬度、韧性等。电学性能则是指高分子的导电性、介电性等。光学性能则是指高分子对光的吸收、透射、散射等。溶液性能则是指高分子在溶液中的溶解度、黏度等。

高分子的改性可以通过化学改性和物理改性来实现。化学改性是通过化学反应来改变高分子的结构和性质，如高分子的交联、共聚等。而物理改性则是通过物理方法来改变高分子的结构和性质，如高分子的填充等。

本章的内容旨在帮助读者全面了解高分子的合成、结构和性能，以及高分子材料的改性方法。这些知识将为高分子科学领域的研究和应用提供基础，并为开发新的高分子材料和应用提供指导。

扫码做题

习　题

一、填空题

1. 旋光异构包括______、______和______。
2. 非晶高分子随温度变化而出现的三种力学状态是______、______、______。
3. 对于分子量不均一的高分子，其数均分子量和质均分子量的相对大小为 $\overline{M}_n$ ______ $\overline{M}_w$。
4. 聚丙烯(PP)、聚乙烯(PE)、聚丙烯腈(PAN)和聚氯乙烯(PVC)的柔性从大到小顺序为______。
5. 高分子在溶液中通常呈______构象。

二、问答题

1. 与小分子相比，高分子有何特征？
2. 高分子合成方法可按照哪些标准进行分类？试举例说明。
3. 高分子有几种凝聚态结构？试举例说明。
4. 哪些因素会影响高分子化合物的玻璃化转变温度？
5. 什么是高分子材料的化学改性和物理改性？试举例说明。

附　　录

附录 1　国际单位制中的基本单位

量的名称	单位名称	单位符号
长度	米	m
质量	千克	kg
时间	秒	s
电流	安培	A
热力学温度	开尔文	K
物质的量	摩尔	mol

附录 2　常见物理化学常数

名称	符号	数值
元电荷(电子电荷)	e	1.602177×10^{-19} C
质子质量	m_p	1.672623×10^{-27} kg
电子质量	m_e	9.109389×10^{-31} kg
摩尔气体常数	R	8.314510 $J\cdot mol^{-1}\cdot K^{-1}$
阿伏加德罗常数	N_A	6.022136×10^{23} mol^{-1}
普朗克常量	h	6.626075×10^{-34} J·s
法拉第常数	F	9.648530×10^{4} $C\cdot mol^{-1}$
玻尔兹曼常数	K	1.380658×10^{-23} $C\cdot mol^{-1}$

附录3　标准热力学数据(298.15 K)

物质	$\Delta_f H_m^\ominus$/kJ·mol^{-1}	$\Delta_f G_m^\ominus$/kJ·mol^{-1}	$S_m^\ominus$/J·mol^{-1}·K^{-1}	物质	$\Delta_f H_m^\ominus$/kJ·mol^{-1}	$\Delta_f G_m^\ominus$/kJ·mol^{-1}	$S_m^\ominus$/J·mol^{-1}·K^{-1}
氢				锶			
H_2(g)	0	0	130.7	Sr(s)	0	0	52
H^+(aq)	0	0	0	Sr^{2+}(aq)	−546	−559	−33
锂				$SrCO_3$(s)	−1220	−1140	97
Li(s)	0	0	29	钡			
Li^+(aq)	−278	−293	12	Ba(s)	0	0	63
Li_2O(s)	−598	−561	38	Ba^{2+}(aq)	−538	−561	10
LiCl(s)	−409	−384	59	$BaCl_2$(s)	−859	−810	124
钠				$BaSO_4$(s)	−1473	−1362	132
Na(s)	0	0	51	硼			
Na^+(aq)	−240	−262	58	B(s)	0	0	6
Na_2O(s)	−414	−375	75	H_3BO_3(s)	−1095	−970	90
NaOH(s)	−425	−379	64	BF_3(g)	−1136	−1119	254
NaCl(s)	−411	−384	72	BN(s)	−254	−228	15
钾				铝			
K(s)	0	0	65	Al(s)	0	0	28
K^+(aq)	−252	−284	101	$Al(OH)_3$(无定形)	−1276	—	—
KOH(s)	−425	−379	79	Al_2O_3(s,刚玉)	−1676	−1582	51
KCl(s)	−437	−409	83	碳			
铍				C(石墨)	0	0	5.7
Be(s)	0	0	9	C(金刚石)	2	3	2
BeO(s)	−609	−580	14	CO(g)	−110	−137	198
镁				CO_2(g)	−393.5	−393.5	214
Mg(s)	0	0	33	硅			
Mg^{2+}(aq)	−467	−455	−137	Si(s)	0	0	19
MgO(s)	−602	−569	27	SiO_2(石英)	−911	−856	41
$Mg(OH)_2$(s)	−925	−834	63	$SiCl_4$(g)	−609.6	−569.9	331.5
$MgCl_2$(s)	−641	−592	90	SiC(s,β)	−65	−63	17
$MgCO_3$(s)	−1096	−1012	66	Si_3N_4(s,α)	−743	−643	101
钙				锡			
Ca(s)	0	0	42	Sn(s,白)	0	0	51
Ca^{2+}(aq)	−543	−553	−56	Sn(s,灰)	−2	0.1	44
CaO(s)	−635	−603	38	SnO_2(s)	−578	−516	49
$Ca(OH)_2$(s)	−986	−898	83	铅			
$CaSO_4$(s)	−1434	−1322	107	Pb(s)	0	0	65
$CaCO_3$(方解石)	−1207	−1129	93	PbO(s,红)	−219.24	−189.31	67.8

续表

物质	$\Delta_f H_m^\ominus$ / $kJ \cdot mol^{-1}$	$\Delta_f G_m^\ominus$ / $kJ \cdot mol^{-1}$	$S_m^\ominus$ / $J \cdot mol^{-1} \cdot K^{-1}$	物质	$\Delta_f H_m^\ominus$ / $kJ \cdot mol^{-1}$	$\Delta_f G_m^\ominus$ / $kJ \cdot mol^{-1}$	$S_m^\ominus$ / $J \cdot mol^{-1} \cdot K^{-1}$
PbO(s,黄)	−217.86	−188.47	69.4	Cl^-(aq)	−167	−131	57
PbS(s)	−100	−99	91	ClO^-(aq)	−107	−37	42
氮				溴			
N_2(g)	0	0	191.6	Br_2(l)	0	0	152
NO(g)	90	87	211	Br_2(g)	31	3	245
NO_2(g)	33	51	240	HBr(g)	−36	−53	199
NO_3^-(aq)	−207	−111	147	Br^-(aq)	−121	−104	83
NH_4^+(aq)	−132.51	−79.37	113.39	碘			
NH_3(aq)	−80.29	−26.57	111.29	I_2(s)	0	0	116
NH_3(g)	−46.11	−16.48	192.8	I_2(g)	62	19	261
磷				HI(g)	26	2	207
P(s,白)	0	0	41	I^-(aq)	−57	−52	106
P(s,红)	−18	−12	23	钪			
P_4O_{10}(s)	−2984	−2700	229	Sc(s)	0	0	35
PH_3(g)	5	13	210	钛			
PCl_3(g)	−306.35	−286.25	311.4	Ti(s)	0	0	31
氧				TiO_2(s,金红石)	−944	−890	51
O_2(g)	0	0	205.03	钒			
O_3(g)	143	163	239	V(s)	0	0	29
H_2O(l)	−286	−237	70	V_2O_5(s)	−1551	−1420	131
H_2O(g)	−242	−229	189	铬			
OH^-(aq)	−230	−157	−11	Cr(s)	0	0	24
H_2O_2(l)	−188	−120	110	Cr_2O_3(s)	−1140	−1058	81
硫				CrO_4^{2-}(aq)	−881	−728	50
S(s,斜方)	0	0	32	$Cr_2O_7^{2-}$(aq)	−1490	−1301	262
S(s,单斜)	0.3	0.1	33	锰			
SO_2(g)	−297	−300	248	Mn(s,α)	0	0	32
SO_3(g)	−396	−371	257	Mn^{2+}(aq)	−221	−228	−74
H_2S(g)	−21	−34	206	MnO_2(s)	−520	−465	53
氟				铁			
F_2(g)	0	0	203	Fe(s)	0	0	27
HF(g)	−273	−275	174	Fe^{2+}(aq)	−89	−79	−138
F^-(aq)	−335	−281	−14	Fe^{3+}(aq)	−49	−5	−316
氯				$Fe(OH)_2$(s)	−569	−487	88
Cl_2(g)	0	0	223	$Fe(OH)_3$(s)	−823	−697	107
HCl(g)	−92	−95	187	FeS(s)	−100	−100	60

续表

物质	$\Delta_f H_m^\ominus$ kJ・mol⁻¹	$\Delta_f G_m^\ominus$ kJ・mol⁻¹	$S_m^\ominus$ J・mol⁻¹・K⁻¹	物质	$\Delta_f H_m^\ominus$ kJ・mol⁻¹	$\Delta_f G_m^\ominus$ kJ・mol⁻¹	$S_m^\ominus$ J・mol⁻¹・K⁻¹
$Fe_2O_3(s)$	−822.2	−742	90	金			
$Fe_3O_4(s)$	−1117	−1015	146	Au(s)	0	0	47.40
钴				$[Au(CN)_2]^-(aq)$	242.25	285.77	171.54
Co(s,α)	0	0	30	$[AuCl_4]^{3-}(aq)$	−322.17	−235.22	266.94
$Co^{2+}(aq)$	−58	−54	−113	锌			
镍				Zn(s)	0	0	42
Ni(s)	0	0	30	$Zn^{2+}(aq)$	−153	−147	−110
$Ni^{2+}(aq)$	−54	−46	−129	ZnO(s)	−350	−320	44
铜				镉			
Cu(s)	0	0	33	Cd(s,γ)	0	0	52
$Cu^{2+}(aq)$	65	65	−98	$Cd^{2+}(aq)$	−76	−78	−73
$Cu(OH)_2(s)$	−450	−373	108	CdS(s)	−144.3	−140.6	71
CuO(s)	−157	−130	43	汞			
$CuSO_4(s)$	−771	−662	109	Hg(l)	0	0	76
$CuSO_4 \cdot 5H_2O(s)$	−2280	−1880	300	Hg(g)	61	32	175
银				$Hg_2Cl_2(s)$	−265	−211	192
Ag(s)	0	0	43	$CH_4(g)$	−74	−50	186
$Ag^+(aq)$	106	77	73	$C_2H_6(g)$	−84	−32	230
$Ag_2O(s)$	−31	−11	121	$C_2H_6(l)$	48.99	124.35	173.26
$Ag_2S(s,\alpha)$	−33	−41	144	$C_2H_4(g)$	52	68	220
AgCl(s)	−127	−110	96	$C_2H_2(g)$	228	211	201
AgBr(s)	−100	−97	107	$CH_3OH(l)$	−238.57	−166.15	126.8
AgI(s)	−62	−66	115	$C_2H_5OH(l)$	−276.98	−174.03	160.67
$[Ag(NH_3)_2]^+(aq)$	−111.89	−17.24	245.18	$C_6H_5COOH(s)$	−385.05	−245.27	167.57
				$C_{12}H_{22}O_{11}(s)$	−2225.5	−1544.6	360.2

附录4　弱电解质的解离平衡常数(298.15 K)

弱电解质	解离平衡常数 K	弱电解质	解离平衡常数 K
H_3AlO_3	$K_1=6.31\times10^{-12}$	H_2S	$K_1=1.07\times10^{-7}$
$HSb(OH)_6$	$K=2.82\times10^{-3}$		$K_2=1.26\times10^{-13}$
$HAsO_2$	$K=6.61\times10^{-10}$	HBrO	$K=2.51\times10^{-9}$
H_3AsO_4	$K_1=6.03\times10^{-3}$	HClO	$K=2.88\times10^{-8}$
	$K_2=1.05\times10^{-7}$	HIO	$K=2.29\times10^{-11}$
	$K_3=3.16\times10^{-12}$	HIO_3	$K=0.16$
HCN	$K=6.17\times10^{-10}$	HNO_2	$K=7.24\times10^{-4}$

续表

弱电解质	解离平衡常数 K	弱电解质	解离平衡常数 K
H_3BO_3	$K_1=5.75\times10^{-10}$	H_3PO_4	$K_1=7.08\times10^{-3}$
	$K_2=1.82\times10^{-13}$		$K_2=6.31\times10^{-8}$
	$K_3=1.58\times10^{-14}$		$K_3=4.17\times10^{-13}$
$H_2B_4O_7$	$K_1=1.00\times10^{-4}$	H_2SiO_3	$K_1=1.70\times10^{-10}$
	$K_2=1.00\times10^{-9}$		$K_2=1.58\times10^{-12}$
H_2CO_3	$K_1=4.36\times10^{-7}$	$SO_2\cdot H_2O$	$K_1=1.29\times10^{-2}$
	$K_2=4.68\times10^{-11}$		$K_2=6.16\times10^{-8}$
$H_2C_2O_4$	$K_1=5.9\times10^{-2}$	$H_2S_2O_3$	$K_1=0.25$
	$K_2=6.4\times10^{-5}$		$K_2=0.02\sim0.03$
H_2CrO_4	$K_1=9.55$	HCOOH	$K=1.77\times10^{-4}$
	$K_2=3.16\times10^{-7}$	CH_3COOH(HAc)	$K=1.76\times10^{-5}$
HF	$K=6.61\times10^{-4}$	$NH_3\cdot H_2O$	$K=1.77\times10^{-5}$
H_2O_2	$K_1=2.24\times10^{-12}$		

附录 5　一些难溶电解质的溶度积(298.15 K)

化合物	K_{sp}	化合物	K_{sp}	化合物	K_{sp}
AgBr	5.35×10^{-13}	$CaHPO_4$	1.0×10^{-7}	$MgCO_3$	6.82×10^{-6}
Ag_2CO_3	8.46×10^{-12}	$Ca_3(PO_4)_2$	2.07×10^{-33}	MgF_2	5.16×10^{-11}
$Ag_2C_2O_4$	5.40×10^{-12}	$CaSO_4$	4.93×10^{-5}	$Mg(OH)_2$	5.61×10^{-12}
AgCl	1.77×10^{-10}	$Cr(OH)_3$	6.3×10^{-31}	$MnCO_3$	2.24×10^{-11}
Ag_2CrO_4	1.12×10^{-12}	$CoCO_3$	1.4×10^{-13}	$Mn(OH)_2$	1.9×10^{-13}
$Ag_2Cr_2O_7$	2.0×10^{-7}	$Co(OH)_2$(新析出)	1.6×10^{-15}	MnS(无定形)	2.5×10^{-10}
$AgIO_3$	3.17×10^{-8}	$Co(OH)_3$	1.6×10^{-44}	MnS(结晶)	2.5×10^{-13}
AgI	8.52×10^{-17}	α-CoS	4.0×10^{-21}	$NiCO_3$	1.42×10^{-7}
Ag_3PO_4	8.89×10^{-17}	β-CoS	2.0×10^{-25}	$Ni(OH)_2$(新析出)	2.0×10^{-15}
Ag_2SO_4	1.2×10^{-5}	CuBr	6.27×10^{-9}	α-NiS	3.2×10^{-19}
Ag_2S	6.3×10^{-50}	CuCl	1.72×10^{-7}	β-NiS	1.0×10^{-24}
$Al(OH)_3$(无定形)	1.3×10^{-33}	CuCN	3.47×10^{-20}	γ-NiS	2.0×10^{-26}
$BaCO_3$	2.58×10^{-9}	$CuCO_3$	1.4×10^{-10}	$PbBr_2$	6.6×10^{-6}
$BaCrO_4$	1.17×10^{-10}	$CuCrO_4$	3.6×10^{-6}	$PbCO_3$	7.4×10^{-14}
BaF_2	1.84×10^{-7}	CuI	1.27×10^{-12}	PbC_2O_4	4.8×10^{-10}

续表

化合物	K_{sp}	化合物	K_{sp}	化合物	K_{sp}
BaC_2O_4	1.6×10^{-7}	CuOH	1.0×10^{-14}	$PbCl_2$	1.7×10^{-5}
$Ba_3(PO_4)_2$	3.4×10^{-23}	$Cu(OH)_2$	2.2×10^{-20}	$PbCrO_4$	2.8×10^{-13}
$BaSO_4$	1.08×10^{-10}	Cu_2S	2.5×10^{-48}	PbI_2	9.8×10^{-9}
$BaSO_3$	5.0×10^{-10}	CuS	6.3×10^{-36}	$Pb_3(PO_4)_2$	8.0×10^{-40}
BaS_2O_3	1.6×10^{-5}	$FeCO_3$	3.2×10^{-11}	$PbSO_4$	2.53×10^{-8}
$Bi(OH)_3$	4.0×10^{-31}	$Fe(OH)_2$	4.87×10^{-17}	PbS	8.0×10^{-28}
BiOCl	1.8×10^{-31}	$FeC_2O_4\cdot 2H_2O$	3.2×10^{-7}	$Sn(OH)_2$	5.45×10^{-27}
Bi_2S_3	1.0×10^{-97}	$Fe(OH)_3$	2.79×10^{-39}	$Sn(OH)_4$	1.0×10^{-56}
$CdCO_3$	1.0×10^{-12}	$FePO_4$	4×10^{-27}	SnS	1.0×10^{-25}
$Cd(OH)_2$	5.3×10^{-15}	FeS	6.3×10^{-18}	$ZnCO_3$	1.46×10^{-10}
CdS	8.0×10^{-27}	$K_2[PtCl_6]$	7.48×10^{-6}	ZnC_2O_4	2.7×10^{-8}
$CaCO_3$	3.36×10^{-9}	Hg_2I_2	5.2×10^{-29}	$Zn(OH)_2$	1.2×10^{-17}
$CaC_2O_4\cdot H_2O$	2.32×10^{-9}	Hg_2SO_4	6.5×10^{-7}	α-ZnS	1.6×10^{-24}
$CaCrO_4$	7.1×10^{-4}	Hg_2S	1.0×10^{-47}	β-ZnS	2.5×10^{-22}
CaF_2	3.45×10^{-11}	HgS(红)	4.0×10^{-53}		
$Ca(OH)_2$	5.5×10^{-6}	HgS(黑)	1.6×10^{-52}		

附录 6　标准电极电势(298.15 K)

(按 $\varphi^{\ominus}$ 值由小到大编排)

电对	电对平衡式 氧化态 $+ne^- \rightleftharpoons$ 还原态	$\varphi^{\ominus}$/V
Li^+/Li	$Li^+(aq)+e^- \rightleftharpoons Li(s)$	−3.04
K^+/K	$K^+(aq)+e^- \rightleftharpoons K(s)$	−2.94
Ba^{2+}/Ba	$Ba^{2+}(aq)+2e^- \rightleftharpoons Ba(s)$	−2.91
Ca^{2+}/Ca	$Ca^{2+}(aq)+2e^- \rightleftharpoons Ca(s)$	−2.87
Na^+/Na	$Na^+(aq)+e^- \rightleftharpoons Na(s)$	−2.71
Mg^{2+}/Mg	$Mg^{2+}(aq)+2e^- \rightleftharpoons Mg(s)$	−2.36
Al^{3+}/Al	$Al^{3+}(aq)+3e^- \rightleftharpoons Al(s)$	−1.68
Ti^{2+}/Ti	$Ti^{2+}(aq)+2e^- \rightleftharpoons Ti(s)$	−1.60
Mn^{2+}/Mn	$Mn^{2+}(aq)+2e^- \rightleftharpoons Mn(s)$	−1.18
Zn^{2+}/Zn	$Zn^{2+}(aq)+2e^- \rightleftharpoons Zn(s)$	−0.76
Cr^{3+}/Cr	$Cr^{3+}(aq)+3e^- \rightleftharpoons Cr(s)$	−0.74
$Fe(OH)_3/Fe(OH)_2$	$Fe(OH)_3(s)+e^- \rightleftharpoons Fe(OH)_2(s)+OH^-(aq)$	−0.56

续表

电对	电对平衡式 氧化态$+ne^-\rightleftharpoons$还原态	$\varphi^\ominus$/V
S/S^{2-}	$S(s)+2e^-\rightleftharpoons S^{2-}(aq)$	−0.45
Cd^{2+}/Cd	$Cd^{2+}(aq)+2e^-\rightleftharpoons Cd(s)$	−0.40
$PbSO_4/Pb$	$PbSO_4(s)+2e^-\rightleftharpoons Pb(s)+SO_4^{2-}(aq)$	−0.36
Co^{2+}/Co	$Co^{2+}(aq)+2e^-\rightleftharpoons Co(s)$	−0.28
H_3PO_4/H_3PO_3	$H_3PO_4(aq)+2H^+(aq)+2e^-\rightleftharpoons H_3PO_3(aq)+H_2O(l)$	−0.30
Ni^{2+}/Ni	$Ni^{2+}(aq)+2e^-\rightleftharpoons Ni(s)$	−0.24
AgI/Ag	$AgI(s)+e^-\rightleftharpoons Ag(s)+I^-(aq)$	−0.15
Sn^{2+}/Sn	$Sn^{2+}(aq)+2e^-\rightleftharpoons Sn(s)$	−0.14
Pb^{2+}/Pb	$Pb^{2+}(aq)+2e^-\rightleftharpoons Pb(s)$	−0.13
H^+/H_2	$2H^+(aq)+2e^-\rightleftharpoons H_2(g)$	0.0
$AgBr/Ag$	$AgBr(s)+e^-\rightleftharpoons Ag(s)+Br^-(aq)$	0.07
Sn^{4+}/Sn^{2+}	$Sn^{4+}(aq)+2e^-\rightleftharpoons Sn^{2+}(aq)$	0.15
Cu^{2+}/Cu^+	$Cu^{2+}(aq)+e^-\rightleftharpoons Cu^+(aq)$	0.16
$AgCl/Ag$	$AgCl(s)+e^-\rightleftharpoons Ag(s)+Cl^-(aq)$	0.22
Hg_2Cl_2/Hg	$Hg_2Cl_2(s)+2e^-\rightleftharpoons 2Hg(l)+2Cl^-(aq)$	0.27
Cu^{2+}/Cu	$Cu^{2+}(aq)+2e^-\rightleftharpoons Cu(s)$	0.34
$[Fe(CN)_6]^{3-}/[Fe(CN)_6]^{4-}$	$[Fe(CN)_6]^{3-}(aq)+e^-\rightleftharpoons [Fe(CN)_6]^{4-}(aq)$	0.28
O_2/OH^-	$O_2(g)+2H_2O(l)+4e^-\rightleftharpoons 4OH^-(aq)$	0.40
Cu^+/Cu	$Cu^+(aq)+e^-\rightleftharpoons Cu(s)$	0.52
I_2/I^-	$I_2(s)+2e^-\rightleftharpoons 2I^-(aq)$	0.54
MnO_4^-/MnO_4^{2-}	$MnO_4^-(aq)+e^-\rightleftharpoons MnO_4^{2-}(aq)$	0.56
MnO_4^-/MnO_2	$MnO_4^-(aq)+2H_2O(l)+3e^-\rightleftharpoons MnO_2(s)+4OH^-(aq)$	0.59
BrO_3^-/Br^-	$BrO_3^-(aq)+3H_2O(l)+6e^-\rightleftharpoons Br^-(aq)+6OH^-(aq)$	0.61
O_2/H_2O_2	$O_2(g)+2H^+(aq)+2e^-\rightleftharpoons H_2O_2(aq)$	0.70
Fe^{3+}/Fe^{2+}	$Fe^{3+}(aq)+e^-\rightleftharpoons Fe^{2+}(aq)$	0.77
Ag^+/Ag	$Ag^+(aq)+e^-\rightleftharpoons Ag(s)$	0.80
ClO^-/Cl^-	$ClO^-(aq)+H_2O(l)+2e^-\rightleftharpoons Cl^-(aq)+2OH^-(aq)$	0.81
NO_3^-/NO	$NO_3^-(aq)+4H^+(aq)+3e^-\rightleftharpoons NO(g)+2H_2O(l)$	0.96
Br_2/Br^-	$Br_2(l)+2e^-\rightleftharpoons 2Br^-(aq)$	1.06
IO_3^-/I_2	$2IO_3^-(aq)+12H^+(aq)+10e^-\rightleftharpoons I_2(s)+6H_2O(l)$	1.21
MnO_2/Mn^{2+}	$MnO_2(s)+4H^+(aq)+2e^-\rightleftharpoons Mn^{2+}(aq)+2H_2O(l)$	1.23
O_2/H_2O	$O_2(g)+4H^+(aq)+4e^-\rightleftharpoons 2H_2O(l)$	1.23

续表

电对	电对平衡式 氧化态$+ne^-\rightleftharpoons$还原态	$\varphi^\ominus$/V
O_3/OH^-	$O_3(g)+H_2O(l)+2e^-\rightleftharpoons O_2(g)+2OH^-(aq)$	1.24
$Cr_2O_7^{2-}/Cr^{3+}$	$Cr_2O_7^{2-}(aq)+14H^+(aq)+6e^-\rightleftharpoons 2Cr^{3+}(aq)+7H_2O(l)$	1.36
Cl_2/Cl^-	$Cl_2(g)+2e^-\rightleftharpoons 2Cl^-(aq)$	1.36
PbO_2/Pb^{2+}	$PbO_2(s)+4H^+(aq)+2e^-\rightleftharpoons Pb^{2+}(aq)+2H_2O(l)$	1.46
MnO_4^-/Mn^{2+}	$MnO_4^-(aq)+8H^+(aq)+5e^-\rightleftharpoons Mn^{2+}+4H_2O(l)$	1.51
$HBrO/Br_2$	$2HBrO(aq)+2H^+(aq)+2e^-\rightleftharpoons Br_2(l)+2H_2O(l)$	1.60
$HClO/Cl_2$	$2HClO(aq)+2H^+(aq)+2e^-\rightleftharpoons Cl_2(g)+2H_2O(l)$	1.63
H_2O_2/H_2O	$H_2O_2(aq)+2H^+(aq)+2e^-\rightleftharpoons 2H_2O(l)$	1.76
$S_2O_8^{2-}/SO_4^{2-}$	$S_2O_8^{2-}(aq)+2e^-\rightleftharpoons 2SO_4^{2-}(aq)$	2.01
O_3/H_2O	$O_3(g)+2H^+(aq)+2e^-\rightleftharpoons O_2(g)+H_2O(l)$	2.07
F_2/F^-	$F_2(g)+2e^-\rightleftharpoons 2F^-(aq)$	2.89

附录7 常见配离子的稳定常数和不稳定常数(298.15 K)

配离子	$K_f^\ominus$	$\lg K_f^\ominus$	$K_d^\ominus$	$\lg K_d^\ominus$
$[AgBr_2]^-$	2.14×10^{7}	7.33	4.67×10^{-8}	−7.33
$[Ag(CN)_2]^-$	1.26×10^{21}	21.1	7.94×10^{-22}	−21.1
$[AgCl_2]^-$	1.10×10^{5}	5.04	9.09×10^{-6}	−5.04
$[AgI_2]^-$	5.5×10^{11}	11.74	1.82×10^{-12}	−11.74
$[Ag(NH_3)_2]^+$	1.12×10^{7}	7.05	8.93×10^{-8}	−7.05
$[Ag(S_2O_3)_2]^{3-}$	2.89×10^{13}	13.46	3.46×10^{-14}	−13.46
$[Co(NH_3)_6]^{2+}$	1.29×10^{5}	5.11	7.75×10^{-6}	−5.11
$[Cu(CN)_2]^-$	1×10^{24}	24.0	1×10^{-24}	−24.0
$[Cu(NH_3)_2]^+$	7.24×10^{10}	10.86	1.38×10^{-11}	−10.86
$[Cu(NH_3)_4]^{2+}$	2.09×10^{13}	13.32	4.78×10^{-14}	−13.32
$[Cu(P_2O_7)_2]^{6-}$	1×10^{9}	9.0	1×10^{-9}	−9.0
$[Cu(SCN)_2]^-$	1.52×10^{5}	5.18	6.58×10^{-6}	−5.18
$[Fe(CN)_6]^{3-}$	1×10^{42}	42.0	1×10^{-42}	−42.0
$[HgBr_4]^{2-}$	1×10^{21}	21.0	1×10^{-21}	−21.0
$[Hg(CN)_4]^{2-}$	2.51×10^{41}	41.4	3.98×10^{-42}	−41.4
$[HgCl_4]^{2-}$	1.17×10^{15}	15.07	8.55×10^{-16}	−15.07
$[HgI_4]^{2-}$	6.76×10^{29}	29.83	1.48×10^{-30}	−29.83
$[Ni(NH_3)_6]^{2+}$	5.50×10^{8}	8.74	1.82×10^{-9}	−8.74

续表

配离子	$K_f^\ominus$	$\lg K_f^\ominus$	$K_d^\ominus$	$\lg K_d^\ominus$
$[Ni(en)_3]^{2+}$	2.14×10^{18}	18.33	4.67×10^{-19}	−18.33
$[Zn(CN)_4]^{2-}$	5.01×10^{16}	16.7	2.0×10^{-17}	−16.7
$[Zn(NH_3)_4]^{2+}$	2.88×10^{9}	9.46	3.48×10^{-10}	−9.46
$[Zn(en)_2]^{2+}$	6.76×10^{10}	10.83	1.48×10^{-11}	−10.83

元素周期表

元素名称，标*为放射性元素 — 钠 Na（示例：11 钠 Na 22.990 $3s^1$）
- 11 — 原子序数
- Na — 元素符号
- 22.990 — 相对原子质量
- $3s^1$ — 价层电子构型

图例：金属；非金属；过渡金属；稀有气体

族 / 周期	1	2	3	4	5	6	7	8	9	10	11	12	13	14	15	16	17	18
	IA	IIA	IIIB	IVB	VB	VIB	VIIB	VIIIB			IB	IIB	IIIA	IVA	VA	VIA	VIIA	0
一	1 氢 H 1.008 $1s^1$																	2 氦 He 4.0026 $1s^2$
二	3 锂 Li 6.94 $2s^1$	4 铍 Be 9.0122 $2s^2$											5 硼 B 10.81 $2s^22p^1$	6 碳 C 12.011 $2s^22p^2$	7 氮 N 14.007 $2s^22p^3$	8 氧 O 15.999 $2s^22p^4$	9 氟 F 18.998 $2s^22p^5$	10 氖 Ne 20.180 $2s^22p^6$
三	11 钠 Na 22.990 $3s^1$	12 镁 Mg 24.305 $3s^2$											13 铝 Al 26.982 $3s^23p^1$	14 硅 Si 28.085 $3s^23p^2$	15 磷 P 30.974 $3s^23p^3$	16 硫 S 32.06 $3s^23p^4$	17 氯 Cl 35.45 $3s^23p^5$	18 氩 Ar 39.95 $3s^23p^6$
四	19 钾 K 39.098 $4s^1$	20 钙 Ca 40.078(4) $4s^2$	21 钪 Sc 44.956 $3d^14s^2$	22 钛 Ti 47.867 $3d^24s^2$	23 钒 V 59.942 $3d^34s^2$	24 铬 Cr 51.996 $3d^54s^1$	25 锰 Mn 54.938 $3d^54s^2$	26 铁 Fe 55.845(2) $3d^64s^2$	27 钴 Co 58.933 $3d^74s^2$	28 镍 Ni 58.693 $3d^84s^2$	29 铜 Cu 63.546(3) $3d^{10}4s^1$	30 锌 Zn 65.38(2) $3d^{10}4s^2$	31 镓 Ga 69.723 $4s^24p^1$	32 锗 Ge 72.630(8) $4s^24p^2$	33 砷 As 74.922 $4s^24p^3$	34 硒 Se 78.971(8) $4s^24p^4$	35 溴 Br 79.904 $4s^24p^5$	36 氪 Kr 83.798(2) $4s^24p^6$
五	37 铷 Rb 85.468 $5s^1$	38 锶 Sr 87.62 $5s^2$	39 钇 Y 88.906 $4d^15s^2$	40 锆 Zr 91.224(2) $4d^25s^2$	41 铌 Nb 92.906 $4d^45s^1$	42 钼 Mo 95.95 $4d^55s^1$	43 *锝 Tc (98) $4d^55s^2$	44 钌 Ru 101.07(2) $4d^75s^1$	45 铑 Rh 102.91 $4d^85s^1$	46 钯 Pd 106.42 $4d^{10}$	47 银 Ag 107.87 $4d^{10}5s^1$	48 镉 Cd 112.41 $4d^{10}5s^2$	49 铟 In 114.82 $5s^25p^1$	50 锡 Sn 118.71 $5s^25p^2$	51 锑 Sb 121.76 $5s^25p^3$	52 碲 Te 127.60(3) $5s^25p^4$	53 碘 I 126.90 $5s^25p^5$	54 氙 Xe 131.29 $5s^25p^6$
六	55 铯 Cs 132.91 $6s^1$	56 钡 Ba 137.33 $6s^2$	57-71 镧系 La-Lu	72 铪 Hf 178.49(2) $5d^26s^2$	73 钽 Ta 180.95 $5d^36s^2$	74 钨 W 183.84 $5d^46s^2$	75 铼 Re 186.21 $5d^56s^2$	76 锇 Os 190.23(3) $5d^66s^2$	77 铱 Ir 192.22 $5d^76s^2$	78 铂 Pt 195.08 $5d^96s^1$	79 金 Au 196.97 $5d^{10}6s^1$	80 汞 Hg 200.59 $5d^{10}6s^2$	81 铊 Tl 204.38 $6s^26p^1$	82 铅 Pb 207.2 $6s^26p^2$	83 铋 Bi 208.98 $6s^26p^3$	84 *钋 Po (209) $6s^26p^4$	85 *砹 At (210) $6s^26p^5$	86 *氡 Rn (222) $6s^26p^6$
七	87 *钫 Fr (223) $7s^1$	88 *镭 Ra (226) $7s^2$	89-103 锕系 Ac-Lr	104 *𬬻 Rf (267) $6d^27s^2$	105 *𬭊 Db (270) $6d^37s^2$	106 *𬭳 Sg (269) $6d^47s^2$	107 *𬭛 Bh (270) $6d^57s^2$	108 *𬭶 Hs (270) $6d^67s^2$	109 *鿏 Mt (278)	110 *𫟼 Ds (281)	111 *𬬭 Rg (281)	112 *鿔 Cn (285)	113 *鿭 Nh (286)	114 *𫓧 Fl (289)	115 *镆 Mc (289)	116 *𫟷 Lv (293)	117 *鿬 Ts (293)	118 *鿫 Og (294)

镧系	57 镧 La 138.91 $5d^16s^2$	58 铈 Ce 140.12 $4f^15d^16s^2$	59 镨 Pr 140.91 $4f^36s^2$	60 钕 Nd 144.24 $4f^46s^2$	61 *钷 Pm (145) $4f^56s^2$	62 钐 Sm 150.36(2) $4f^66s^2$	63 铕 Eu 151.96 $4f^76s^2$	64 钆 Gd 157.25(3) $4f^75d^16s^2$	65 铽 Tb 158.93 $4f^96s^2$	66 镝 Dy 162.50 $4f^{10}6s^2$	67 钬 Ho 164.93 $4f^{11}6s^2$	68 铒 Er 167.26 $4f^{12}6s^2$	69 铥 Tm 168.93 $4f^{13}6s^2$	70 镱 Yb 173.05 $4f^{14}6s^2$	71 镥 Lu 174.97 $5d^16s^2$
锕系	89 *锕 Ac (227) $6d^17s^2$	90 *钍 Th 232.04 $6d^27s^2$	91 *镤 Pa 231.04 $5f^26d^17s^2$	92 *铀 U 238.03 $5f^36d^17s^2$	93 *镎 Np (237) $5f^46d^17s^2$	94 *钚 Pu (244) $5f^67s^2$	95 *镅 Am (243) $5f^77s^2$	96 *锔 Cm (247) $5f^76d^17s^2$	97 *锫 Bk (247) $5f^97s^2$	98 *锎 Cf (251) $5f^{10}7s^2$	99 *锿 Es (252) $5f^{11}7s^2$	100 *镄 Fm (257) $5f^{12}7s^2$	101 *钔 Md (258) $5f^{13}7s^2$	102 *锘 No (259) $5f^{14}7s^2$	103 *铹 Lr (262) $6d^17s^2$

注：相对原子质量引自国际纯粹与应用化学联合会(IUPAC)相对原子质量表(2018)，删节至4~5位有效数字，末尾数的准确度加注在其后括号内。

扫码看彩图

参 考 文 献

[1] 孟长功. 无机化学[M]. 6 版. 北京:高等教育出版社,2018.

[2] 华彤文,陈景祖. 普通化学原理[M]. 3 版. 北京:北京大学出版社,2005.

[3] 周祖新,丁蕙,王根礼. 工程化学[M]. 2 版. 北京:化学工业出版社,2014.

[4] 宋天佑,程鹏,徐家宁,等. 无机化学(上册)[M]. 4 版. 北京:高等教育出版社, 2019.

[5] 宋天佑,程鹏,徐家宁,等. 无机化学(下册)[M]. 4 版. 北京:高等教育出版社, 2019.

[6] 冯辉霞,杨万明. 无机及分析化学[M]. 2 版. 武汉:华中科技大学出版社,2018.

[7] 天津大学无机化学教研室. 无机化学 [M]. 5 版. 北京:高等教育出版社,2018.

[8] 张祖德. 无机化学[M]. 2 版. 合肥:中国科学技术大学出版社,2014.

[9] 浙江大学普通化学教研组. 普通化学 [M]. 7 版. 北京:高等教育出版社,2020.

[10] 吉林大学,武汉大学,南开大学,等. 无机化学(上册)[M]. 4 版. 北京:高等教育出版社,2019.

[11] 宋天佑. 简明无机化学[M]. 北京:高等教育出版社,2007.

[12] 大连理工大学无机化学教研室. 无机化学[M]. 5 版. 北京:高等教育出版社, 2018.

[13] 董元彦,王运,张方钰. 无机及分析化学[M]. 2 版. 北京:科学出版社,2011.

[14] 胡常伟,周歌. 大学化学[M]. 3 版. 北京:化学工业出版社,2015.

[15] 章伟光. 无机化学[M]. 2 版. 北京:科学出版社,2017.

[16] 谢吉民. 基础化学[M]. 3 版. 北京:科学出版社,2015.

[17] 牟文生,于永鲜,周硼. 大学化学基础[M]. 2 版. 大连:大连理工大学出版社,2015.

[18] 陈军,陶占良. 化学电源——原理、技术与应用[M]. 2 版. 北京:化学工业出版社,2022.

[19] 程新群. 化学电源[M]. 2 版. 北京:化学工业出版社,2020.

[20] 江荣松,彭捷,苏永华. 碱性锌锰电池使用过程中的常见问题分析[J]. 电池工业,2017,21(2):7-10.

[21] 张瑞阁,刘孟峰,李海伟. 锌银电池银电极的性能特点和研究现状[J]. 电源技术,2015,39(11):2552-2555.

[22] 何艺,郑洋,何叶,等. 中国废铅蓄电池产生及利用处置现状分析[J]. 电池工业,2020(4):216-224.

[23] 范晶,杨毅夫. MH/Ni 电池高温性能的研究进展[J]. 电池,2005,35(5):395-397.

[24] 吴宇平,袁翔云,董超,等. 锂离子电池:应用与实践[M]. 2 版. 北京:化学工业出版社,2012.

[25] 赵麦群,何毓阳. 金属腐蚀与防护[M]. 2 版. 北京:国防工业出版社,2019.

[26] 刘振,王博,魏世丞,等. 富勒烯制备及其应用研究进展[J]. 材料工程,2023,51(12):1-11.

[27] 杨荣武. 生物化学原理[M]. 3 版. 北京:高等教育出版社,2018.

[28] 刘玉乐. 生物化学[M]. 5 版. 北京:清华大学出版社,2023.

[29] 潘祖仁. 高分子化学[M]. 5 版. 北京:化学工业出版社,2011.
[30] 何曼君,张红东,陈维孝,等. 高分子物理[M]. 3 版. 上海:复旦大学出版社,2007.
[31] 马德柱. 聚合物结构与性能:结构篇[M]. 北京:科学出版社,2012.
[32] 马德柱. 聚合物结构与性能:性能篇[M]. 北京:科学出版社,2013.
[33] 何平笙. 新编高聚物的结构与性能[M]. 2 版 北京:科学出版社,2021.
[34] 黄丽. 高分子材料[M]. 2 版. 北京:化学工业出版社,2010.